수학 좀 한다면

디딤돌 초등수학 문제유형 4-2

펴낸날 [개정판 1쇄] 2023년 12월 10일 | **펴낸이** 이기열 | **펴낸곳** (주)디딤돌 교육 | **주소** (03972) 서울특별시 마포구 월드컵북로 122 청원선와이즈타워 | **대표전화** 02-3142-9000 | **구입문의** 02-322-8451 | **내용문의** 02-323-9166 | **팩시밀리** 02-338-3231 | **홈페이지** www.didimdol.co.kr | **등록번호** 제10-718호 | 구입한 후에는 철회되지 않으며 잘못 인쇄된 책은 바꾸어 드립니다. 이 책에 실린 모든 삽화 및 편집 형태에 대한 저작권은 (주)디딤돌 교육에 있으므로 무단으로 복사 복제할 수 없습니다. Copyright © Didimdol Co. [2402680]

내 실력에 딱!
최상위로 가는 '맞춤 학습 플랜'

STEP 1 On-line

나에게 맞는 공부법은?
맞춤 학습 가이드를 만나요.

교재 선택부터 공부법까지! 디딤돌에서 제공하는 시기별 맞춤 학습 가이드를 통해 아이에게 맞는 학습 계획을 세워 주세요. (학습 가이드는 디딤돌 학부모카페 '맘이가'를 통해 상시 공지합니다. cafe.naver.com/didimdolmom)

STEP 2 Book

맞춤 학습 스케줄표
계획에 따라 공부해요.

교재에 첨부된 '맞춤 학습 스케줄표'에 맞춰 공부 목표를 달성합니다.

STEP 3 On-line

이럴 땐 이렇게!
'맞춤 Q&A'로 해결해요.

궁금하거나 모르는 문제가 있다면, '맘이가' 카페를 통해 질문을 남겨 주세요. 디딤돌 수학쌤 및 선배맘님들이 친절히 답변해 드립니다.

STEP 4 Book

다음에는 뭐 풀지?
다음 교재를 추천받아요.

학습 결과에 따라 후속 학습에 사용할 교재를 제시해 드립니다. (교재 마지막 페이지 수록)

★ 디딤돌 플래너 만나러 가기

수학 좀 한다면

디딤돌

초등수학
문제유형

상위권 도전, 유형 정복

4
2

단계별로 실력을 높여주는, **문제 유형**

1 단계 개념 확인

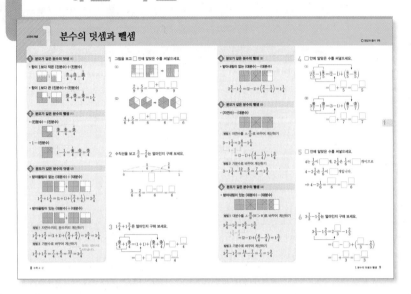

단원의 개념을 한눈에 정리해 보고
잘 알고 있는지 확인해 봅니다.

2 단계 기본기 다지기

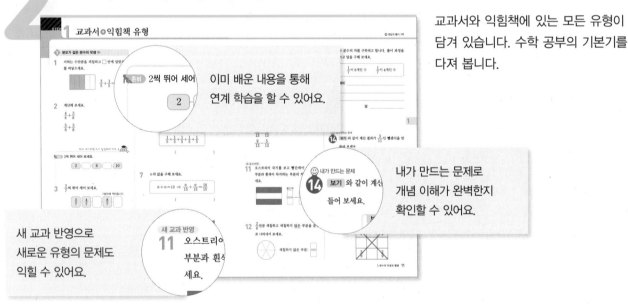

교과서와 익힘책에 있는 모든 유형이
담겨 있습니다. 수학 공부의 기본기를
다져 봅니다.

이미 배운 내용을 통해
연계 학습을 할 수 있어요.

내가 만드는 문제로
개념 이해가 완벽한지
확인할 수 있어요.

새 교과 반영으로
새로운 유형의 문제도
익힐 수 있어요.

3 단계 실력 키우기

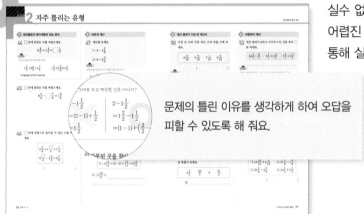

실수 없이 문제를 해결하는 것이 진짜 실력입니다. 어렵진 않지만 실수하기 쉬운 문제를 푸는 연습을 통해 실력을 키워 봅니다.

문제의 틀린 이유를 생각하게 하여 오답을 피할 수 있도록 해 줘요.

4 단계 문제해결력 기르기

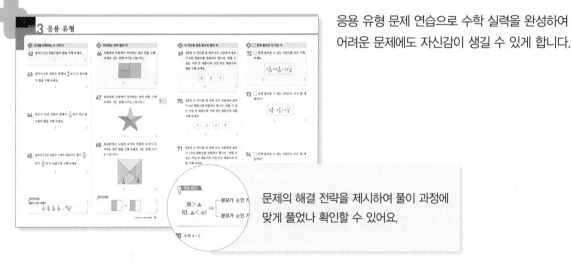

응용 유형 문제 연습으로 수학 실력을 완성하여 어려운 문제에도 자신감이 생길 수 있게 합니다.

문제의 해결 전략을 제시하여 풀이 과정에 맞게 풀었나 확인할 수 있어요.

5 단계 단원 마무리 하기

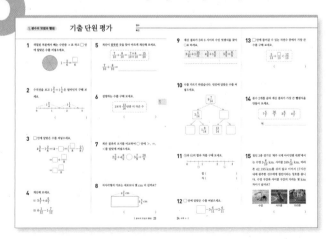

시험에 잘 나오는 유형 문제로 단원의 학습을 마무리 합니다.

이 책의 **차례**

4 사각형

5 꺾은선그래프

6 다각형

1 분수의 덧셈과 뺄셈

피자를 똑같이 나누어 먹을 때 나누어진 조각을 분수로 나타냈었죠?
이번에는 친구들과 함께 먹었을 때 모두 몇 조각을 먹고 몇 조각이 남았는지 알아볼까요?
바로 분수의 덧셈과 뺄셈을 이용하면 어렵지 않게 구할 수 있어요.

분모가 같으면 분자끼리 더하고 빼.

- 덧셈

$$\frac{2}{6} + \frac{3}{6} = \frac{5}{6}$$

$\frac{1}{6}$이 2개   + $\frac{1}{6}$이 3개   = $\frac{1}{6}$이 5개

- 뺄셈

$$\frac{5}{6} - \frac{3}{6} = \frac{2}{6}$$

$\frac{1}{6}$이 5개   - $\frac{1}{6}$이 3개   = $\frac{1}{6}$이 2개

1 분수의 덧셈과 뺄셈

1 분모가 같은 분수의 덧셈 (1)

• 합이 1보다 작은 (진분수)＋(진분수)

$$\frac{2}{4}+\frac{1}{4}=\frac{3}{4}$$

• 합이 1보다 큰 (진분수)＋(진분수)

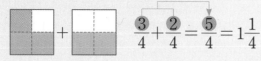

$$\frac{3}{4}+\frac{2}{4}=\frac{5}{4}=1\frac{1}{4}$$

2 분모가 같은 분수의 뺄셈 (1)

• (진분수)－(진분수)

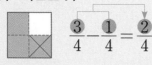

$$\frac{3}{4}-\frac{1}{4}=\frac{2}{4}$$

• 1－(진분수)

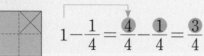

$$1-\frac{1}{4}=\frac{4}{4}-\frac{1}{4}=\frac{3}{4}$$

3 분모가 같은 분수의 덧셈 (2)

• 받아올림이 없는 (대분수)＋(대분수)

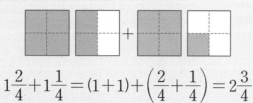

$$1\frac{2}{4}+1\frac{1}{4}=(1+1)+\left(\frac{2}{4}+\frac{1}{4}\right)=2\frac{3}{4}$$

• 받아올림이 있는 (대분수)＋(대분수)

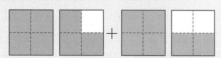

방법 1 자연수끼리, 분수끼리 계산하기

$$1\frac{3}{4}+1\frac{2}{4}=(1+1)+\left(\frac{3}{4}+\frac{2}{4}\right)=2\frac{5}{4}=3\frac{1}{4}$$

방법 2 가분수로 바꾸어 계산하기

결과는 대분수로 나타냅니다.

$$1\frac{3}{4}+1\frac{2}{4}=\frac{7}{4}+\frac{6}{4}=\frac{13}{4}=3\frac{1}{4}$$

---

1 그림을 보고 ☐ 안에 알맞은 수를 써넣으세요.

(1)

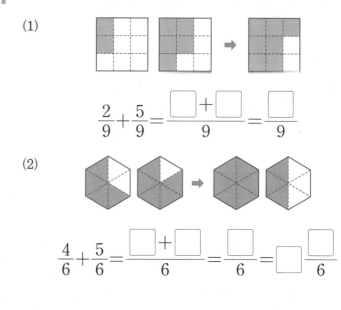

$$\frac{2}{9}+\frac{5}{9}=\frac{\boxed{}+\boxed{}}{9}=\frac{\boxed{}}{9}$$

(2)

$$\frac{4}{6}+\frac{5}{6}=\frac{\boxed{}+\boxed{}}{6}=\frac{\boxed{}}{6}=\boxed{}\frac{\boxed{}}{6}$$

2 수직선을 보고 $\frac{5}{6}-\frac{2}{6}$는 얼마인지 구해 보세요.

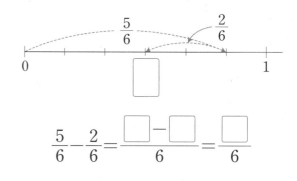

$$\frac{5}{6}-\frac{2}{6}=\frac{\boxed{}-\boxed{}}{6}=\frac{\boxed{}}{6}$$

3 $1\frac{2}{4}+1\frac{3}{4}$은 얼마인지 구해 보세요.

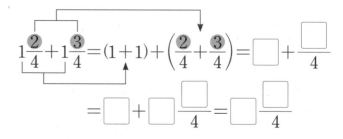

$$1\frac{2}{4}+1\frac{3}{4}=(1+1)+\left(\frac{2}{4}+\frac{3}{4}\right)=\boxed{}+\frac{\boxed{}}{4}$$

$$=\boxed{}+\boxed{}\frac{\boxed{}}{4}=\boxed{}\frac{\boxed{}}{4}$$

4 분모가 같은 분수의 뺄셈 (2)

• 받아내림이 없는 (대분수)−(대분수)

$$2\frac{2}{4}-1\frac{1}{4}=(2-1)+\left(\frac{2}{4}-\frac{1}{4}\right)=1\frac{1}{4}$$

5 분모가 같은 분수의 뺄셈 (3)

• (자연수)−(대분수)

방법 1 자연수를 ▲$\frac{●}{●}$로 바꾸어 계산하기

$$3-1\frac{1}{4}=2\frac{4}{4}-1\frac{1}{4}$$
$$\underset{1=\frac{4}{4}}{}$$
$$=(2-1)+\left(\frac{4}{4}-\frac{1}{4}\right)=1\frac{3}{4}$$

방법 2 가분수로 바꾸어 계산하기

$$3-1\frac{1}{4}=\frac{12}{4}-\frac{5}{4}=\frac{7}{4}=1\frac{3}{4}$$

6 분모가 같은 분수의 뺄셈 (4)

• 받아내림이 있는 (대분수)−(대분수)

방법 1 대분수를 ▲$\frac{■}{●}$(■>●)로 바꾸어 계산하기

$$3\frac{2}{4}-1\frac{3}{4}=2\frac{6}{4}-1\frac{3}{4}$$
$$\underset{1\frac{2}{4}=\frac{6}{4}}{}$$
$$=(2-1)+\left(\frac{6}{4}-\frac{3}{4}\right)=1\frac{3}{4}$$

방법 2 가분수로 바꾸어 계산하기

$$3\frac{2}{4}-1\frac{3}{4}=\frac{14}{4}-\frac{7}{4}=\frac{7}{4}=1\frac{3}{4}$$

4 ☐ 안에 알맞은 수를 써넣으세요.

(1)
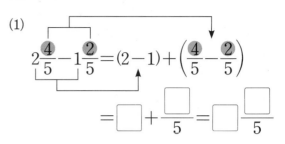
$$=\boxed{}+\frac{\boxed{}}{5}=\boxed{}\frac{\boxed{}}{5}$$

(2)
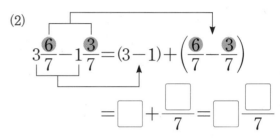
$$=\boxed{}+\frac{\boxed{}}{7}=\boxed{}\frac{\boxed{}}{7}$$

5 ☐ 안에 알맞은 수를 써넣으세요.

4는 $\frac{1}{6}$이 ☐개, $2\frac{1}{6}$은 $\frac{1}{6}$이 ☐개이므로

$4-2\frac{1}{6}$은 $\frac{1}{6}$이 ☐개입니다.

➡ $4-2\frac{1}{6}=\dfrac{\boxed{}}{6}=\boxed{}\dfrac{\boxed{}}{6}$

6 $3\frac{1}{3}-1\frac{2}{3}$는 얼마인지 구해 보세요.

$$3\frac{1}{3}-1\frac{2}{3}=2\frac{\boxed{}}{3}-1\frac{2}{3}$$

$$=(\boxed{}-\boxed{})+\left(\frac{\boxed{}}{3}-\frac{2}{3}\right)$$

$$=\boxed{}+\frac{\boxed{}}{3}=\boxed{}\frac{\boxed{}}{3}$$

1 분모가 같은 분수의 덧셈 (1)

1 더하는 수만큼을 색칠하고 ☐ 안에 알맞은 수를 써넣으세요.

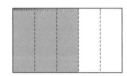

$$\frac{3}{5}+\frac{1}{5}=\frac{\boxed{}}{5}$$

2 계산해 보세요.

$$\frac{4}{8}+\frac{3}{8}$$

$$\frac{5}{8}+\frac{3}{8}$$

뛰어 세기하면 수가 일정하게 커져.

준비 **준비** 2씩 뛰어 세어 보세요.

3 $\frac{2}{7}$씩 뛰어 세어 보세요.

가분수로 적어줍니다.

4 합이 1이 되는 두 수를 묶고 ☐ 안에 알맞은 수를 써넣으세요.

(1) $\frac{2}{6}+\frac{4}{6}+\frac{5}{6}=1+\boxed{}=\boxed{}$

(2) $\frac{3}{8}+\frac{6}{8}+\frac{5}{8}=1+\boxed{}=\boxed{}$

5 소리의 높낮이는 진동수에 따라 달라지기 때문에 유리컵 안의 물의 양에 따라 다른 소리가 납니다. 그림을 보고 하늘색과 보라색 물을 섞으면 어떤 색 소리와 같을까요?

주황색   노란색   하늘색   보라색

(   )

6 단위분수의 합을 구해 보세요.

$$\frac{1}{5}+\frac{1}{5}+\frac{1}{5}+\frac{1}{5}+\frac{1}{5}$$

(   )

7 ●의 값을 구해 보세요.

$$●+●=10 \;\Rightarrow\; \frac{●}{15}+\frac{●}{15}=\frac{10}{15}$$

(   )

😊 내가 만드는 문제

8 가와 나에서 분수를 각각 하나씩 골라 계산해 보세요.

┌─ 가 ─────┐   ┌─ 나 ─────┐
$\frac{3}{16},\ \frac{4}{16},\ \frac{5}{16}$ $\frac{12}{16},\ \frac{13}{16},\ \frac{14}{16}$

가 ＋ 나 ＝

2 분모가 같은 분수의 뺄셈 (1)

9 색칠된 부분에서 **빼는 수**만큼 ×표 하고 ☐ 안에 알맞은 수를 써넣으세요.

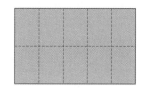

$$1 - \frac{4}{10} = \frac{\boxed{}}{10}$$

10 계산해 보세요.

$$\frac{11}{13} - \frac{5}{13}$$

$$\frac{10}{13} - \frac{5}{13}$$

$$\frac{9}{13} - \frac{5}{13}$$

새 교과 반영

11 오스트리아 국기를 보고 **빨간색**이 차지하는 부분과 **흰색**이 차지하는 부분의 차를 구해 보세요.

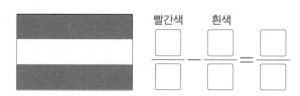

12 $\frac{2}{6}$만큼 색칠하고 색칠하지 <u>않은</u> 부분을 분수로 나타내어 보세요.

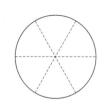

색칠하지 않은 부분: $\frac{\boxed{}}{\boxed{}}$

13 두 분수의 차를 구하려고 합니다. 풀이 과정을 쓰고 답을 구해 보세요.

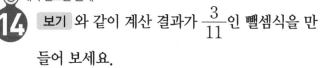

$\frac{1}{7}$이 6개인 수 $\frac{1}{7}$이 4개인 수

풀이 _____

_____

_____

답 _____

😊 내가 만드는 문제

14 **보기**와 같이 계산 결과가 $\frac{3}{11}$인 **뺄셈식**을 만들어 보세요.

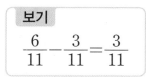

보기

$$\frac{6}{11} - \frac{3}{11} = \frac{3}{11}$$

식 _____

15 가로줄과 세로줄, 굵은 선을 따라 이루어진 분수를 더하면 항상 1이 되도록 빈칸에 알맞은 수를 써넣으세요.

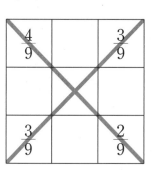

3 분모가 같은 분수의 덧셈 (2)

16 계산해 보세요.

$$8\frac{7}{9}+1\frac{1}{9}$$

$$8\frac{7}{9}+1\frac{2}{9}$$

$$8\frac{7}{9}+1\frac{3}{9}$$

■보다 ●만큼 더 큰 수는 ■+●야.

준비 설명하는 수를 구해 보세요.

123보다 57만큼 더 큰 수

(   )

17 설명하는 수를 구해 보세요.

$1\frac{3}{4}$보다 $2\frac{3}{4}$만큼 더 큰 수

(   )

18 □ 안에 알맞은 수를 써넣으세요.

$$1\frac{3}{6}+3\frac{1}{6}=2\frac{\boxed{}}{6}+\boxed{}\frac{5}{6}$$

19 ㉠과 ㉡의 합을 구해 보세요.

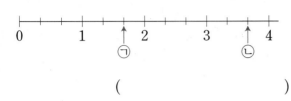

(   )

20 악보가 나타내는 박자를 구해 보세요.

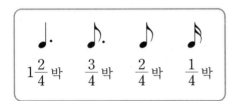

21 두 종류의 과일을 모아 5 kg이 되도록 □ 안에 과일의 이름을 써넣으세요.

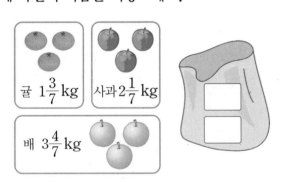

새 교과 반영

22 ■=1, ▲=$\frac{1}{5}$을 나타낼 때 계산해 보세요.

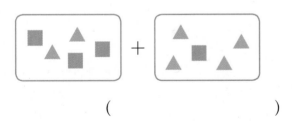

(   )

4 분모가 같은 분수의 뺄셈 (2)

23 계산해 보세요.

$3\frac{6}{7} - 2\frac{1}{7}$

$3\frac{5}{7} - 2\frac{1}{7}$

$3\frac{4}{7} - 2\frac{1}{7}$

24 □ 안에 알맞은 수를 써넣으세요.

$3\frac{5}{8} - 1\frac{2}{8} = \boxed{}$

$1\frac{2}{8} + \boxed{} = \boxed{}$

25 계산이 <u>잘못된</u> 곳을 찾아 바르게 계산해 보세요.

$$5\frac{9}{14} - 4\frac{3}{14} = (5-4) - \left(\frac{9}{14} - \frac{3}{14}\right)$$
$$= 1 - \frac{6}{14} = \frac{14}{14} - \frac{6}{14} = \frac{8}{14}$$

$5\frac{9}{14} - 4\frac{3}{14} =$

26 계산 결과에 맞는 길을 찾아 이어 보세요.

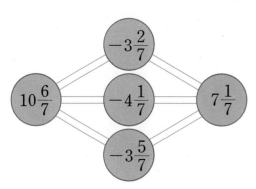

27 6학년인 현지가 '앉아 윗몸 앞으로 굽히기' 측정에서 $11\frac{7}{10}$ cm를 기록하여 2등급을 받았습니다. 5학년인 수영이의 기록이 현지보다 $4\frac{5}{10}$ cm만큼 짧았다면 수영이는 몇 등급을 받았는지 구해 보세요.

(단위: cm)

학년	4등급	3등급	2등급	1등급
5학년	$1 \sim 4\frac{9}{10}$	$5 \sim 6\frac{9}{10}$	$7 \sim 9\frac{9}{10}$	$10 \sim 22$
6학년	$2 \sim 4\frac{9}{10}$	$5 \sim 9\frac{9}{10}$	$10 \sim 13\frac{9}{10}$	$14 \sim 26$

(   )

1

28 계산해 보세요.

(1) $6\frac{15}{16} - 2\frac{3}{16} - 1\frac{6}{16}$

(2) $8\frac{17}{20} - 1\frac{10}{20} - 3\frac{5}{20}$

새 교과 반영
29 수를 가르기 했습니다. 빈칸에 알맞은 수를 써넣으세요.

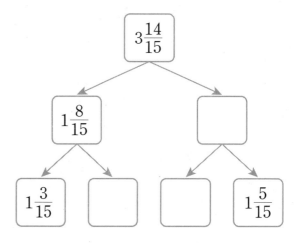

1. 분수의 덧셈과 뺄셈 **13**

5 분모가 같은 분수의 뺄셈 (3)

30 계산해 보세요.

$5-1\dfrac{4}{5}$

$6-1\dfrac{4}{5}$

$7-1\dfrac{4}{5}$

서술형
31 여러 가지 뺄셈 방법 중 한 가지 방법을 이용하여 $3-1\dfrac{1}{6}$ 을 계산해 보세요.

$3-1\dfrac{1}{6}=$

내가 만드는 문제
32 물 3 L 중 마실 물의 양을 자유롭게 정하고, 마시고 남은 물의 양을 색칠하여 구해 보세요.

마실 물의 양: $\boxed{}\dfrac{\boxed{}}{4}$ L

남은 물의 양: $\boxed{}\dfrac{\boxed{}}{4}$ L

3 L
2 L
1 L
0

33 상자의 무게에 맞게 추를 놓으려고 합니다. ☐ 안에 알맞은 수를 써넣으세요.

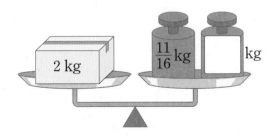

2 kg

$\dfrac{11}{16}$ kg   ☐ kg

34 $5<\boxed{}<6$에서 ☐ 안에 들어갈 수 있는 뺄셈식을 찾아 ○표 하세요.

$7-1\dfrac{5}{9}$	$8-3\dfrac{4}{9}$	$6-1\dfrac{7}{9}$

새 교과 반영
35 ☐ 안에 알맞은 수를 써넣으세요.

(1) $4\,\text{m}-3\dfrac{1}{2}\,\text{m}=\boxed{}\,\text{cm}$

(2) $5\,\text{km}-4\dfrac{3}{4}\,\text{km}=\boxed{}\,\text{m}$

36 ☐ 안에 알맞은 수를 써넣으세요.

$13-11\dfrac{8}{12}=15\dfrac{\boxed{}}{12}-\boxed{}\dfrac{1}{12}$

37 계산 결과가 0이 <u>아닌</u> 가장 작은 값이 되도록 ☐ 안에 알맞은 수를 써넣으세요.

$10-\boxed{}\dfrac{\boxed{}}{8}=\boxed{}$

6 분모가 같은 분수의 뺄셈 (4)

38 계산해 보세요.

$$5\frac{1}{12} - 4\frac{6}{12}$$

$$5\frac{1}{12} - 4\frac{7}{12}$$

$$5\frac{1}{12} - 4\frac{8}{12}$$

39 빈칸에 알맞은 수를 써넣으세요.

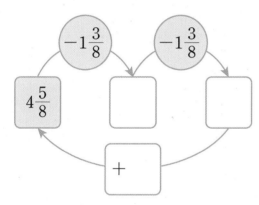

40 주어진 분수를 이용하여 **덧셈식**과 **뺄셈식**을 각각 만들어 보세요.

$$5\frac{2}{18} \qquad 3\frac{7}{18} \qquad 1\frac{13}{18}$$

덧셈식 ....

뺄셈식 ....

41 50원짜리 동전의 무게가 $4\frac{8}{50}$ g, 10원짜리 동전의 무게가 $1\frac{11}{50}$ g일 때, 두 동전의 무게의 차는 몇 g인지 구해 보세요.

(   )

덧셈과 뺄셈의 관계를 이용해.

준비 ☐ 안에 알맞은 수를 써넣으세요.

(1) $15 + \boxed{} = 125$

(2) $\boxed{} + 42 = 272$

42 ☐ 안에 알맞은 수를 써넣으세요.

(1) $1\frac{3}{9} + \boxed{} = 6\frac{1}{9}$

(2) $\boxed{} + \frac{8}{10} = 8\frac{3}{10}$

😊 내가 만드는 문제

43 $1\frac{8}{17}$ 을 여러 가지 **뺄셈**으로 나타내어 보세요.

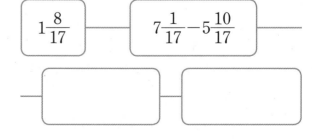

1 받아올림과 받아내림이 있는 분수

44 □ 안에 알맞은 수를 써넣으세요.

$$6\frac{4}{7}+1\frac{4}{7}=\boxed{}\frac{1}{7}$$

무조건 분자끼리 계산하면 안돼.

$$1\frac{3}{5}+3\frac{4}{5}=4\frac{7}{5}$$ ✗ $$1\frac{3}{5}+3\frac{4}{5}=5\frac{2}{5}$$ ○

받아올림을 생각하지 않았어요.

45 □ 안에 알맞은 수를 써넣으세요.

$$9\frac{5}{8}-\boxed{}\frac{7}{8}=1\frac{6}{8}$$

46 □ 안에 공통으로 들어갈 수 있는 수를 써 보세요.

$$5\frac{2}{4}+1\frac{\boxed{}}{4}=7\frac{1}{4}$$

$$8\frac{\boxed{}}{9}-2\frac{5}{9}=5\frac{7}{9}$$

(   )

2 바르게 계산

47 계산해 보세요.

(1) $4-1\frac{2}{9}$

(2) $6-2\frac{3}{6}$

자연수를 그대로 두고 계산한 것은 아니지?

$$2-1\frac{1}{2}$$
$$=(2-1)+\frac{1}{2}$$
$$=1\frac{1}{2}$$ ✗

$$2-1\frac{1}{2}$$
$$=1\frac{2}{2}-1\frac{1}{2}$$
$$=(1-1)+\left(\frac{2}{2}-\frac{1}{2}\right)=\frac{1}{2}$$ ○

48 계산이 잘못된 곳을 찾아 바르게 계산해 보세요.

$$8-7\frac{5}{7}=(8-7)+\frac{5}{7}=1\frac{5}{7}$$

$$8-7\frac{5}{7}=$$

49 계산이 잘못된 곳을 찾아 바르게 계산해 보세요.

$$5-2\frac{10}{11}=(5-2)+\frac{10}{11}=3\frac{10}{11}$$

$$5-2\frac{10}{11}=$$

3 계산 결과가 가장 큰 계산식

50 가장 큰 수와 가장 작은 수의 차를 구해 보세요.

$$6\frac{3}{10} \qquad 5\frac{9}{10} \qquad 7\frac{1}{10} \qquad 5\frac{5}{10}$$

( )

자연수에 따라 분수의 크기를 비교하는 방법은 달라.

• 자연수가 다를 때	• 자연수가 같을 때
$5\frac{2}{11}$ > $3\frac{10}{11}$	$5\frac{2}{11}$ < $5\frac{10}{11}$
└─ 5>3 ─┘	└ $\frac{2}{11}$ < $\frac{10}{11}$ ┘
➡ 자연수끼리 비교	➡ 진분수끼리 비교

51 분수 2개를 골라 계산 결과가 가장 큰 덧셈식을 만들어 보세요.

$$\frac{17}{3} \qquad 7\frac{1}{3} \qquad \frac{20}{3} \qquad 6\frac{1}{3}$$

식 ....

52 분수 2개를 골라 계산 결과가 가장 큰 뺄셈식을 만들어 보세요.

$$4\frac{2}{5} \qquad \frac{43}{5} \qquad 8 \qquad \frac{31}{5}$$

식 ....

4 어림하여 계산

53 계산 결과가 8과 9 사이의 수인 것을 찾아 ○표 하세요.

$10\frac{1}{7} - \frac{6}{7}$	$5\frac{1}{7} + 3\frac{3}{7}$	$7\frac{5}{7} + 2\frac{3}{7}$

일일이 계산해 본 것은 아니지? 어림하여 계산하면 쉬운데...

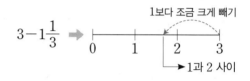

$3 - 1\frac{1}{3}$ ➡ 1과 2 사이 (1보다 조금 크게 빼기)

54 계산 결과가 5와 6 사이의 수인 것을 찾아 ○표 하세요.

$1\frac{1}{5} + 3\frac{3}{5}$	$7\frac{4}{5} - 1\frac{3}{5}$	$8\frac{2}{5} - 2\frac{4}{5}$

55 계산 결과가 16과 17 사이의 수인 것을 찾아 기호를 써 보세요.

㉠ $10\frac{10}{12} + 4\frac{5}{12}$ ㉡ $17\frac{1}{8} - 1\frac{4}{8}$

㉢ $20\frac{2}{6} - 4\frac{5}{6}$ ㉣ $14\frac{1}{5} + 2\frac{1}{5}$

( )

5 규칙 찾기

56 수를 규칙에 따라 늘어놓았습니다. 규칙을 찾아 써 보세요.

규칙

수가 커지는지 작아지는지 살펴봤어?

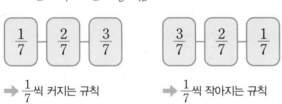

➡ $\frac{1}{7}$씩 커지는 규칙   ➡ $\frac{1}{7}$씩 작아지는 규칙

57 수를 규칙에 따라 늘어놓았습니다. 빈칸에 알맞은 수를 써넣으세요.

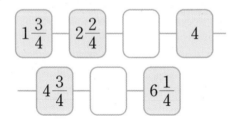

58 수를 규칙에 따라 늘어놓았습니다. 빈칸에 알맞은 수를 써넣으세요.

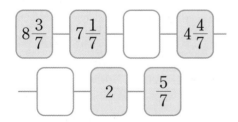

6 받아올림과 받아내림이 있는 계산

59 □ 안에 알맞은 수를 써넣으세요.

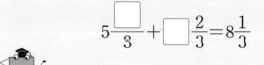

$5\frac{\square}{3}+\square\frac{2}{3}=8\frac{1}{3}$

분수끼리의 합이 1보다 크면 자연수로 받아올림해야지.

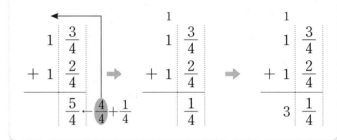

60 □ 안에 알맞은 수를 써넣으세요.

$$\square\frac{2}{13}-1\frac{\square}{\square}=5\frac{10}{13}$$

61 □ 안에 알맞은 수를 써넣으세요.

(1) $\square\frac{5}{15}+1\frac{\square}{\square}=5\frac{2}{15}$

(2) $\square\frac{1}{10}-7\frac{\square}{\square}=5\frac{8}{10}$

1 조건을 만족하는 수 구하기

62 분모가 5인 진분수들의 합을 구해 보세요.

( )

63 분모가 8인 진분수 중에서 $\frac{4}{8}$보다 큰 분수들의 합을 구해 보세요.

( )

64 분모가 15인 진분수 중에서 $\frac{7}{15}$보다 작은 분수들의 합을 구해 보세요.

( )

65 분모가 12인 진분수 2개가 있습니다. 합이 $\frac{9}{12}$, 차가 $\frac{3}{12}$인 두 진분수를 구해 보세요.

( )

2 차지하는 양의 합과 차

66 주황색과 초록색이 차지하는 양의 차를 구해 보세요. (단, 전체 크기는 1입니다.)

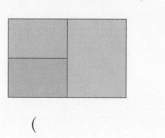

( )

67 파란색과 초록색이 차지하는 양의 차를 구해 보세요. (단, 전체 크기는 1입니다.)

( )

68 칠교판에서 노란색 조각과 주황색 조각이 차지하는 양의 합을 구해 보세요. (단, 전체 크기는 1입니다.)

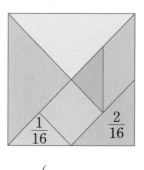

( )

🔑 **개념 KEY**

분모가 ■인 진분수

$$\frac{1}{■}, \frac{2}{■}, \frac{3}{■}, \frac{4}{■}, \cdots, \frac{■-1}{■}$$

🔑 **개념 KEY**

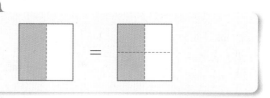

69 3장의 수 카드를 한 번씩 모두 사용하여 분모가 8인 대분수를 만들려고 합니다. 만들 수 있는 가장 큰 대분수와 가장 작은 대분수의 합을 구해 보세요.

$$\boxed{3} \quad \boxed{8} \quad \boxed{7}$$

(   )

70 4장의 수 카드를 한 번씩 모두 사용하여 분모가 9인 대분수를 만들려고 합니다. 만들 수 있는 가장 큰 대분수와 가장 작은 대분수의 차를 구해 보세요.

$$\boxed{1} \quad \boxed{4} \quad \boxed{6} \quad \boxed{9}$$

(   )

71 5장의 수 카드를 한 번씩 모두 사용하여 분모가 13인 대분수를 만들려고 합니다. 만들 수 있는 가장 큰 대분수와 가장 작은 대분수의 차를 구해 보세요.

$$\boxed{1} \quad \boxed{8} \quad \boxed{3} \quad \boxed{7} \quad \boxed{5}$$

(   )

72 □ 안에 들어갈 수 있는 자연수를 모두 구해 보세요.

$$7\frac{9}{10} + 5\frac{4}{10} < 13\frac{\square}{10}$$

(   )

73 □ 안에 들어갈 수 있는 자연수는 모두 몇 개일까요?

$$5\frac{4}{9} - 3\frac{7}{9} > 1\frac{\square}{9}$$

(   )

74 □ 안에 들어갈 수 있는 자연수는 모두 몇 개일까요?

$$1\frac{6}{13} + 1\frac{10}{13} < 3\frac{\square}{13} < 7\frac{5}{13} - 3\frac{11}{13}$$

(   )

개념 KEY

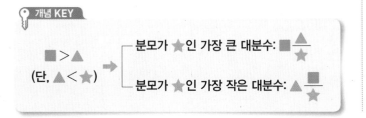

■ > ▲ ➡ 분모가 ★인 가장 큰 대분수: $■\dfrac{▲}{★}$

(단, ▲ < ★) 분모가 ★인 가장 작은 대분수: $▲\dfrac{■}{★}$

5 나타내는 값 구하기

75 ●의 값을 구해 보세요. (단, 같은 모양은 같은 수를 나타냅니다.)

$$●+●+●=\frac{24}{25}$$

(   )

76 ◆의 값을 구해 보세요. (단, 같은 모양은 같은 수를 나타냅니다.)

$$●+●=2\frac{8}{17}$$
$$◆+◆+●=3\frac{2}{17}$$

(   )

77 ▲의 값을 구해 보세요. (단, 같은 모양은 같은 수를 나타냅니다.)

$$■+■=4\frac{4}{12}$$
$$▲+▲-■=2\frac{6}{12}$$

(   )

6 덧셈과 뺄셈이 섞여 있는 문제 해결하기

78 민서는 색 테이프 $3\frac{2}{7}$ m를 가지고 있습니다. 선물 상자 1개를 포장하는 데 색 테이프 2 m가 필요하다면 상자 5개를 포장하기 위해서는 색 테이프 몇 m를 더 사야 할까요?

(   )

79 설탕 $2\frac{1}{5}$ kg이 있습니다. 케이크 1개를 만드는 데 $\frac{3}{5}$ kg의 설탕이 필요하다면 케이크 6개를 만들기 위해서는 설탕 몇 kg을 더 준비해야 할까요?

(   )

80 쌀 $4\frac{5}{9}$ kg을 사 왔습니다. 가래떡 1개를 만드는 데 $1\frac{3}{9}$ kg의 쌀이 사용된다면 사 온 쌀로 만들 수 있는 가래떡은 모두 몇 개이고, 남는 쌀은 몇 kg일까요?

가래떡은 (   )개 만들 수 있고
쌀은 (   ) kg이 남습니다.

🔑 개념 KEY

●+●=●×2=10
●=10÷2=5

7 시간을 분수로 나타내기

81 서진이는 할머니 댁에 가는 데 버스를 $\frac{8}{12}$시간, 지하철을 $\frac{5}{12}$시간 동안 타고 갔습니다. 할머니 댁까지 가는 데 걸린 시간은 몇 시간 몇 분일까요?

(   )

82 예슬이는 3시간 동안 수학과 영어 공부를 했습니다. 수학을 공부한 시간이 $2\frac{1}{12}$시간이라면 영어를 공부한 시간은 몇 분일까요?

(   )

83 현수가 $1\frac{11}{12}$시간 동안 운동을 했더니 오후 4시였습니다. 현수가 운동을 시작한 시각은 몇 시 몇 분일까요?

(   )

8 약속한 방법으로 계산하기

84 가▲나＝가＋가－나일 때, 다음을 계산해 보세요.

$$\frac{4}{7} \ ▲ \ \frac{5}{7}$$

(   )

85 가★나＝6－가－나일 때, 다음을 계산해 보세요.

$$3\frac{8}{11} \ ★ \ 1\frac{4}{11}$$

(   )

86 가■나＝가＋$1\frac{5}{8}$－나일 때, 다음을 계산해 보세요.

$$6\frac{3}{8} \ ■ \ 2\frac{6}{8}$$

(   )

🔑 개념 KEY

5분 ➡ $\frac{1}{12}$시간   20분 ➡ $\frac{4}{12}$시간

기출 단원 평가

1 색칠된 부분에서 **빼는 수**만큼 ×표 하고 □ 안에 알맞은 수를 써넣으세요.

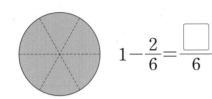

$$1 - \frac{2}{6} = \frac{\square}{6}$$

2 수직선을 보고 $1\frac{2}{4} + 1\frac{1}{4}$은 얼마인지 구해 보세요.

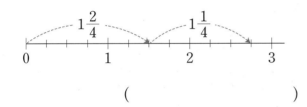

( )

3 □ 안에 알맞은 수를 써넣으세요.

$$4\frac{3}{8} - 1\frac{2}{8} = (4 - \square) + \left(\frac{\square}{8} - \frac{2}{8}\right)$$

$$= \square + \frac{\square}{8}$$

$$= \square\frac{\square}{8}$$

4 계산해 보세요.

(1) $5\frac{4}{7} + 4\frac{5}{7}$

(2) $6\frac{1}{12} - 1\frac{7}{12}$

5 계산이 <u>잘못된</u> 곳을 찾아 바르게 계산해 보세요.

$$\boxed{\frac{7}{10} + \frac{8}{10} = \frac{7+8}{10+10} = \frac{15}{20}}$$

$$\frac{7}{10} + \frac{8}{10} = \underline{}$$

6 설명하는 수를 구해 보세요.

$$\boxed{1보다 \frac{13}{16}만큼 더 작은 수}$$

( )

7 계산 결과의 크기를 비교하여 ◯ 안에 >, =, <를 알맞게 써넣으세요.

$$2\frac{2}{9} + 4\frac{8}{9} \bigcirc 3\frac{7}{9} + \frac{20}{9}$$

8 직사각형의 가로는 세로보다 몇 cm 더 길까요?

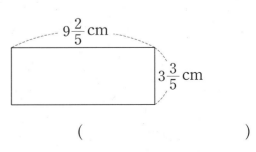

( )

9 계산 결과가 5와 6 사이의 수인 덧셈식을 찾아 ○표 하세요.

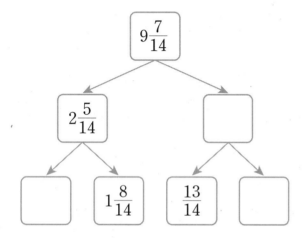

$3\frac{7}{11}+1\frac{10}{11}$	$4\frac{5}{8}+1\frac{6}{8}$	$5\frac{8}{9}+\frac{6}{9}$

10 수를 가르기 하였습니다. 빈칸에 알맞은 수를 써 넣으세요.

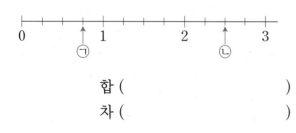

$9\frac{7}{14}$

$2\frac{5}{14}$

$1\frac{8}{14}$ $\frac{13}{14}$

11 ㉠과 ㉡의 합과 차를 구해 보세요.

0 ㉠ 1 2 ㉡ 3

합 (   )

차 (   )

12 ☐ 안에 알맞은 수를 써넣으세요.

$$\boxed{}-3\frac{6}{11}=2\frac{6}{11}$$

13 ☐ 안에 들어갈 수 있는 자연수 중에서 가장 큰 수를 구해 보세요.

$$\frac{5}{13}+\frac{\boxed{}}{13}<\frac{12}{13}$$

(   )

14 분수 2개를 골라 계산 결과가 가장 큰 뺄셈식을 만들어 보세요.

$7\frac{5}{7}$	$\frac{36}{7}$	$3\frac{6}{7}$	$4\frac{3}{7}$

식 ....

15 철인 3종 경기인 '제주 국제 아이언맨 대회'에서 는 수영 $3\frac{8}{10}$ km, 사이클 $180\frac{2}{10}$ km, 마라톤 42.195 km를 쉬지 않고 이어서 17시간 내에 완주한 선수에게 철인이라는 칭호를 줍니다. 수영 구간과 사이클 구간의 거리는 몇 km 차이가 날까요?

수영   사이클   마라톤

(   )

16 분모가 9인 진분수 2개가 있습니다. 합이 $\dfrac{8}{9}$, 차가 $\dfrac{2}{9}$인 두 진분수를 구해 보세요.

( )

17 4장의 수 카드를 한 번씩 모두 사용하여 분모가 8인 대분수를 만들려고 합니다. 만들 수 있는 가장 큰 대분수와 가장 작은 대분수의 차를 구해 보세요.

| 2 | 3 | 6 | 8 |

( )

18 가 ♥ 나 ＝6－가＋나일 때, 다음을 계산해 보세요.

$$3\dfrac{9}{10} \heartsuit 6\dfrac{8}{10}$$

( )

19 학교에서 소방서까지의 거리는 몇 km인지 구하려고 합니다. 풀이 과정을 쓰고 답을 구해 보세요.

집　　　　학교　　　　　소방서
$1\dfrac{3}{5}$ km
5 km

풀이

답

20 하은이는 오늘 수학 공부를 $2\dfrac{5}{12}$시간, 영어 공부를 $1\dfrac{6}{12}$시간 하였습니다. 하은이가 오늘 공부한 시간은 모두 몇 시간 몇 분인지 풀이 과정을 쓰고 답을 구해 보세요.

풀이

답

2 삼각형

"두 변의 길이가 같으므로
이등변삼각형이야."

"아니야. 직각이 있으므로
직각삼각형이야."

모두 맞아요.
주어진 삼각형은 이등변삼각형이면서 직각삼각형이에요.
이렇듯 삼각형은 변의 길이와 각의 크기에 따라 이름이 정해져요.

변의 길이와 각의 크기에 따라 삼각형을 나눌 수 있어!

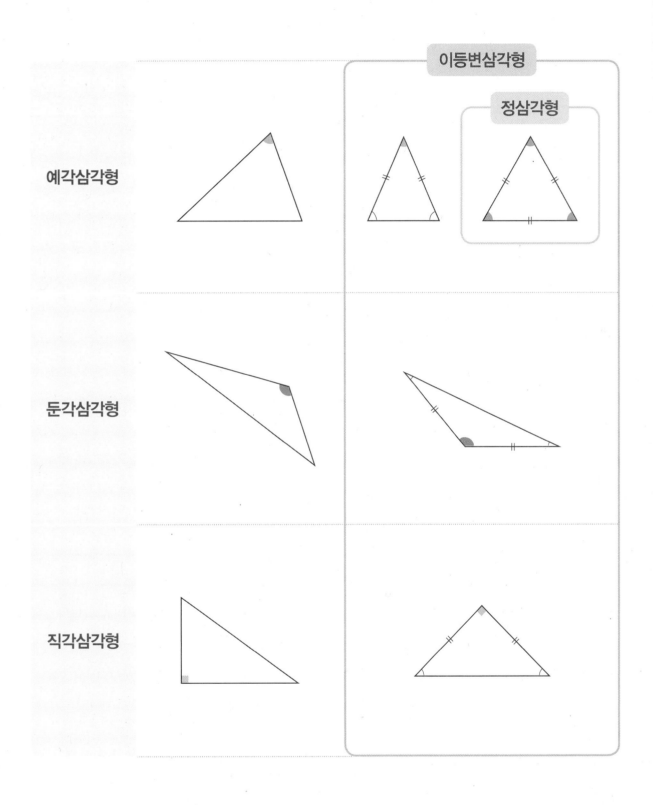

삼각형

① 변의 길이에 따라 삼각형 분류하기

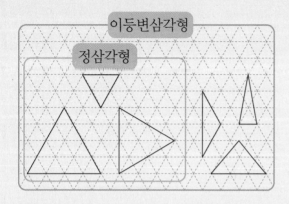

- **이등변삼각형**: 두 변의 길이가 같은 삼각형
- **정삼각형**: 세 변의 길이가 같은 삼각형

② 이등변삼각형의 성질 알아보기

- 두 변의 길이가 같습니다.
- 두 각의 크기가 같습니다.

- **이등변삼각형 그리기**

| ・두 변을 같게 하여 그리기 | ・두 각을 같게 하여 그리기 |

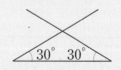

③ 정삼각형의 성질 알아보기

- 세 변의 길이가 같습니다.
- 세 각의 크기가 60°로 같습니다.
  삼각형의 세 각의 크기의 합은 180°이므로
  (한 각의 크기) = 180° ÷ 3 = 60°입니다.

- **정삼각형 그리기**

| ・세 변을 같게 하여 그리기 | ・세 각을 같게 하여 그리기 |

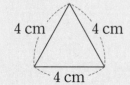

1 자를 이용하여 이등변삼각형과 정삼각형을 모두 찾아 기호를 써 보세요.

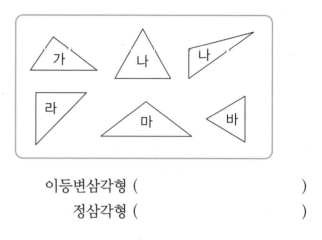

이등변삼각형 (   )

정삼각형 (   )

2 주어진 선분을 한 변으로 하는 이등변삼각형을 그리고 알맞은 말에 ○표 하세요.

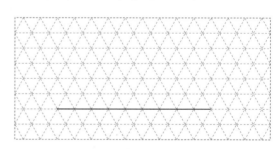

이등변삼각형은 두 각의 크기가 (같습니다 , 다릅니다).

3 크기가 다른 정삼각형 2개를 그려 보세요.

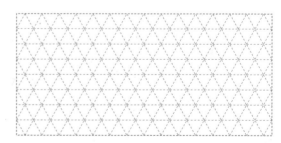

4 각의 크기에 따라 삼각형 분류하기

• 예각삼각형: 세 각이 모두 예각인 삼각형

$0° < 예각 < 90°$

• 둔각삼각형: 한 각이 둔각인 삼각형

$90° < 둔각 < 180°$

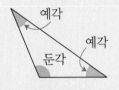 

• 각의 크기로 분류하기

5 두 가지 기준으로 분류하기

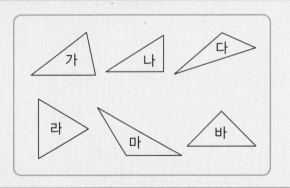

	예각삼각형	직각삼각형	둔각삼각형
정삼각형	라		
이등변삼각형	라	바	마
세 변의 길이가 모두 다른 삼각형	가	나	다

4 그림을 보고 물음에 답하세요.

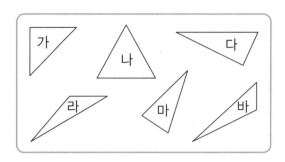

(1) 이등변삼각형을 모두 찾아 기호를 써 보세요.

( )

(2) 정삼각형을 모두 찾아 기호를 써 보세요.

( )

(3) 예각삼각형을 모두 찾아 기호를 써 보세요.

( )

(4) 직각삼각형을 모두 찾아 기호를 써 보세요.

( )

(5) 둔각삼각형을 모두 찾아 기호를 써 보세요.

( )

5 알맞은 것끼리 이어 보세요.

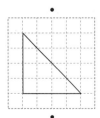
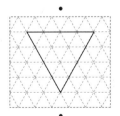

이등변삼각형 정삼각형

예각삼각형 둔각삼각형 직각삼각형

1 변의 길이에 따라 삼각형 분류하기

1 삼각형을 변의 길이에 따라 분류하고, 삼각형의 이름을 써 보세요.

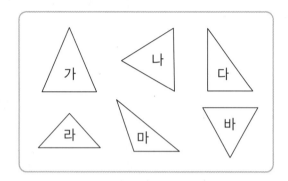

	두 변의 길이가 같은 삼각형	세 변의 길이가 같은 삼각형
기호		
이름		

2 정삼각형입니다. ☐ 안에 알맞은 수를 써넣으세요.

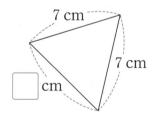

3 이등변삼각형입니다. 삼각형의 세 변의 길이의 합은 몇 cm인지 구해 보세요.

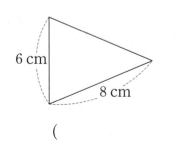

( )

4 이등변삼각형에 모두 색칠해 보세요.

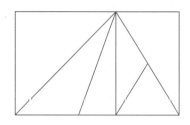

😊 내가 만드는 문제

5 보기 와 같이 정삼각형과 이등변삼각형으로 자유롭게 규칙을 만들어 보세요.

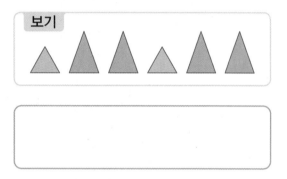

6 같은 이름이 될 수 <u>없는</u> 하나의 삼각형을 찾아 ○표 하세요.

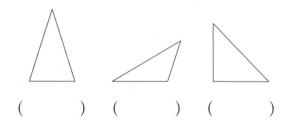

( ) ( ) ( )

서술형
7 정삼각형을 이등변삼각형이라고 할 수 있는지 설명해 보세요.

설명 _____

_____

② 이등변삼각형의 성질 알아보기

이등변삼각형은 삼각형의 특징을 모두 가지고 있어.

준비 삼각형에 대한 설명으로 옳은 것을 찾아 기호를 써 보세요.

> ㉠ 4개의 선분으로 둘러싸여 있습니다.
> ㉡ 꼭짓점이 3개가 있습니다.
> ㉢ 변의 길이가 모두 같습니다.

(   )

8 이등변삼각형에 대한 설명으로 옳은 것을 모두 찾아 기호를 써 보세요.

> ㉠ 두 변의 길이가 같습니다.
> ㉡ 꼭짓점이 4개가 있습니다.
> ㉢ 세 변의 길이가 모두 같습니다.
> ㉣ 두 각의 크기가 같습니다.

(   )

9 피라미드는 고대 이집트를 대표하는 건축물로 주로 왕이나 왕족의 무덤으로 만들어 졌습니다. 피라미드의 표시된 삼각형은 이등변삼각형입니다. ㉠과 ㉡의 각도를 구해 보세요.

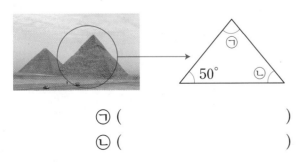

㉠ (   )

㉡ (   )

10 주어진 삼각형의 세 변의 길이의 합은 몇 cm 인지 구해 보세요.

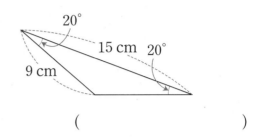

(   )

11 자를 이용하여 한 변의 길이가 2 cm인 서로 다른 이등변삼각형 2개를 그려 보세요.

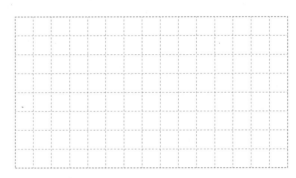

새 교과 반영

12 오른쪽 도형에 선분을 그어 왼쪽 이등변삼각형으로 나누어 보세요.

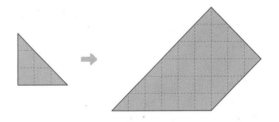

13 한 각의 크기가 80°인 이등변삼각형이 있습니다. 나머지 두 각의 크기가 될 수 있는 각도를 모두 찾아 ○표 하세요.

30°와 70°	50°와 50°
40°와 40°	20°와 80°

3 정삼각형의 성질 알아보기

14 정삼각형을 그리려고 합니다. 선분의 양 끝과 어느 점을 이어야 할까요? (   )

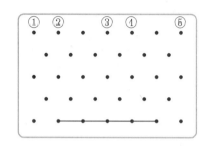

15 ☐ 안에 알맞은 수를 써넣으세요.

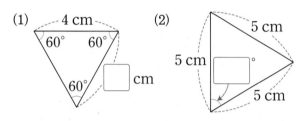

(1)
4 cm
60° 60°
60°
☐ cm

(2)
5 cm
5 cm
☐ °
5 cm

서술형
16 두 삼각형의 같은 점과 다른 점을 한 가지씩 써 보세요.

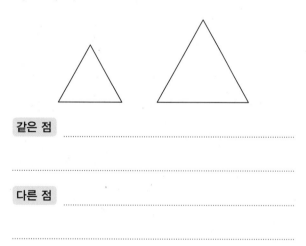

같은 점 ....

....

다른 점 ....

....

17 오른쪽 삼각형의 세 변의 길이의 합은 몇 cm인지 구해 보세요.

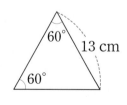
60°
13 cm
60°

(   )

18 각도기와 자를 이용하여 주어진 선분을 한 변으로 하는 정삼각형을 그려 보세요.

19 병아리가 모두 들어갈 수 있게 정삼각형 모양의 울타리를 그려 보세요.

새 교과 반영
20 정삼각형으로 만든 모양입니다. 규칙에 따라 빈칸에 알맞게 그려 보세요.

☺ 내가 만드는 문제
21 도형을 정삼각형으로 자유롭게 나누어 보세요.

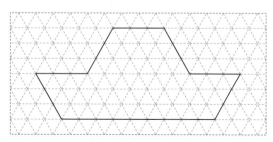

4 각의 크기에 따라 삼각형 분류하기

직각을 기준으로 예각, 둔각을 찾아.

준비 예각에 ○표, 직각에 △표, 둔각에 ×표 하세요.

(   )   (   )   (   )

22 각의 크기에 따라 삼각형을 분류해 보세요.

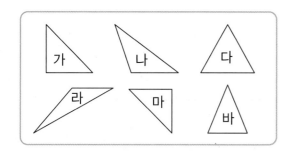

예각삼각형	직각삼각형	둔각삼각형

23 사고가 자주 일어나는 버뮤다 삼각지대는 다음과 같은 삼각형의 해역을 말합니다. 알맞은 말에 ○표 하세요.

버뮤다 삼각지대는 (한 , 두 , 세) 각이 예각이므로 (예각삼각형 , 둔각삼각형)입니다.

24 사각형에 선분을 한 개를 그어 둔각삼각형 2개를 만들어 보세요.

25 직사각형 모양의 종이를 점선을 따라 잘랐을 때 생기는 삼각형 중에서 예각삼각형을 모두 찾아 기호를 써 보세요.

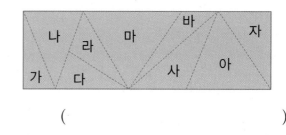

(   )

새 교과 반영

26 빨간 점 2개가 모두 삼각형 안에 들어가도록 점 종이에 예각삼각형을 그려 보세요.

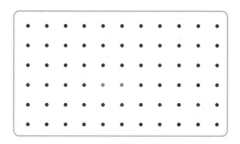

😊 내가 만드는 문제

27 세 점을 연결하여 예각삼각형과 둔각삼각형을 하나씩 그려 보세요.

5 두 가지 기준으로 분류하기

28 변의 길이와 각의 크기에 따라 삼각형을 분류해 보세요.

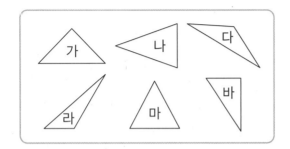

	예각삼각형	직각삼각형	둔각삼각형
이등변삼각형			
세 변의 길이가 모두 다른 삼각형			

29 그림에 대한 설명이 맞으면 ○표, 틀리면 ×표 하세요.

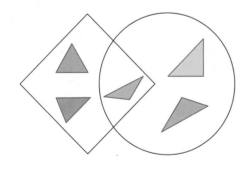

(1) 정삼각형은 원 안에 있습니다.
( )

(2) 사각형 안에 둔각삼각형이 있습니다.
( )

(3) 원 안에 이등변삼각형이 2개 있습니다.
( )

(4) 예각삼각형은 사각형과 원 안에 모두 있습니다. ( ).

30 이등변삼각형이면서 예각삼각형인 삼각형의 기호를 써 보세요.

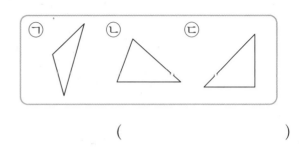

( )

31 삼각형의 일부가 지워졌습니다. 어떤 삼각형인지 이름을 모두 써 보세요.

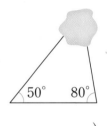

( )

새 교과 반영

32 세 개의 이등변삼각형을 이어 붙여 삼각형을 만들었습니다. 이 삼각형은 어떤 삼각형인지 이름을 모두 써 보세요.

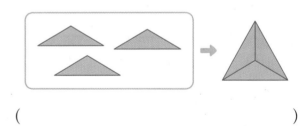

( )

내가 만드는 문제

33 점 종이에 삼각형을 자유롭게 그려 보고 삼각형의 이름을 모두 써 보세요.

( )

1 삼각형의 두 각

34 삼각형의 세 각 중 두 각의 크기를 나타낸 것입니다. 예각삼각형을 찾아 기호를 써 보세요.

> ㉠ 20°, 50°   ㉡ 40°, 40°
> ㉢ 55°, 40°   ㉣ 45°, 45°

(   )

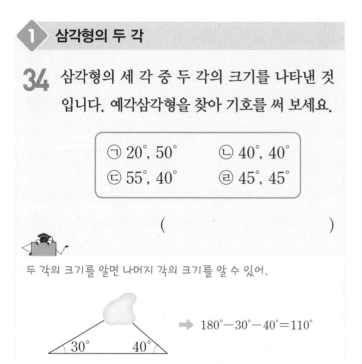

두 각의 크기를 알면 나머지 각의 크기를 알 수 있어.

➡ 180°−30°−40°=110°

35 삼각형의 세 각 중 두 각의 크기를 나타낸 것입니다. 둔각삼각형을 찾아 기호를 써 보세요.

> ㉠ 45°, 65°   ㉡ 60°, 60°
> ㉢ 50°, 40°   ㉣ 30°, 45°

(   )

36 삼각형의 세 각 중 두 각의 크기를 나타낸 것입니다. 이등변삼각형을 모두 찾아 기호를 써 보세요.

> ㉠ 80°, 55°   ㉡ 55°, 55°
> ㉢ 40°, 100°   ㉣ 45°, 105°

(   )

2 삼각형의 이름

37 오른쪽 삼각형의 이름이 될 수 있는 것을 모두 찾아 기호를 써 보세요.

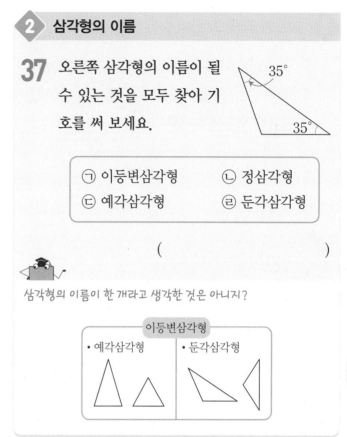

> ㉠ 이등변삼각형   ㉡ 정삼각형
> ㉢ 예각삼각형   ㉣ 둔각삼각형

(   )

삼각형의 이름이 한 개라고 생각한 것은 아니지?

이등변삼각형	
• 예각삼각형	• 둔각삼각형

38 오른쪽 삼각형의 이름이 될 수 있는 것을 모두 찾아 ○표 하세요.

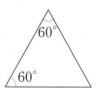

> 이등변삼각형   정삼각형
> 예각삼각형   둔각삼각형
> 직각삼각형

39 오른쪽 삼각형의 이름을 모두 써 보세요.

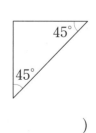

(   )

40 두 변의 길이가 다음과 같은 이등변삼각형을 그리려고 합니다. 나머지 한 변이 될 수 있는 길이를 모두 구해 보세요.

7 cm, 9 cm

(   )

두 변의 길이가 주어지면 이등변삼각형 2개를 그릴 수 있어.

41 세 변의 길이가 다음과 같은 이등변삼각형을 그리려고 합니다. ☐ 안에 들어갈 수 있는 수를 모두 구해 보세요.

8 cm, 11 cm, ☐ cm

(   )

42 세 변의 길이의 합이 36 cm인 이등변삼각형의 한 변의 길이가 14 cm일 때, 다른 두 변이 될 수 있는 길이를 모두 구해 보세요.

(   )

43 크기가 같은 정삼각형 2개로 만든 도형입니다. 굵은 선의 길이가 24 cm일 때, 정삼각형의 한 변의 길이를 구해 보세요.

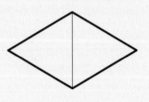

(   )

도형의 모든 변의 길이가 같을 때 굵은 선의 길이는 한 변의 길이를 이용해.

44 크기가 같은 정삼각형 3개로 만든 도형입니다. 굵은 선의 길이가 35 cm일 때, 정삼각형의 한 변의 길이를 구해 보세요.

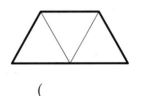

(   )

45 크기가 같은 정삼각형 6개로 만든 도형입니다. 굵은 선의 길이가 48 cm일 때, 정삼각형의 한 변의 길이를 구해 보세요.

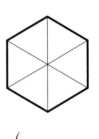

(   )

5 도형 밖의 각도

46 이등변삼각형입니다. ㉠의 각도를 구해 보세요.

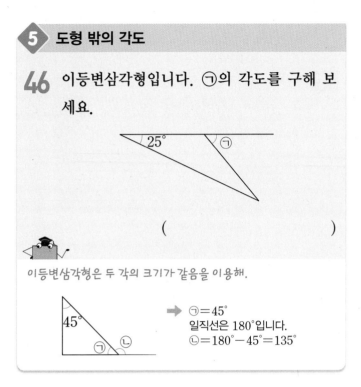

(   )

이등변삼각형은 두 각의 크기가 같음을 이용해.

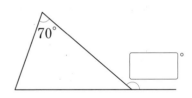

➡ ㉠=45°
일직선은 180°입니다.
㉡=180°−45°=135°

47 이등변삼각형입니다. □ 안에 알맞은 수를 써넣으세요.

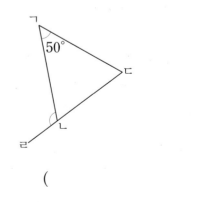

48 삼각형 ㄱㄴㄷ은 이등변삼각형입니다. 각 ㄱ ㄴㄹ의 크기를 구해 보세요.

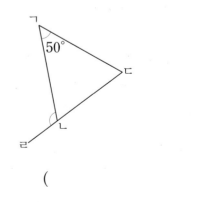

(   )

6 세 변의 길이의 합이 같은 두 삼각형

49 두 이등변삼각형의 세 변의 길이의 합은 같습니다. □ 안에 알맞은 수를 써넣으세요.

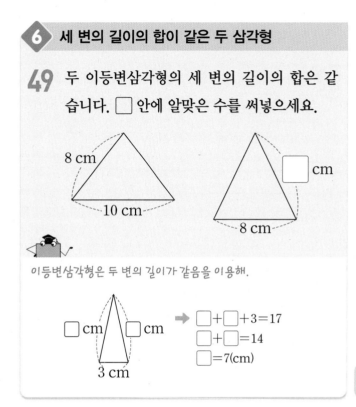

이등변삼각형은 두 변의 길이가 같음을 이용해.

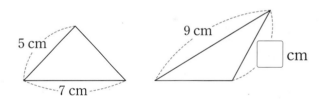

➡ □+□+3=17
□+□=14
□=7(cm)

50 두 이등변삼각형의 세 변의 길이의 합은 같습니다. □ 안에 알맞은 수를 써넣으세요.

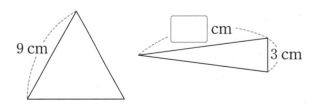

51 왼쪽 정삼각형과 오른쪽 이등변삼각형의 세 변의 길이의 합은 같습니다. □ 안에 알맞은 수를 써넣으세요.

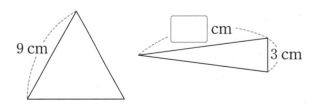

2

1 삼각형 움직이기

52 점 ㄱ을 오른쪽으로 2칸 움직였을 때의 삼각형을 그리고 이름을 써 보세요.

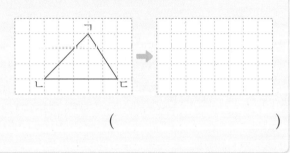

(   )

53 점 ㄱ을 오른쪽으로 5칸 움직였을 때의 삼각형을 그리고 이름을 써 보세요.

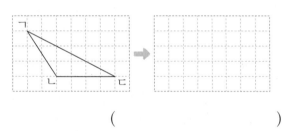

(   )

54 점 ㄷ을 왼쪽으로 3칸 움직였을 때의 삼각형을 그리고 이름을 써 보세요.

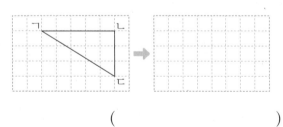

(   )

2 삼각형으로 도형 덮기

55 왼쪽 이등변삼각형을 여러 번 사용하여 오른쪽 이등변삼각형을 덮어 보세요.

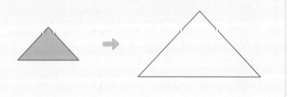

56 왼쪽 정삼각형을 여러 번 사용하여 오른쪽 정삼각형을 덮어 보세요.

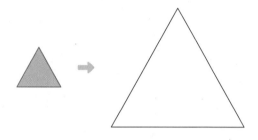

57 왼쪽 둔각삼각형을 여러 번 사용하여 오른쪽 도형을 덮어 보세요.

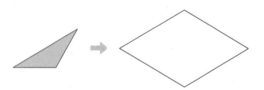

🔑 개념 KEY

• 삼각형의 한 변 사이로 이동 ➡ 예각삼각형
• 삼각형의 한 변 끝으로 이동 ➡ 직각삼각형
• 삼각형의 한 변 밖으로 이동 ➡ 둔각삼각형

3 조건에 맞는 도형 그리기

58 조건에 맞는 도형을 그려 보세요.

> • 변이 3개이고, 각이 3개입니다.
> • 세 변의 길이가 같습니다.

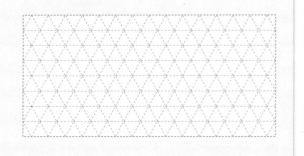

59 조건에 맞는 도형을 그려 보세요.

> • 변이 3개이고, 각이 3개입니다.
> • 두 변의 길이가 같습니다.
> • 세 각이 모두 예각입니다.

60 조건에 맞는 도형을 그려 보세요.

> • 변이 3개이고, 각이 3개입니다.
> • 두 변의 길이가 같습니다.
> • 한 각이 둔각입니다.

4 이등변삼각형과 정삼각형의 변 활용하기

61 이등변삼각형 2개를 그림과 같이 이어 붙였습니다. 삼각형 ㄱㄴㄷ의 세 변의 길이의 합이 24 cm일 때 사각형 ㄱㄴㄷㄹ의 네 변의 길이의 합을 구해 보세요.

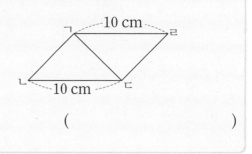

( )

62 이등변삼각형 2개를 그림과 같이 이어 붙였습니다. 삼각형 ㄱㄴㄷ의 세 변의 길이의 합이 37 cm일 때 사각형 ㄱㄴㄷㄹ의 네 변의 길이의 합을 구해 보세요.

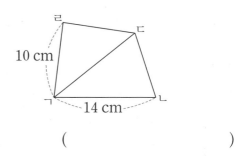

( )

63 이등변삼각형과 정삼각형을 그림과 같이 이어 붙였습니다. 삼각형 ㄱㄴㄷ의 세 변의 길이의 합이 18 cm일 때 사각형 ㄱㄴㄷㄹ의 네 변의 길이의 합을 구해 보세요.

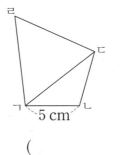

( )

64 같은 직각삼각형 2개를 이어 붙여 둔각삼각형을 만들었습니다. 둔각삼각형의 세 변의 길이의 합을 구해 보세요.

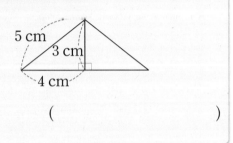

(　　　　　　　　　　　)

65 오른쪽과 같은 직각삼각형 2개를 겹치지 않게 이어 붙여서 만들 수 있는 예각삼각형의 세 변의 길이의 합을 구해 보세요.

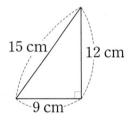

(　　　　　　　　)

66 오른쪽과 같은 직각삼각형 2개를 겹치지 않게 이어 붙여서 만들 수 있는 둔각삼각형의 세 변의 길이의 합을 구해 보세요.

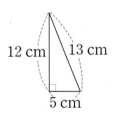

(　　　　　　　　)

개념 KEY

67 이등변삼각형 ㄱㄴㄷ을 접었습니다. 각 ㄹㅂㅁ의 크기를 구해 보세요.

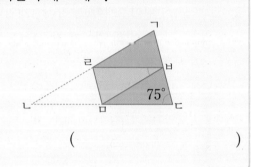

(　　　　　　　　　　　)

68 삼각형 ㄱㄴㄷ을 접었을 때 변 ㄱㄹ과 변 ㄱㅂ의 길이가 같습니다. 각 ㄹㅁㅂ의 크기를 구해 보세요.

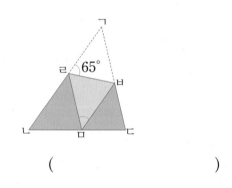

(　　　　　　　　　　　)

69 정삼각형 ㄱㄴㄷ을 접었습니다. 각 ㄹㅁㅂ의 크기를 구해 보세요.

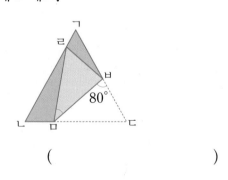

(　　　　　　　　　　　)

7 이등변삼각형과 정삼각형의 각 활용

70 이등변삼각형 2개를 그림과 같이 이어 붙였습니다. 각 ㄱㄴㄹ의 크기를 구해 보세요.

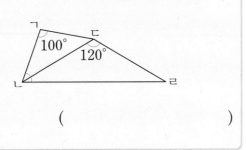

( )

71 이등변삼각형 2개를 그림과 같이 이어 붙였습니다. 각 ㄴㄱㅁ의 크기를 구해 보세요.

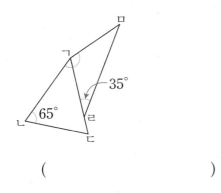

( )

72 정삼각형과 이등변삼각형을 그림과 같이 이어 붙였습니다. 각 ㄴㄷㄹ의 크기를 구해 보세요.

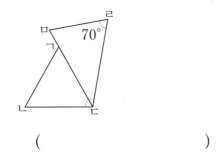

( )

개념 KEY

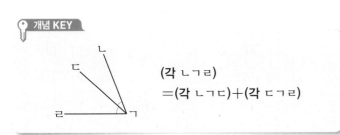

(각 ㄴㄱㄹ)
=(각 ㄴㄱㄷ)+(각 ㄷㄱㄹ)

8 크고 작은 예각(둔각)삼각형 찾기

73 도형에서 찾을 수 있는 크고 작은 예각삼각형은 모두 몇 개인지 구해 보세요.

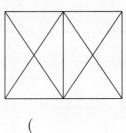

( )

74 도형에서 찾을 수 있는 크고 작은 둔각삼각형은 모두 몇 개인지 구해 보세요.

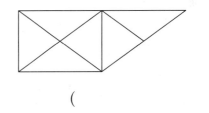

( )

75 도형에서 찾을 수 있는 크고 작은 예각삼각형과 둔각삼각형의 개수의 차는 몇 개인지 구해 보세요.

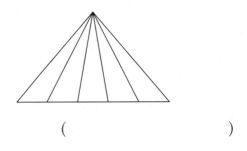

( )

개념 KEY

삼각형 1개짜리: ①, ②, ③
삼각형 2개짜리: ①+②, ②+③
⋮

기출 단원 평가

1 변의 길이에 따라 삼각형을 분류해 보세요.

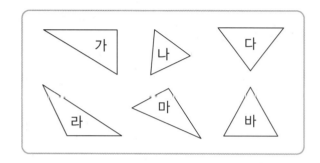

이등변삼각형	정삼각형

2 주어진 선분을 한 변으로 하는 이등변삼각형을 그려 보세요.

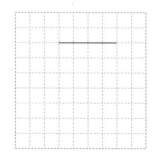

3 예각삼각형을 모두 찾아 기호를 써 보세요.

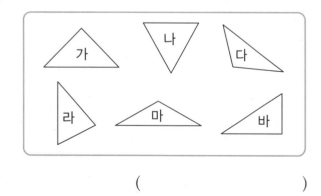

( )

4 선분의 양 끝점과 다른 한 점을 이어서 둔각삼각형을 그리려고 합니다. 어느 점을 이어야 할까요? ( )

5 □ 안에 알맞은 수를 써넣으세요.

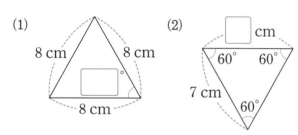

6 직사각형 모양의 종이를 점선을 따라 잘랐을 때 생기는 삼각형 중에서 둔각삼각형은 모두 몇 개인지 구해 보세요.

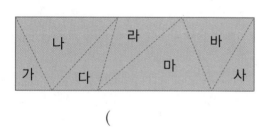

( )

7 삼각형의 세 각을 나타낸 것입니다. 이등변삼각형을 만들 수 <u>없는</u> 것을 찾아 기호를 써 보세요.

㉠ 50°, 50°, 80°	㉡ 60°, 60°, 60°
㉢ 120°, 40°, 20°	㉣ 70°, 40°, 70°

( )

8 이등변삼각형에 대한 설명으로 옳은 것을 모두 찾아 기호를 써 보세요.

> ㉠ 두 변의 길이가 같습니다.
> ㉡ 세 변의 길이가 같습니다.
> ㉢ 두 각의 크기가 같습니다.
> ㉣ 세 각의 크기가 같습니다.

( )

9 이등변삼각형입니다. ☐ 안에 알맞은 수를 써넣으세요.

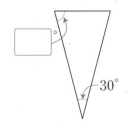

10 두 변의 길이가 8 cm, 12 cm인 이등변삼각형이 있습니다. 나머지 한 변의 길이가 될 수 있는 길이를 모두 구해 보세요.

( )

11 사각형에 선분 한 개를 그어 예각삼각형 1개와 둔각삼각형 1개를 만들어 보세요.

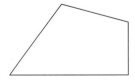

12 삼각형의 세 각의 크기를 나타낸 것입니다. 예각삼각형, 직각삼각형, 둔각삼각형 중에서 어떤 삼각형인지 써 보세요.

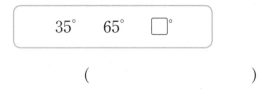

35°   65°   ☐°

( )

13 이등변삼각형입니다. 세 변의 길이의 합은 몇 cm일까요?

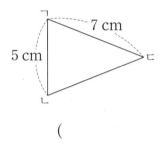

7 cm
5 cm

( )

14 정삼각형 2개를 그림과 같이 이어 붙였습니다. 각 ㄴㄷㄹ의 크기를 구해 보세요.

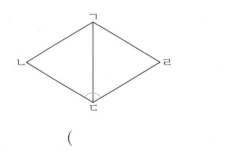

( )

15 주어진 이등변삼각형과 세 변의 길이의 합이 같은 정삼각형을 그리려고 합니다. 정삼각형의 한 변의 길이는 몇 cm로 해야 할까요?

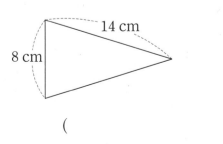

14 cm
8 cm

( )

16 정삼각형과 이등변삼각형을 그림과 같이 이어 붙였습니다. 이등변삼각형의 세 변의 길이의 합이 21 cm일 때 사각형 ㄱㄴㄷㄹ의 네 변의 길이의 합을 구해 보세요.

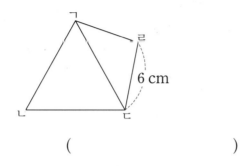

(   )

17 도형에서 찾을 수 있는 크고 작은 예각삼각형은 모두 몇 개인지 구해 보세요.

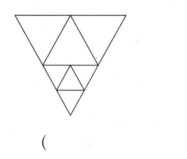

(   )

18 같은 직각삼각형 2개를 겹치지 않게 이어 붙여서 만들 수 있는 둔각삼각형의 세 변의 길이의 합을 구해 보세요.

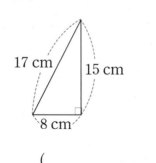

(   )

19 어떤 삼각형의 두 각의 크기를 재었더니 각각 55°, 70°였습니다. 이 삼각형의 이름이 될 수 있는 것을 모두 쓰려고 합니다. 풀이 과정을 쓰고 답을 구해 보세요.

풀이

답

20 정삼각형과 이등변삼각형을 그림과 같이 이어 붙였습니다. 각 ㄴㄷㄹ의 크기는 몇 도인지 풀이 과정을 쓰고 답을 구해 보세요.

풀이

답

사고력이 반짝

● 여러 가지 삼각형 모양의 색종이를 겹쳐 놓았습니다. 가장 위에 있는 종이부터 차례로
수를 써넣으려고 합니다. ☐ 안에 알맞은 수를 써넣으세요.

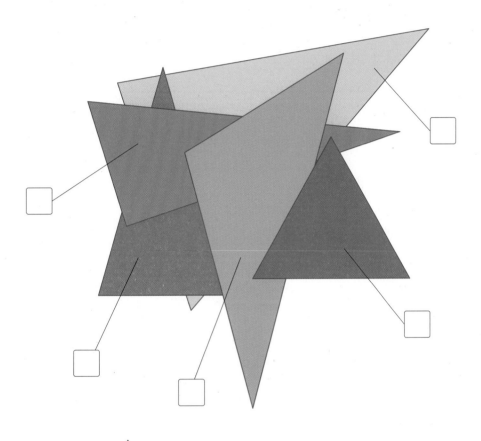

3 소수의 덧셈과 뺄셈

1보다 작은 수에는 분수와 소수가 있다는 것을 이미 배웠어요.
그렇다면 0.1보다 작은 수도 존재할까요?
분모가 10인 분수는 소수 한 자리 수로 나타냈었죠.
이번에는 분모가 100, 1000인 분수도 소수로 나타내어 볼까요?
더 나아가 소수의 덧셈과 뺄셈은 자연수의 덧셈과 뺄셈과 어떻게 다른지 비교해 봐요.

소수, 일의 자리보다 작은 자릿값을 갖는 수.

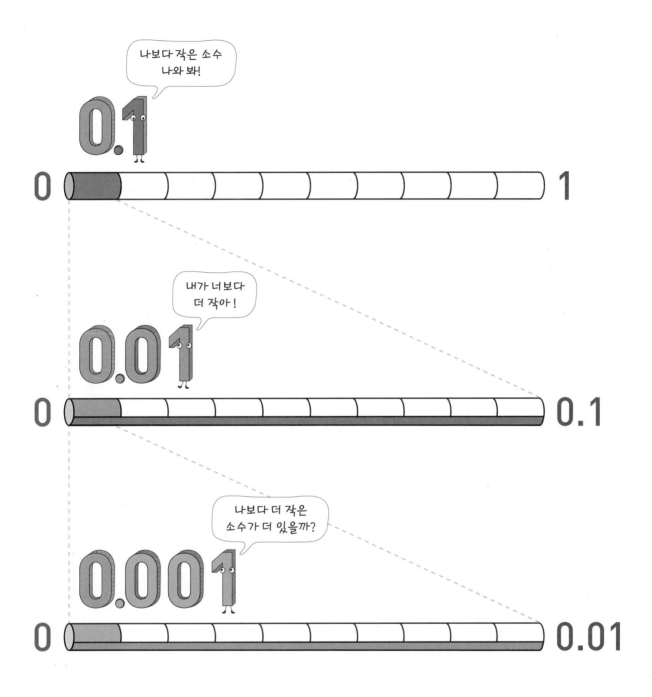

소수의 덧셈과 뺄셈

1 소수 두 자리 수: $\frac{\blacksquare}{100}$인 수

• $\frac{1}{100}$ ─소수로→ **쓰기** 0.01 **읽기** 영 점 영일

• $5\frac{28}{100}$ ─소수로→ **쓰기** 5.28 **읽기** 오 점 이팔
이십팔 (×)

일의 자리	소수 첫째 자리	소수 둘째 자리
5		
0 .	2	
0 .	0	8

$$5.28 = 5 + 0.2 + 0.08$$
일의 자리 └ 소수 첫째 자리 └ 소수 둘째 자리

2 소수 세 자리 수: $\frac{\blacksquare}{1000}$인 수

• $\frac{1}{1000}$ ─소수로→ **쓰기** 0.001 **읽기** 영 점 영영일

• $3\frac{254}{1000}$ ─소수로→ **쓰기** 3.254 **읽기** 삼 점 이오사

일의 자리	소수 첫째 자리	소수 둘째 자리	소수 셋째 자리
3			
0 .	2		
0 .	0	5	
0 .	0	0	4

$$3.254 = 3 + 0.2 + 0.05 + 0.004$$
일의 자리 └ 소수 첫째 자리 └ 소수 둘째 자리 └ 소수 셋째 자리

3 소수의 크기 비교

• **자연수 부분이 다른 소수의 크기 비교**

5.63 < 7.21 ➡ 5.◯ < 7.◯

• **자연수 부분이 같은 소수의 크기 비교**

2.143 < 2.418 ➡ 2.1◯ < 2.4◯
3.561 < 3.587 ➡ 3.56◯ < 3.58◯
6.523 < 6.529 ➡ 6.523 < 6.529

---

1 전체 크기가 1인 모눈종이에서 색칠한 부분의 크기를 분수와 소수로 나타내어 보세요.

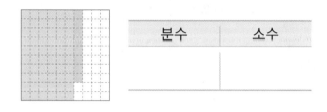

분수	소수

2 수직선에 표시한 소수를 쓰고 읽어 보세요.

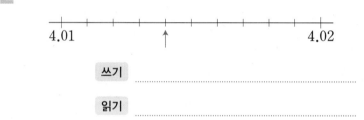

쓰기 ....

읽기 ....

3 수직선을 보고 ◯ 안에 >, =, <를 알맞게 써넣으세요.

(1)
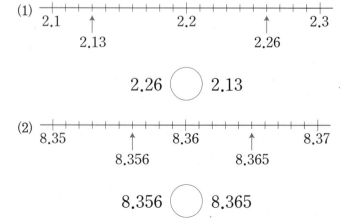

2.26 ◯ 2.13

(2)
8.356 ◯ 8.365

④ 소수 사이의 관계

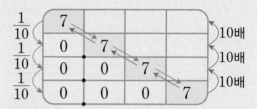

➡ 10배를 하면 소수점을 기준으로 수가 <u>왼쪽으로</u> 한 자리 이동합니다.

➡ $\frac{1}{10}$ 을 하면 소수점을 기준으로 수가 <u>오른쪽으로</u> 한 자리 이동합니다.

⑤ 소수 한 자리 수의 계산

• **소수 한 자리 수의 덧셈**

소수점끼리 맞추어 세로로 쓴 다음 같은 자리 수끼리 더합니다.

$$\begin{array}{r} 2.3 \\ +\,1.9 \\ \hline \end{array} \Rightarrow \begin{array}{r} {}^{1}\;\; \\ 2.3 \\ +\,1.9 \\ \hline 4\,2 \end{array} \Rightarrow \begin{array}{r} {}^{1}\;\; \\ 2.3 \\ +\,1.9 \\ \hline 4.2 \end{array}$$

• **소수 한 자리 수의 뺄셈**

소수점끼리 맞추어 세로로 쓴 다음 같은 자리 수끼리 뺍니다.

$$\begin{array}{r} 4.2 \\ -\,1.9 \\ \hline \end{array} \Rightarrow \begin{array}{r} {}^{3}\;{}^{10} \\ 4.2 \\ -\,1.9 \\ \hline 2\,3 \end{array} \Rightarrow \begin{array}{r} {}^{3}\;{}^{10} \\ 4.2 \\ -\,1.9 \\ \hline 2.3 \end{array}$$

⑥ 소수 두 자리 수의 계산

• **소수 두 자리 수의 덧셈**

$$\begin{array}{r} 1.48 \\ +\,2.57 \\ \hline \end{array} \Rightarrow \begin{array}{r} {}^{1}\;{}^{1}\;\; \\ 1.48 \\ +\,2.57 \\ \hline 4\,05 \end{array} \Rightarrow \begin{array}{r} {}^{1}\;{}^{1}\;\; \\ 1.48 \\ +\,2.57 \\ \hline 4.05 \end{array}$$

• **소수 두 자리 수의 뺄셈**

$$\begin{array}{r} 4.05 \\ -\,2.57 \\ \hline \end{array} \Rightarrow \begin{array}{r} {}^{3}\;{}^{9}\;{}^{10} \\ 4.05 \\ -\,2.57 \\ \hline 1\,48 \end{array} \Rightarrow \begin{array}{r} {}^{3}\;{}^{9}\;{}^{10} \\ 4.05 \\ -\,2.57 \\ \hline 1.48 \end{array}$$

4 빈칸에 알맞은 수를 써넣으세요.

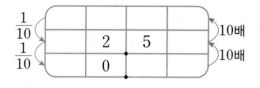

5 □ 안에 알맞은 수를 써넣으세요.

(1)
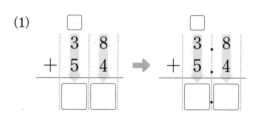

(2)
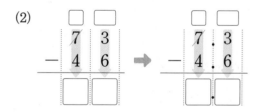

6 계산해 보세요.

(1)
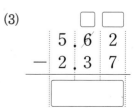
$$\begin{array}{r} 2.56 \\ +\,3.29 \\ \hline \end{array}$$

(2)
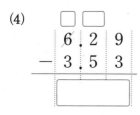
$$\begin{array}{r} 3.62 \\ +\,4.74 \\ \hline \end{array}$$

(3)
$$\begin{array}{r} 5.62 \\ -\,2.37 \\ \hline \end{array}$$

(4)
$$\begin{array}{r} 6.29 \\ -\,3.53 \\ \hline \end{array}$$

3

교과서+익힘책 유형

❶ 소수 두 자리 수

1 7.34를 보고 빈칸에 알맞은 수를 써넣으세요.

	일의 자리	소수 첫째 자리	소수 둘째 자리
숫자	7		4
나타내는 수		0.3	

😊 내가 만드는 문제

2 모눈에 색칠하고 싶은 만큼 색칠한 다음 색칠한 수가 나타내는 소수 두 자리 수를 쓰고 읽어 보세요.

전체 크기가 1입니다.

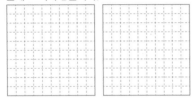

쓰기 ....

읽기 ....

3 분자의 오른쪽 끝에서부터 두 자리를 묶고, 분수를 소수로 나타내어 보세요.

(1) $\dfrac{215}{100}$ (2) $\dfrac{307}{100}$

(3) $\dfrac{5061}{100}$ (4) $\dfrac{4810}{100}$

4 ☐ 안에 알맞은 소수를 써넣으세요.

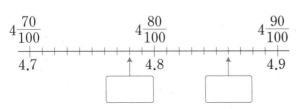

$4\dfrac{70}{100}$ $4\dfrac{80}{100}$ $4\dfrac{90}{100}$

4.7   4.8   4.9

1mm=0.1cm, 1cm=0.01m

🏃 준비 ☐ 안에 알맞은 수를 써넣으세요.

$3\,\text{cm}\ 8\,\text{mm} = 3\,\text{cm} + 8\,\text{mm}$

$= 3\,\text{cm} + \boxed{}\,\text{cm}$

$= \boxed{}\,\text{cm}$

5 ☐ 안에 알맞은 수를 써넣으세요.

(1) $6\,\text{m}\ 74\,\text{cm}$

$= 6\,\text{m} + 70\,\text{cm} + 4\,\text{cm}$

$= 6\,\text{m} + \boxed{}\,\text{m} + \boxed{}\,\text{m}$

$= \boxed{}\,\text{m}$

(2) $26\,\text{m}\ 58\,\text{cm} = \boxed{}\,\text{m}$

새 교과 반영

6 5.64를 만들기 위해 필요한 수를 모두 찾아 ○표 하세요.

5	0.05	0.70	0.6
0.4	7	0.04	0.50

7 전체 크기가 1인 모눈종이에 색칠된 부분과 같은 수를 찾아 모두 ○표 하세요.

0.76	일 점 칠육
0.1이 76개	0.01이 76개
$\dfrac{1}{100}$이 76개	$\dfrac{1}{1000}$이 76개

2 소수 세 자리 수

8 8.406을 보고 빈칸에 알맞은 수를 써넣으세요.

	일의 자리	소수 첫째 자리	소수 둘째 자리	소수 셋째 자리
숫자	8		0	6
나타내는 수		0.4		

9 관계있는 것끼리 이어 보세요.

3.045	•	•	삼 점 사영오
3보다 0.405만큼 더 큰 수	•	•	영 점 삼사오
$\dfrac{345}{1000}$	•	•	삼 점 영사오

10 주어진 수와 가장 가까운 소수를 에서 찾아 써 보세요.

> **보기**
> 5.706   5.016   5.429   5.976

(1) 5 ➡ (   )

(2) 6 ➡ (   )

11 4.576보다 크고 4.58보다 작은 소수 세 자리 수를 모두 써 보세요.

(   )

12 ☐ 안에 알맞은 수를 써넣으세요.

$$2.537 = 2 \quad + \boxed{}$$
$$= 2.5 \quad + \boxed{}$$
$$= 2.53 + \boxed{}$$

13 누에고치란 누에가 스스로 실을 토한 후 몸을 감싸서 만든 집입니다. 1개의 고치에서 풀려나오는 실의 길이는 1 km 95 m입니다. 이 실의 길이는 몇 km인지 소수로 나타내어 보세요.

(   )

14 설명하는 수를 소수로 나타내어 보세요.

> 1이 8개, 0.1이 15개, 0.01이 7개, 0.001이 3개인 수

(   )

☺ 내가 만드는 문제

15 수 2개를 골라 두 수의 공통점을 써 보세요.

| 0.008 | 5.128 | 5.123 |
| 8.015 | 0.015 |

두 수 ....

공통점 ....

....

3 소수의 크기 비교

소수는 0.1, 0.01이 몇 개인 수로 나타낼 수 있어.

준비 □ 안에 알맞은 수를 써넣고 ○ 안에 >, =, <를 알맞게 써넣으세요.

6.5는 0.1이 □ 개

6.2는 0.1이 □ 개

➡ 6.5 ◯ 6.2

16 □ 안에 알맞은 수를 써넣고 ○ 안에 >, =, <를 알맞게 써넣으세요.

3.24는 0.01이 □ 개

3.27은 0.01이 □ 개

➡ 3.24 ◯ 3.27

17 두 소수의 크기를 비교하여 ○ 안에 >, =, <를 알맞게 써넣으세요.

(1) 0.632 ◯ 0.637

(2) 2.904 ◯ 2.094

(3) 31.562 ◯ 31.59

18 □ 안에 들어갈 수 있는 수에 ○표 하세요.

$$2.5 < \square < 2.6$$

2.50   2.530   2.060

서술형
19 $\frac{1}{10}$이 2개, $\frac{1}{100}$이 5개인 수와 영 점 일오칠 중 더 큰 소수를 구하려고 합니다. 풀이 과정을 쓰고 답을 소수로 써 보세요.

풀이 ....

답

20 보기 에서 수를 골라 □ 안에 알맞게 써넣으세요.

보기			
3.06	2.597	4.931	5.84

$$3 < \boxed{} < \boxed{} < 5$$

새 교과 반영

21 빨간색 공은 노란색 공보다 더 무겁고, 노란색 공은 파란색 공보다 더 무겁습니다. 공에 알맞게 색칠해 보세요.

◯   ◯   ◯

0.062 kg   0.041 kg   0.058 kg

22 보기 와 같이 크기에 맞게 숫자 사이에 소수점을 찍어 보세요.

보기
2 5.1 4 > 5.0 3 7

(1) 6 8 0 9 < 1 0 0 1

(2) 4 0 7 1 > 9 7 2 6

4 소수 사이의 관계

23 빈칸에 알맞은 수를 써넣으세요.

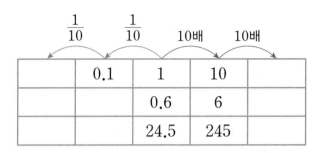

		0.1	1	10	
			0.6	6	
			24.5	245	

24 빈칸에 알맞은 글자를 찾아 써 보세요.

제: 0.043의 100배   형: 0.43의 100배
문: 4.3의 $\frac{1}{100}$ 유: 4.3의 $\frac{1}{10}$

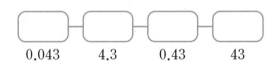

0.043   4.3   0.43   43

25 설탕이 한 봉지에 25 g씩 들어 있습니다. 작은 상자에는 설탕이 10봉지 들어 있고, 큰 상자에는 작은 상자가 10개 들어 있습니다. ☐ 안에 알맞은 수를 써넣으세요.

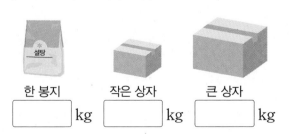

한 봉지 ☐ kg   작은 상자 ☐ kg   큰 상자 ☐ kg

26 설명하는 수가 다른 하나를 찾아 기호를 써 보세요.

⊙ 0.512의 10배   ⓒ 5.12
ⓒ 5.12의 $\frac{1}{10}$ ⓔ 512의 $\frac{1}{100}$

(   )

새 교과 반영
27 보기 와 같은 규칙으로 빈칸에 알맞은 수를 써넣으세요.

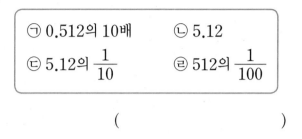

보기

| 678 | 67.8 | 6.78 | 0.678 |

541 ☐ ☐ ☐

28 빈칸에 알맞은 수를 써넣으세요.

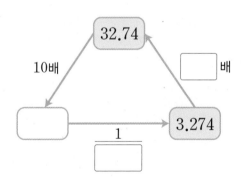

29 ☐ 안에 알맞은 수를 써넣으세요.

(1) 175는 0.175의 ☐ 배입니다.

(2) $\frac{9}{100}$ 는 9의 ☐ 입니다.

(3) 0.016은 $\frac{16}{100}$ 의 ☐ 입니다.

5 소수 한 자리 수의 계산

30 ☐ 안에 알맞은 수를 써넣으세요.

$$0.3은 0.1이 \boxed{}개$$
$$+ 0.5는 0.1이 \boxed{}개 \implies \begin{array}{r} 0.3 \\ + 0.5 \\ \hline \end{array}$$
$$0.1이 \boxed{}개$$

31 계산 결과가 같은 것끼리 이어 보세요.

$0.2+0.6$	•		•	$3.6+2.7$
$1.7+0.9$	•		•	$0.6+0.2$
$2.7+3.6$	•		•	$0.9+1.7$

32 빈칸에 알맞은 수를 써넣으세요.

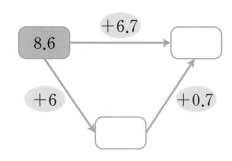

33 ☐ 안에 알맞은 수를 써넣으세요.

(1) $\boxed{}+0.1+0.2+0.3+0.4=3$

(2) $\boxed{}-0.1-0.2-0.3-0.4=4$

34 설명하는 수보다 2.7만큼 더 큰 수를 구해 보세요.

$$1이 8개, \frac{1}{10}이 25개인 수$$

(   )

35 ㉠과 ㉡이 나타내는 수의 합을 구해 보세요.

㉠ 0.1이 34개인 수
㉡ 일의 자리 숫자가 6이고, 소수 첫째 자리 숫자가 2인 소수 한 자리 수

(   )

😊 내가 만드는 문제

36 사과 한 개의 무게는 0.4 kg입니다. 수애가 산 사과의 개수를 1부터 9까지의 수 중에서 정하고 무게는 모두 몇 kg인지 구해 보세요.

수애는 사과를 $\boxed{}$개 샀습니다.

(   )

새 교과 반영
37 상자의 무게는 16.8 g입니다. 빨간 공 하나의 무게는 몇 g인지 구해 보세요.

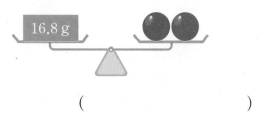

(   )

38 □ 안에 알맞은 수를 써넣으세요.

0.8은 0.1이 □ 개

−0.6은 0.1이 □ 개 ➡

0.1이 □ 개

$$\begin{array}{r} 0.8 \\ -\ 0.6 \\ \hline \quad \end{array}$$

39 계산이 잘못된 곳을 찾아 바르게 계산해 보세요.

$$\begin{array}{r} 7.5 \\ -\ \ \ 4.6 \\ \hline 7.1\ 6 \end{array} \Rightarrow$$

40 계산해 보세요.

(1) 6.9−1.2=□   (2) 5.2−1.3=□

6.9−1.4=□   5.4−1.3=□

6.9−1.6=□   5.6−1.3=□

6.9−1.8=□   5.8−1.3=□

새 교과 반영

41 두 수를 더해 1이 되어야 합니다. 빈칸에 알맞은 수를 써넣으세요.

1	
0.1	
	0.8
0.3	
	0.6

덧셈과 뺄셈은 한 가족이야.

준비 □ 안에 알맞은 수를 써넣으세요.

67 + □ = 86

86 − 67 = □

42 □ 안에 알맞은 수를 써넣으세요.

6.4 + □ = 9.3

9.3 − 6.4 = □

서술형
43 얼룩말은 1초에 17.8 m까지 달릴 수 있고 사자가 1초에 달릴 수 있는 거리는 얼룩말보다 1.2 m 짧습니다. 사자는 1초에 몇 m까지 달릴 수 있는지 풀이 과정을 쓰고 답을 구해 보세요.

풀이 ....

....

....

답 ....

😊 내가 만드는 문제

44 수 카드를 자유롭게 골라 소수 한 자리 수를 2개 만들고, 두 수의 차를 구해 보세요.

1 2 3 4 5 6 7 8 9

□.□ − □.□ = (   )

45 ☐ 안에 알맞은 수를 써넣으세요.

$$\begin{array}{r} 2\ 3\ 2 \\ +\ 3\ 4\ 9 \\ \hline \end{array}$$ ⇒ $$\begin{array}{r} 2.3\ 2 \\ +\ 3.4\ 9 \\ \hline \end{array}$$

46 ☐ 안에 알맞은 수를 써넣으세요.

$12.42+35.27$
$=12+0.4+0.02+35+0.2+0.07$
$=47+\boxed{}+\boxed{}$
$=\boxed{}$

47 계산이 <u>잘못된</u> 곳을 찾아 바르게 계산해 보세요.

$$\begin{array}{r} 6.8\ 2 \\ +\ 2.3\ 2 \\ \hline 8.1\ 4 \end{array}$$ ⇒

48 ☐ 안에 알맞은 수를 써넣으세요.

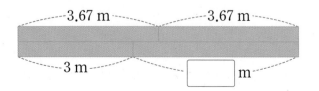
3.67 m   3.67 m
3 m   ☐ m

49 ■=1, ▲=0.1, ●=0.01을 나타낼 때 다음을 계산해 보세요.

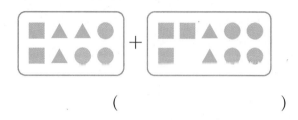

(   )

50 빈칸에 알맞은 수를 써넣으세요.

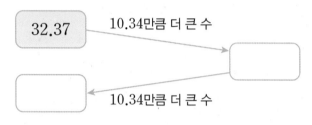

32.37   10.34만큼 더 큰 수

10.34만큼 더 큰 수

51 빨간색 페인트 1.04 L와 파란색 페인트 1.95 L를 섞었더니 보라색 페인트가 되었습니다. 보라색 페인트는 모두 몇 L인지 풀이 과정을 쓰고 답을 구해 보세요.

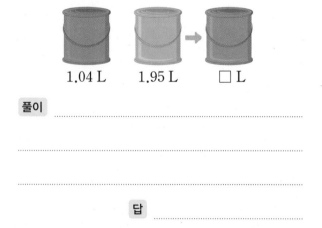
1.04 L   1.95 L   ☐ L

풀이

답

52 규칙을 찾아 빈칸에 알맞은 수를 써넣으세요.

5.02 — 6.14 — ☐ — 8.38 — ☐

53 □ 안에 알맞은 수를 써넣으세요.

$$\begin{array}{r} 7\ 2\ 8 \\ -\ 2\ 5\ 3 \\ \hline \square\square\square \end{array} \Rightarrow \begin{array}{r} 7.2\ 8 \\ -\ 2.5\ 3 \\ \hline \square\square\square \end{array}$$

54 설명하는 수보다 1.94만큼 더 작은 수는 얼마인지 구해 보세요.

> 1이 3개, 0.1이 7개, 0.01이 5개

(   )

55 □ 안에 알맞은 수를 써넣으세요.

$$3.16 + \boxed{} = 8.35$$
$$5.19 + \boxed{} = 8.35$$

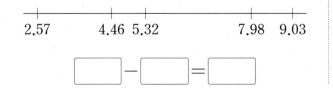

😊 내가 만드는 문제

56 수직선에서 두 수를 골라 두 수의 차를 계산해 보세요.

2.57   4.46 5.32   7.98 9.03

$$\boxed{} - \boxed{} = \boxed{}$$

57 결과에 맞도록 □ 안에 ＋ 또는 －를 써넣으세요.

(1) $2.53 \boxed{} 0.2 = 2.73$

　　$2.53 \boxed{} 0.2 = 2.33$

(2) $4.97 \boxed{} 2.28 = 2.69$

　　$4.97 \boxed{} 2.28 = 7.25$

58 주어진 길이의 차를 m로 나타내어 보세요.

(1) $5\,\text{m}\ 97\,\text{cm} - 1\,\text{m}\ 25\,\text{cm}$

(2) $7\,\text{m}\ 36\,\text{cm} - 99\,\text{cm}$

> 자연수와 소수 모두 같은 자리 수끼리 뺄 수 없으면 바로 윗자리에서 받아내림 해.

🏃 준비 □ 안에 알맞은 수를 써넣으세요.

$$\begin{array}{r} 8\ \ 3\ \ 9 \\ -\ \boxed{\ }\ 7\ \boxed{\ } \\ \hline 4\ \ 6\ \ 6 \end{array}$$

59 □ 안에 알맞은 수를 써넣으세요.

$$\begin{array}{r} \boxed{\ }.\ 6\ \ 5 \\ -\ 2.\ \boxed{\ }\ 7 \\ \hline 3\ .\ 2\ \boxed{\ } \end{array}$$

1 자릿수가 나타내는 값

60 숫자 5가 나타내는 값이 가장 작은 수를 찾아 ◯표 하세요.

| 5.03 | 6.75 | 2.51 | 52.88 |

같은 숫자라도 자리에 따라 나타내는 값이 달라.

• 7이 나타내는 값이 큰 수

| 9.67 | 2.75 |

크기를 비교하는 것이 아니야.

┌0.07 ┌0.7
| 9.67 | 2.75 |

나타내는 수를 비교하는 거야.

61 숫자 3이 나타내는 값이 두 번째로 큰 수를 찾아 ◯표 하세요.

| 3.14 | 9.103 | 4.32 | 12.23 |

62 숫자 8이 나타내는 값이 큰 순서대로 써 보세요.

| 0.862 | 8.541 | 1.168 | 17.081 |

( )

2 자릿수가 나타내는 값 비교

63 ㉠이 나타내는 값은 ㉡이 나타내는 값의 몇 배인지 구해 보세요.

6.569
㉠ ㉡

( )

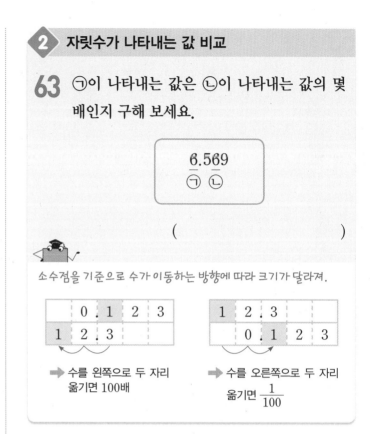

소수점을 기준으로 수가 이동하는 방향에 따라 크기가 달라져.

| 0 | 1 | 2 | 3 |
| 1 | 2 | 3 | |

| 1 | 2 | 3 | |
| | 0 | 1 | 2 | 3 |

➡ 수를 왼쪽으로 두 자리 옮기면 100배

➡ 수를 오른쪽으로 두 자리 옮기면 $\frac{1}{100}$

64 ㉡이 나타내는 값은 ㉠이 나타내는 값의 얼마인지 분수로 나타내어 보세요.

8.218
㉠ ㉡

( )

65 ㉠이 나타내는 값은 ㉡이 나타내는 값의 몇 배인지 구해 보세요.

11.874
㉠ ㉡

( )

3 자릿수가 다른 소수의 계산

66 소수점끼리 맞추어 세로셈으로 나타내고 계산해 보세요.

$$6.8+0.17 \Rightarrow \quad +$$

자연수처럼 낮은 자리에 맞추면 안돼! 소수점끼리 맞추어야 해.

```
   3.2 4          3.2 4
+  1.5        +  1.5 0  ← 자리가 비는 곳은 0이
   3.3 9          4.7 4      있다고 생각해.
```

67 소수점끼리 맞추어 세로셈으로 나타내고 계산해 보세요.

$$7.95-2.3 \Rightarrow \quad -$$

68 소수점끼리 맞추어 세로셈으로 나타내고 계산해 보세요.

$$32.9-4.6 \Rightarrow \quad -$$

4 단위가 다른 두 수의 크기 비교

69 시영이가 키우는 거북이의 무게는 0.51 kg이고, 하진이가 키우는 거북이의 무게는 730 g입니다. 누가 키우는 거북이가 더 무거울까요?

( ).

문제에서 '무겁다', '가볍다'가 의미하는 것을 잘 찾아야지.

더 무겁다 ➡ 수가 더 크다
더 가볍다 ➡ 수가 더 작다 ➡

70 수애의 줄넘기는 1.54 m이고 석현이의 줄넘기는 175 cm입니다. 누구의 줄넘기가 더 짧을까요?

( )

71 승희는 1.12 km 높이의 산을 올랐고, 수진이는 1012 m 높이의 산을 올랐습니다. 누가 오른 산이 더 높을까요?

( )

5 계산하지 않고 크기 비교

72 계산하지 않고 크기를 비교하여 ○ 안에 >, =, <를 알맞게 써넣으세요.

(1) $2.8+0.4$ ◯ $2.8+0.9$

(2) $5.1+9.4$ ◯ $3.8+9.4$

더하는 수와 더해지는 수를 살펴 봐.

$3.5+0.1$ ⦗<⦘ $3.5+0.2$
└── $0.1<0.2$ ──┘

$4.9+2.7$ ⦗>⦘ $4.1+2.7$
└── $4.9>4.1$ ──┘

73 계산하지 않고 크기를 비교하여 ○ 안에 >, =, <를 알맞게 써넣으세요.

(1) $10.5-3.5$ ◯ $10.5-5.5$

(2) $32.4-12.5$ ◯ $34.2-12.5$

74 계산하지 않고 크기를 비교하여 계산 결과가 큰 것부터 차례로 번호를 써 보세요.

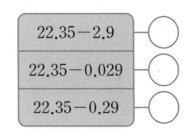

6 수직선 위의 두 소수의 계산

75 ㉠과 ㉡이 나타내는 소수의 합을 구해 보세요.

( )

큰 눈금의 크기에 따라 작은 눈금 한 칸의 크기가 정해져.

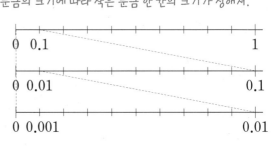

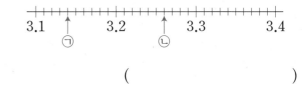

76 ㉠과 ㉡이 나타내는 소수의 합을 구해 보세요.

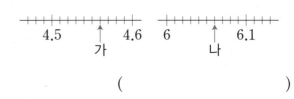

( )

77 가와 나가 나타내는 소수의 차를 구해 보세요.

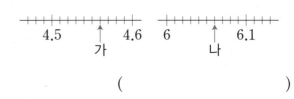

( )

1 조건에 맞는 소수 구하기

78 조건을 만족하는 소수 두 자리 수를 써 보세요.

> • 4보다 크고 5보다 작습니다.
> • 소수 첫째 자리 숫자는 9입니다.
> • 소수 둘째 자리 숫자는 2입니다.

( )

79 조건을 만족하는 소수 세 자리 수를 써 보세요.

> • 7보다 크고 8보다 작습니다.
> • 소수 첫째 자리 숫자는 0입니다.
> • 소수 둘째 자리 숫자는 3입니다.
> • 소수 셋째 자리 숫자는 5입니다.

( )

80 조건을 만족하는 소수 세 자리 수를 써 보세요.

> • 6보다 크고 7보다 작습니다.
> • 소수 첫째 자리 숫자는 5입니다.
> • 소수 둘째 자리 숫자는 소수 셋째 자리 숫자 9보다 5만큼 더 작습니다.

( )

2 ☐ 안에 들어갈 수 있는 수 구하기

81 0부터 9까지의 수 중에서 ☐ 안에 들어갈 수 있는 수를 모두 구해 보세요.

$$0.64 > 0.\square8$$

( )

82 0부터 9까지의 수 중에서 ☐ 안에 들어갈 수 있는 수를 모두 구해 보세요.

$$5.\square5 > 5.66$$

( )

83 0부터 9까지의 수 중에서 ☐ 안에 들어갈 수 있는 수를 모두 구해 보세요.

$$4.436 < 4.\square45 < 4.729$$

( )

🔑 **개념 KEY**

$$■ > ▲ \rightarrow \begin{cases} ●.■ > ●.▲ \\ ■.● > ▲.● \end{cases}$$

3 등식 완성하기

84 □ 안에 알맞은 수를 써넣으세요.

$$0.9+0.9=2-\boxed{}$$

$$1-\boxed{}+1-\boxed{}$$

85 □ 안에 알맞은 수를 써넣으세요.

$$0.98+0.98=2-\boxed{}$$

$$1-\boxed{}+1-\boxed{}$$

86 □ 안에 알맞은 수를 써넣으세요.

$$2.8+1.97=5-\boxed{}$$

$$3-\boxed{}+2-\boxed{}$$

개념 KEY

$$7+8=20-5$$

$$\underline{10-3}\quad\underline{10-2}$$

4 두 소수의 합과 차 구하기

87 ㉠과 ㉡이 나타내는 수의 합을 구해 보세요.

> ㉠ 0.1이 23개, 0.01이 7개인 수
> ㉡ 4.7의 $\frac{1}{10}$인 수

(   )

88 ㉠과 ㉡이 나타내는 수의 차를 구해 보세요.

> ㉠ 0.1이 5개, 0.01이 12개,
>   0.001이 10개인 수
> ㉡ 0.684의 10배인 수

(   )

89 ㉠과 ㉡이 나타내는 수의 합과 차를 구해 보세요.

> ㉠ 0.1이 45개, 0.001이 6개인 수
> ㉡ 5.2의 $\frac{1}{100}$인 수

합 (   )

차 (   )

5 어떤 수 구하기

90 어떤 수를 100배 하였더니 78이 되었습니다. 어떤 수를 구해 보세요.

( )

91 어떤 수의 $\frac{1}{100}$은 2.546입니다. 어떤 수를 구해 보세요.

( )

92 어떤 수를 100배 하였더니 1.3이 되었습니다. 어떤 수의 소수 셋째 자리 숫자를 구해 보세요.

( )

🔑 개념 KEY

10배를 거꾸로 하면 $\frac{1}{10}$

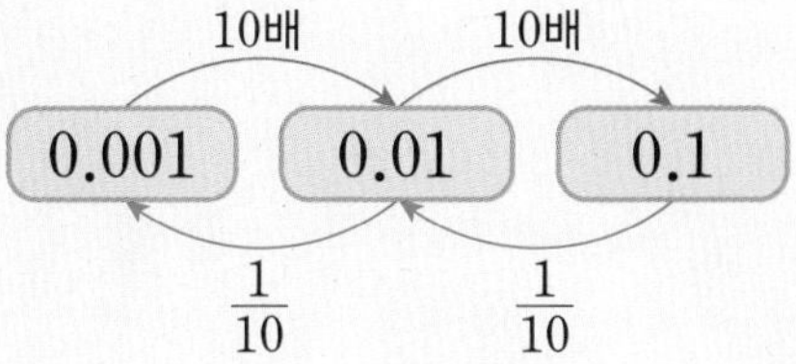

10배   10배

0.001   0.01   0.1

$\frac{1}{10}$ $\frac{1}{10}$

6 소수를 만들어 합과 차 구하기

93 4장의 카드를 한 번씩 모두 사용하여 만들 수 있는 가장 큰 소수 한 자리 수와 가장 작은 소수 두 자리 수의 합을 구해 보세요.

3 . 5 7

( )

94 4장의 카드를 한 번씩 모두 사용하여 만들 수 있는 소수 한 자리 수 중에서 가장 큰 수와 가장 작은 수의 차를 구해 보세요.

1 5 . 8

( )

95 5장의 카드를 한 번씩 모두 사용하여 만들 수 있는 소수 세 자리 수 중에서 가장 큰 수와 가장 작은 수의 합과 차를 구해 보세요.

3 7 . 2 8

합 ( )

차 ( )

🔑 개념 KEY

가장 큰 소수 두 자리 수: ● > ▲ > ■ → ●.▲■
가장 작은 소수 두 자리 수: ● > ▲ > ■ → ■.▲●

7 한 개의 높이 구하기

96 블록 10개를 쌓은 높이는 23.5 cm입니다. 블록 한 개의 높이는 몇 cm일까요?

( )

97 상자 500개를 쌓은 높이는 50 m입니다. 상자 1개의 높이는 몇 m일까요?

( )

98 종이 300장을 쌓은 높이는 3 cm입니다. 종이 1장의 높이는 몇 cm일까요?

( )

8 거리 구하기

99 가에서 라까지의 거리는 몇 km일까요?

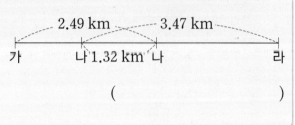

( )

100 ㉡에서 ㉢까지의 거리는 몇 km일까요?

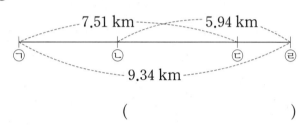

( )

101 ㉠에서 ㉺까지의 거리는 몇 km일까요?

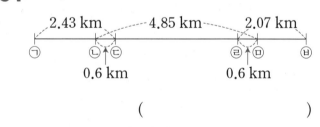

( )

🔑 개념 KEY

10배

$\dfrac{1}{10}$

1 전체 크기가 1인 모눈종이에서 색칠한 부분의 크기를 분수와 소수로 나타내어 보세요.

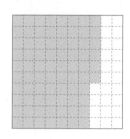

분수 (   )

소수 (   )

2 소수를 바르게 읽은 것을 찾아 ○표 하세요.

(1)   0.506

(영 점 오백육 , 영 점 오영육)

(2)   35.22

(삼오 점 이이 , 삼십오 점 이이)

3 빈칸에 알맞은 수를 써넣으세요.

9.24

	일의 자리	소수 첫째 자리	소수 둘째 자리
숫자	9		4
나타내는 수		0.2	

4 두 수의 크기를 비교하여 ○ 안에 >, =, < 를 알맞게 써넣으세요.

(1) 0.47 ○ 0.52

(2) 0.561 ○ 0.537

5 □ 안에 알맞은 수를 써넣으세요.

(1) 10.272는 102.72의 $\dfrac{1}{\boxed{}}$ 입니다.

(2) 4.1은 0.041의 $\boxed{}$ 배입니다.

6 계산해 보세요.

(1) 1.8＋3.4

(2) 3.8－2.3

(3) 3.28＋6.32

(4) 5.62－2.47

7 계산이 잘못된 곳을 찾아 바르게 계산해 보세요.

$$\begin{array}{r} 0.5 \\ +\ 0.9 \\ \hline 0.1\,4 \end{array}$$ ➡

8 소수에서 밑줄 친 숫자가 나타내는 수를 써 보세요.

(1) 5.2<u>6</u>7 ➡ (   )

(2) 8.43<u>5</u> ➡ (   )

9 설명하는 수가 다른 것을 찾아 기호를 써 보세요.

> ㉠ 26.1의 $\frac{1}{10}$ ㉡ 2.61의 100배
>
> ㉢ 0.261의 10배   ㉣ 261의 $\frac{1}{100}$

(   )

10 계산하지 않고 크기를 비교하여 ◯ 안에 >, =, <를 알맞게 써넣으세요.

(1) 7.5+0.2 ◯ 7.5+0.6

(2) 11.7−5.1 ◯ 11.7−8.6

11 ☐ 안에 알맞은 수를 써넣으세요.

2.69 + [   ] = 5.82

5.82 − 2.69 = [   ]

12 ☐ 안에 알맞은 소수를 써넣으세요.

10이   4개
0.1이 15개
0.01이 8개   } 이면 [   ]
0.001이 5개

13 가장 큰 수와 가장 작은 수의 차를 구해 보세요.

| 6.29 | 3.5 | 2.18 | 4.6 | 7.1 |

(   )

14 보기 와 같이 크기에 맞게 숫자 사이에 소수점을 찍어 보세요.

> **보기**
>
> 5.6 0 4 < 2 0.8 1

7 1 5 8 < 4 9 2 3

15 ㉠과 ㉡이 나타내는 소수의 합을 구해 보세요.

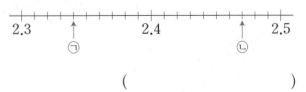

(   )

16 ☐ 안에 알맞은 수를 써넣으세요.

$$3.99 + 1.98 = 6 - \boxed{}$$

$$4 - \boxed{} + 2 - \boxed{}$$

17 5장의 카드를 한 번씩 모두 사용하여 만들 수 있는 가장 큰 소수 두 자리 수와 가장 작은 소수 세 자리 수의 합을 구해 보세요.

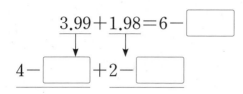

(　　　　　)

18 가에서 라까지의 거리는 몇 km일까요?

9.87 km ～ 12.3 km

가　　나　　다　　　　라

3.54 km

(　　　　　)

19 ㉠이 나타내는 값은 ㉡이 나타내는 값의 몇 배인지 풀이 과정을 쓰고 답을 구해 보세요.

825.363
㉠㉡

풀이

답

20 0부터 9까지의 수 중에서 ☐ 안에 들어갈 수 있는 수는 모두 몇 개인지 풀이 과정을 쓰고 답을 구해 보세요.

$$8.34 - 4.675 > 3.\boxed{}8$$

풀이

답

4 사각형

이미 직각이 있는 사각형 ☐, ☐에 대해 배웠었죠?
그럼 ⬠, ▱, ◇ 모양의 사각형은 뭐라고 부를까요?
사각형을 여러 가지 특징으로 분류하여
정확한 이름으로 불러주자고요.

평행한 변이 있는 사각형들

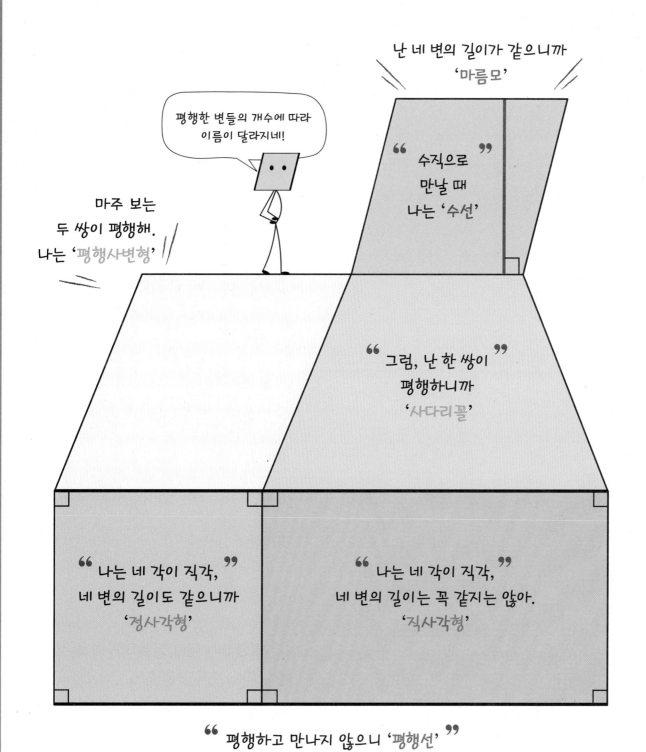

4 사각형

1 수직

● 수직과 수선

- 수직: 두 직선이 만나서 이루는 각이 직각일 때의 두 직선
- 두 직선이 서로 수직으로 만나면 한 직선을 다른 직선에 대한 수선이라고 합니다.

 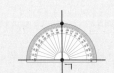

직선 가에 대한 수선
→ 직선 나

● 수선 긋기

직각을 낀 변에 따라 선을 긋습니다.

각도기의 중심을 점 ㄱ에 맞추고 90°가 되는 점과 점 ㄱ을 잇습니다.

2 평행

● 평행과 평행선

- 평행: 한 직선에 수직인 두 직선을 그었을 때의 서로 만나지 않는 두 직선
- 평행한 두 직선을 평행선이라고 합니다.

● 평행선 긋기

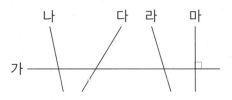 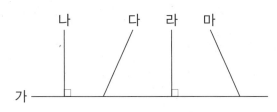

이동 삼각자를 위, 아래로 움직여 주어진 직선과 평행한 직선을 긋습니다.

이동 삼각자를 움직여 점 ㄱ을 지나고 주어진 직선과 평행한 직선을 긋습니다.

---

1 ◻ 안에 알맞은 말을 써넣으세요.

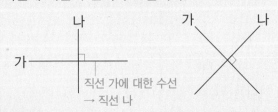

(1) 직선 가에 ◻ 인 직선은 직선 마입니다.

(2) 직선 마는 직선 가에 대한 ◻ 입니다.

2 그림을 보고 ◻ 안에 알맞은 말을 써넣으세요.

(1) 직선 가에 수직인 직선은 직선 ◻ 와 직선 ◻ 입니다.

(2) 이 두 직선은 서로 만나지 않으므로 ◻ 합니다.

(3) 평행한 두 직선은 ◻ 이라고 합니다.

3 수선과 평행선에 대한 설명으로 옳은 것에 ○표, 옳지 않은 것에 ×표 하세요.

(1) 한 직선에 대한 수선은 1개만 그을 수 있습니다.
( )

(2) 평행한 두 직선을 길게 늘이면 서로 만납니다.
( )

(3) 한 직선에 수직인 두 직선은 평행선입니다.
( )

↪ 정답과 풀이 **24**쪽

3 **평행선 사이의 거리**

- **평행선 사이의 거리**: 평행선의 한 직선에서 다른 직선에 그은 수직인 선분의 길이

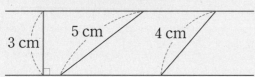

평행선 사이의 거리 중 가장 짧은 선분

4 **사다리꼴, 평행사변형**

- **사다리꼴**: 평행한 변이 한 쌍이라도 있는 사각형

- **평행사변형**: 마주 보는 두 쌍의 변이 서로 평행한 사각형

마주 보는 두 변의 길이와 마주 보는 두 각의 크기는 같습니다.

5 **마름모**

- **마름모**: 네 변의 길이가 모두 같은 사각형

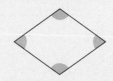

마주 보는 두 쌍의 변이 서로 평행하고
마주 보는 두 각의 크기는 같습니다.

6 **여러 가지 사각형**

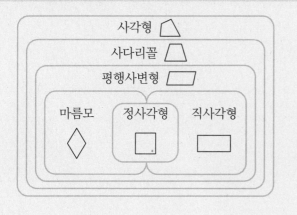

4 사각형을 보고 □ 안에 알맞게 써넣으세요.

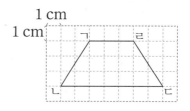

(1) 서로 평행한 변은 변 ㄱㄹ과 변 □ 입니다.

(2) 평행선 사이의 거리는 □ cm입니다.

5 사각형의 이름을 써 보세요.

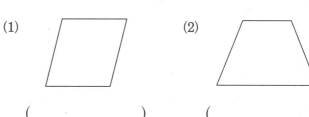

(1)

(   )

(2)

(   )

6 마름모를 보고 □ 안에 알맞은 수를 써넣으세요.

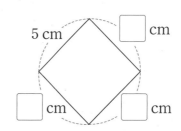

7 직사각형의 이름이 될 수 있는 것에 모두 ◯표 하세요.

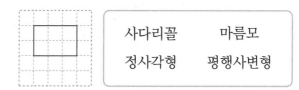

사다리꼴	마름모
정사각형	평행사변형

교과서 ➕ 익힘책 유형

① 수직과 수선

1 선분 ㄱㄴ에 대한 수선을 찾아 써 보세요.

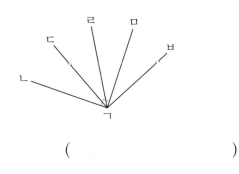

(   )

직각은 ⌐로 표시하여 나타내.

준비 직사각형 ㄱㄴㄷㄹ에서 직선 가와 직각을 이루는 변을 모두 찾아 써 보세요.

(   )

2 도형을 보고 물음에 답하세요.

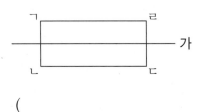

(1) 초록색 변과 수직인 변은 무슨 색일까요?

(   )

(2) 보라색 변과 수직인 변은 무슨 색일까요?

(   )

3 직사각형 모양의 수영장입니다. 가에 대한 수선의 길이는 몇 m일까요?

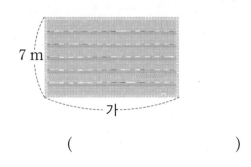

(   )

4 점 ㄱ을 지나고 직선 가에 수직인 직선을 그려 보세요.

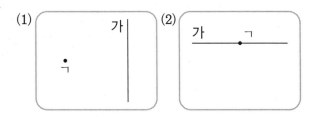

5 직선 가에 대한 수선은 모두 몇 개 그을 수 있을까요? (   )

① 0개   ② 1개
③ 2개   ④ 3개
⑤ 셀 수 없이 많습니다.

서술형

6 도형을 보고 알 수 있는 사실을 써 보세요.

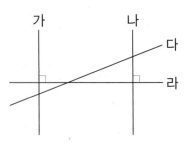

....

....

2 평행선

7 사랑길과 평행한 길을 찾아 써 보세요.

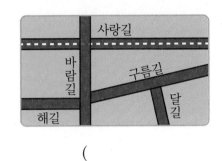

(   )

새 교과 반영

8 평행한 두 직선을 자로 재어 보고 알맞은 말에 ○표 하세요.

두 평행선의 길이는 (같습니다 , 다릅니다).

밀었을 때의 모양은 변하지 않아.

준비 도형을 오른쪽으로 5 cm만큼 밀었을 때의 모양을 그려 보세요.

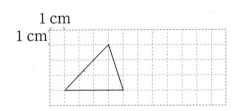

9 직선 가에서 2 cm만큼 이동한 평행선을 그어 보세요.

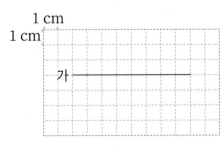

10 삼각자를 이용하여 평행선을 그으려고 합니다. 삼각자를 따라 알맞게 평행선을 그어 보세요.

(1)   (2)

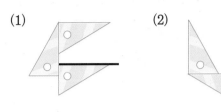

😊 내가 만드는 문제

11 수직인 선분도 있고 평행한 선분도 있는 한글 자음 2개를 써 보세요.

서술형
12 도형 가와 도형 나 중 평행한 변이 더 많은 도형은 어느 것인지 풀이 과정을 쓰고 답을 구해 보세요.

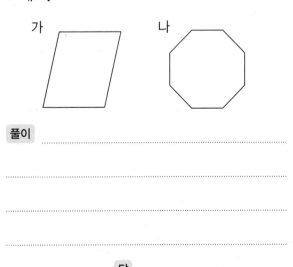

풀이

답

13 직선 가와 직선 나는 서로 평행합니다. 평행선 사이의 거리를 나타내는 선분을 모두 찾아 써 보세요.

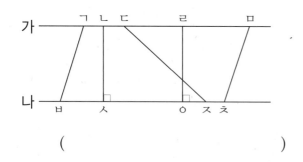

( )

14 점 ㄱ과 어느 점을 연결하면 평행선 사이의 거리를 잴 수 있을까요? ( )

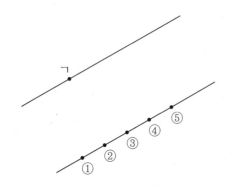

15 점 ㄱ을 지나고 직선 가와 평행한 직선을 그은 후 평행선 사이의 거리를 재어 보세요.

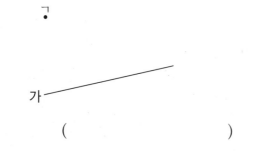

( )

도형에서 평행선 사이의 거리는 평행선과 수직인 선분의 길이야.

준비 직사각형입니다. ☐ 안에 알맞은 수를 써넣으세요.

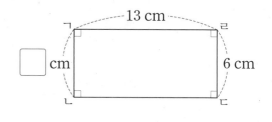

16 도형에서 평행선 사이의 거리는 몇 cm일까요?

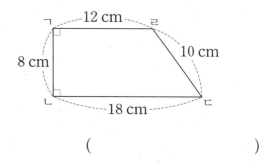

( )

새 교과 반영

17 도형에서 평행선을 찾아 평행선 사이의 거리를 재어 보세요.

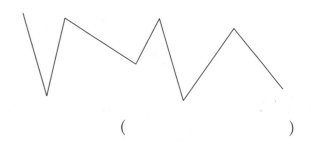

( )

18 평행선과 동시에 거리가 1.5 cm가 되는 평행한 직선을 그어 보세요.

사다리꼴, 평행사변형

19 주어진 선분을 이용하여 주어진 사각형을 그려 보세요.

(1) 사다리꼴

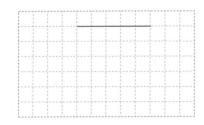

(2) 평행사변형

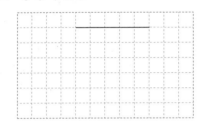

20 크기가 다른 두 직사각형을 비스듬하게 겹쳤을 때 색칠한 사각형의 이름을 써 보세요.

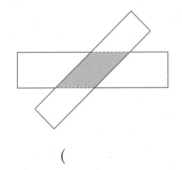

(   )

21 보기 와 같이 사각형의 일부분을 잘라 사다리꼴을 만들어 보세요.

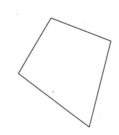

22 평행사변형을 보고 ☐ 안에 알맞은 수를 써넣으세요.

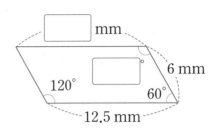

23 사다리꼴에서 한 꼭짓점을 옮겨 평행사변형을 만들어 보세요.

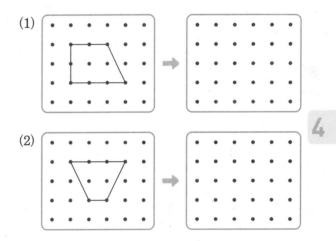

😊 내가 만드는 문제

24 보기 와 같이 사다리꼴 여러 개를 사용하여 자유롭게 그림을 그려 보세요.

보기

25 평행사변형에서 두 평행선 사이의 거리의 차를 구해 보세요.

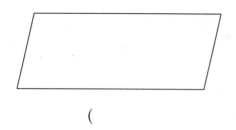

(   )

26 크기와 모양이 같은 사다리꼴 2개를 겹치지 않게 이어 붙여서 평행사변형을 만들어 보세요.

27 평행사변형과 사다리꼴입니다. ㉠의 각도를 구해 보세요.

(1)
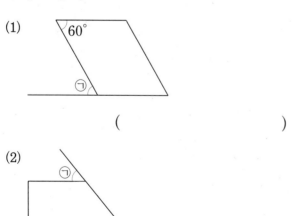

(   )

(2)

(   )

28 각 집이 같은 모양과 같은 크기의 땅을 갖도록 선을 그어 나누어 보세요.

서술형
29 오른쪽과 같은 삼각형 2개를 겹치지 않게 이어 붙이면 어떤 도형이 되는지 쓰고 그 이유를 설명해 보세요.

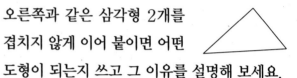

답 _____

이유 _____

점을 기준으로 돌려.

준비 주어진 도형을 시계 방향으로 90°만큼 돌렸을 때의 모양을 그려 보세요.

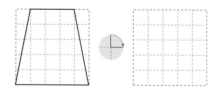

30 같은 색 꼭짓점에서 초록색 도형 2개가 합쳐졌을 때의 도형을 그리고 합쳐진 도형의 이름을 써 보세요.

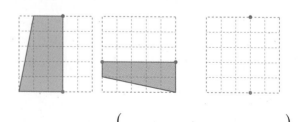

(   )

5 마름모

31 직사각형 모양의 종이를 두 번 접어서 자른 후 남은 종이를 펼쳤습니다. 물음에 답하세요.

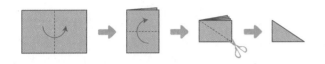

(1) 펼쳤을 때의 도형의 이름을 써 보세요.

(   )

(2) 펼친 모양에서 접힌 부분이 이루는 각도는 몇 도일까요?

(   )

새 교과 반영

32 크기와 모양이 같은 이등변삼각형이 그려진 종이를 화살표 방향을 따라 겹치지 않게 이어 붙이면 생기는 도형의 이름을 써 보세요.

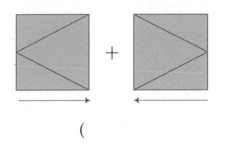

(   )

33 주어진 선분을 이용하여 마름모 2개를 그려 보세요.

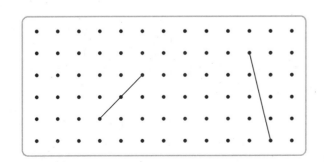

34 마름모를 보고 □ 안에 알맞은 수를 써넣으세요.

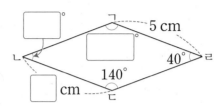

정사각형과 마름모는 네 변의 길이가 같아.

준비 정사각형의 네 변의 길이의 합은 20 cm입니다. 변 ㄴㄷ의 길이는 몇 cm일까요?

(   )

35 마름모의 네 변의 길이의 합은 36 cm입니다. 변 ㄴㄷ의 길이는 몇 cm일까요?

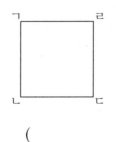

(   )

36 각 점들이 꼭짓점이 되는 마름모 3개를 더 그려 보세요.

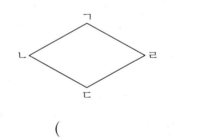
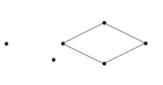

6 여러 가지 사각형

37 직사각형 모양의 종이를 점선을 따라 잘랐습니다. 물음에 답하세요.

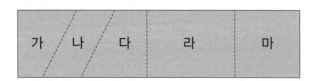

(1) 평행사변형을 모두 찾아 기호를 써 보세요.

( )

(2) 마름모를 찾아 기호를 써 보세요.

( )

(3) 직사각형을 모두 찾아 기호를 써 보세요.

( )

38 조건을 모두 만족하는 사각형을 서로 다른 크기로 2개 그려 보세요.

• 마주 보는 두 쌍의 변이 서로 평행합니다.
• 마주 보는 두 변의 길이가 같습니다.

39 사각형 오른쪽에 거울을 놓고 비췄습니다. 거울에 비친 사각형의 모습을 그려 보세요.

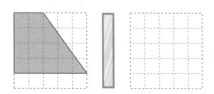

40 ☐ 안에 알맞은 도형의 이름을 써넣으세요.

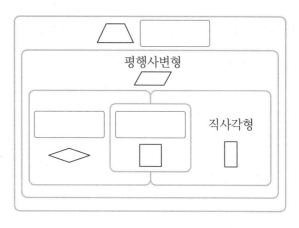

41 그림에 대한 설명이 맞으면 ○표, 틀리면 ×표 하세요.

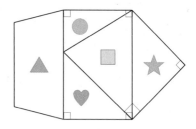

(1) 사다리꼴 안에 있는 도형은 , ♥, ★뿐입니다. ( )

(2) 직사각형 안에 있는 도형은 ●, ▨, ♥뿐입니다. ( )

☺ 내가 만드는 문제
42 모양 조각 여러 개를 이용하여 마주 보는 두 쌍의 변이 서로 평행한 사각형을 만들어 보세요.

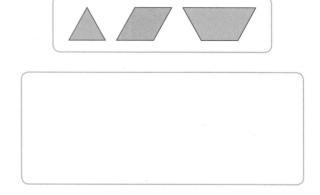

1 평행선

43 평행선을 찾아 기호를 써 보세요.

( )

만나지 않는다고 평행선인 것은 아니야.

44 평행선이 <u>아닌</u> 것을 찾아 기호를 써 보세요.

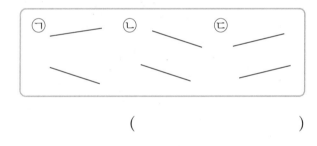

( )

45 평행선을 모두 찾아 기호를 써 보세요.

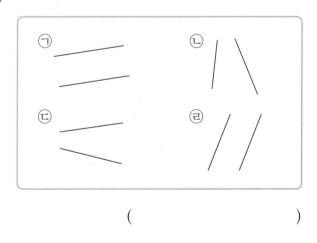

( )

2 평행선이 가장 많은 도형

46 평행선이 가장 많은 도형을 찾아 기호를 써 보세요.

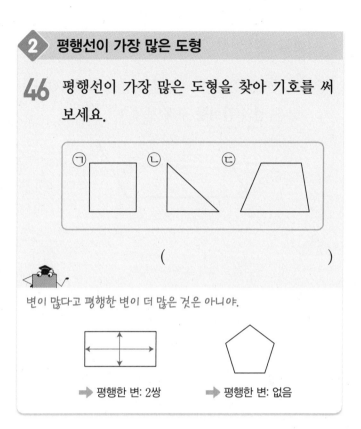

( )

변이 많다고 평행한 변이 더 많은 것은 아니야.

➡ 평행한 변: 2쌍 ➡ 평행한 변: 없음

47 평행선이 가장 많은 도형을 찾아 기호를 써 보세요.

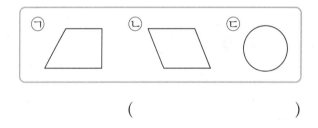

( )

48 평행선이 많은 순서대로 기호를 써 보세요.

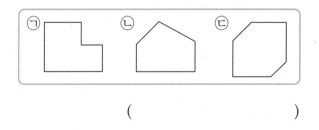

( )

49 크기가 같은 마름모 2개로 만든 도형입니다. 굵은 선의 길이를 구해 보세요.

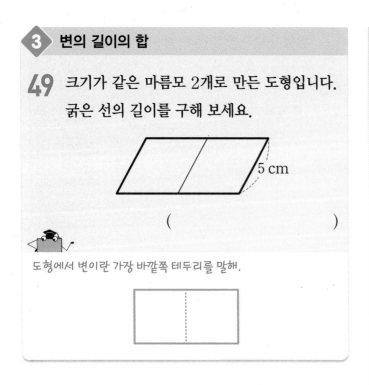

(   )

도형에서 변이란 가장 바깥쪽 테두리를 말해.

50 크기가 같은 정사각형 4개로 만든 도형입니다. 굵은 선의 길이를 구해 보세요.

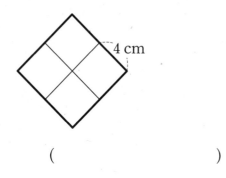

(   )

51 평행사변형과 마름모로 만든 도형입니다. 굵은 선의 길이를 구해 보세요.

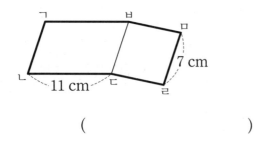

(   )

52 그림에서 평행선은 모두 몇 쌍일까요?

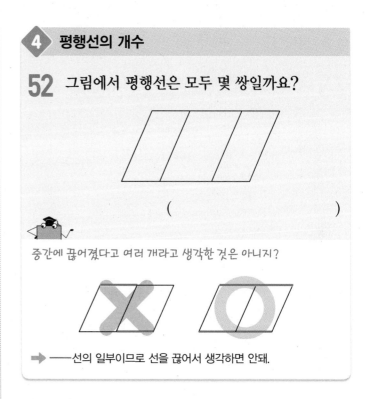

(   )

중간에 끊어졌다고 여러 개라고 생각한 것은 아니지?

→ ──── 선의 일부이므로 선을 끊어서 생각하면 안돼.

53 그림에서 평행선은 모두 몇 쌍일까요?

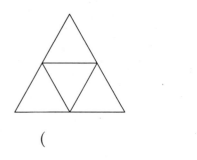

(   )

54 그림에서 평행선은 모두 몇 쌍일까요?

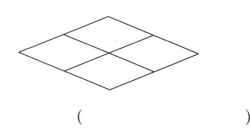

(   )

5 사각형의 성질

55 평행사변형에 대한 설명으로 <u>틀린</u> 것을 찾아 기호를 써 보세요.

> ㉠ 마주 보는 두 쌍의 변이 서로 평행합니다.
> ㉡ 네 각의 크기가 모두 같습니다.
> ㉢ 사다리꼴이라고 할 수 있습니다.
> ㉣ 마주 보는 꼭짓점끼리 이은 선분은 서로 이등분합니다.

(   )

마름모, 직사각형, 평행사변형은 사다리꼴이라고 할 수 있어.

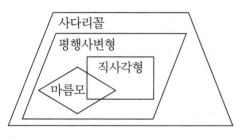

56 직사각형이라고 할 수 있는 도형을 찾아 기호를 써 보세요.

> ㉠ 마름모   ㉡ 평행사변형
> ㉢ 정사각형   ㉣ 사다리꼴

(   )

57 <u>틀린</u> 설명을 찾아 기호를 써 보세요.

> ㉠ 평행사변형은 사다리꼴입니다.
> ㉡ 마름모는 직사각형입니다.
> ㉢ 정사각형은 사다리꼴입니다.

(   )

6 크고 작은 평행사변형 개수

58 도형에서 찾을 수 있는 크고 작은 평행사변형은 모두 몇 개일까요?

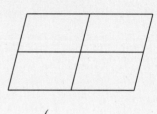

(   )

작은 조각들만 세어 본 것은 아니지? 여러 개를 합쳐서 평행사변형을 만들 수도 있어.

• 1개짜리: ①, ②
• 2개짜리: ①+②
➡ 크고 작은 평행사변형 개수: 3개

59 도형에서 찾을 수 있는 크고 작은 평행사변형은 모두 몇 개일까요?

(   )

60 도형에서 찾을 수 있는 크고 작은 평행사변형은 모두 몇 개일까요?

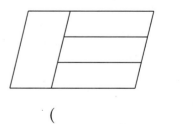

(   )

1 조건에 맞는 도형 그리기

61 주어진 선분을 사용하여 가로가 3 cm, 세로가 2 cm인 직사각형을 그려 보세요.

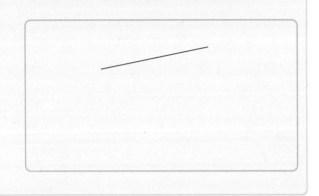

62 한 변의 길이가 4 cm, 다른 한 변의 길이가 2 cm인 사다리꼴을 그려 보세요.

63 직각이 없고 한 변의 길이가 3.5 cm인 평행사변형을 그려 보세요.

2 평행선 사이의 거리 구하기 (1)

64 직선 가, 직선 나, 직선 다는 서로 평행합니다. 직선 가와 직선 다 사이의 거리는 몇 cm일까요?

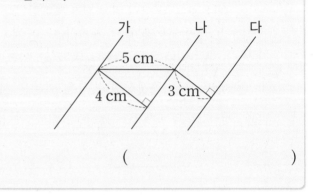

( )

65 직선 가, 직선 나, 직선 다는 서로 평행합니다. 직선 가와 직선 다 사이의 거리는 몇 cm일까요?

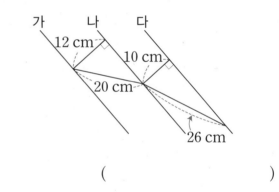

( )

66 직선 가, 직선 나, 직선 다는 서로 평행합니다. 직선 가와 직선 다 사이의 거리는 몇 cm일까요?

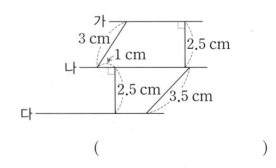

( )

3 **평행선 사이의 거리 구하기** (2)

67 도형에서 변 ㄱㄴ과 변 ㅂㅁ은 서로 평행합니다. 이 평행선 사이의 거리는 몇 cm일까요?

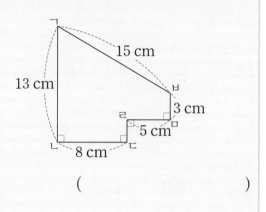

( )

68 도형에서 변 ㄱㅂ과 변 ㄴㄷ은 서로 평행합니다. 이 평행선 사이의 거리는 몇 cm일까요?

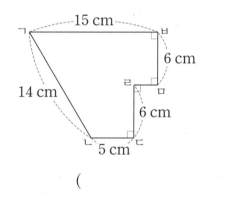

( )

69 도형에서 변 ㄱㄴ과 변 ㄹㄷ은 서로 평행합니다. 이 평행선 사이의 거리는 몇 cm일까요?

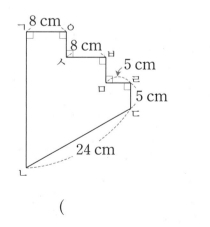

( )

4 **수선의 성질을 이용하여 각도 구하기**

70 직선 가에 대한 수선이 직선 나일 때, ㉠과 ㉡의 각도를 차례로 구해 보세요.

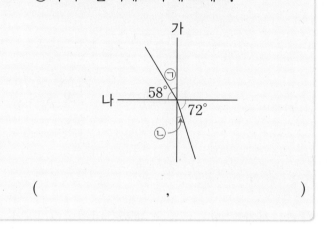

(,)

71 직선 가에 대한 수선이 직선 나일 때, ㉠과 ㉡의 각도를 차례로 구해 보세요.

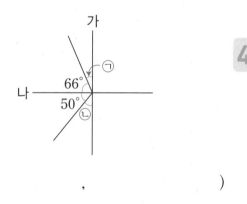

(,)

72 직선 가에 대한 수선이 직선 나일 때, ㉠과 ㉡의 각도를 차례로 구해 보세요.

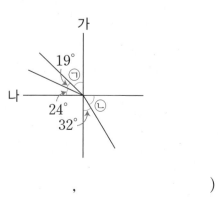

(,)

73 사각형 ㄱㄴㄷㄹ은 평행사변형입니다. 각 ㄱㄴㄹ의 크기를 구해 보세요.

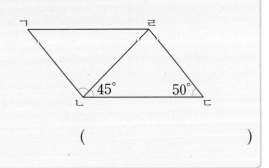

(   )

74 사각형 ㄱㄴㄷㄹ은 평행사변형입니다. 각 ㄱㄷㄹ의 크기를 구해 보세요.

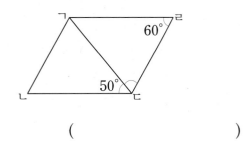

(   )

75 사각형 ㄱㄴㄷㅁ은 마름모입니다. 각 ㄱㄴㄹ의 크기를 구해 보세요.

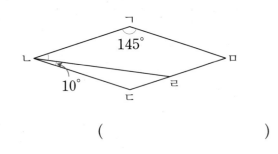

(   )

개념 KEY

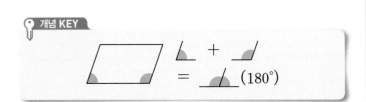

[76~78] 칠교판 조각으로 주어진 사각형을 그려 보고, 몇 조각으로 만들었는지 써 보세요.

76 사다리꼴

➡ ☐ 조각

77 직사각형

➡ ☐ 조각

78 정사각형

➡ ☐ 조각

7 종이를 접었을 때 생기는 각도 구하기

79 직사각형 모양의 종이를 접었습니다. 각 ㅅㅇㄹ 의 크기는 몇 도일까요?

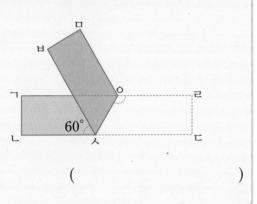

( )

80 마름모 모양의 종이를 접었습니다. 각 ㄴㅂㅁ 의 크기를 구해 보세요.

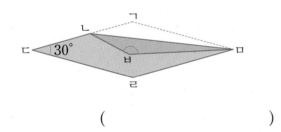

( )

81 평행사변형 모양의 종이를 접었습니다. 각 ㄱㄷㄴ 의 크기를 구해 보세요.

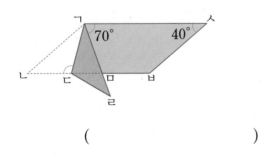

( )

🔑 개념 KEY

(㉠의 각도)=(㉡의 각도)

8 평행선의 성질을 이용하여 각도 구하기

82 직선 가와 직선 나는 서로 평행합니다. ㉠의 각도를 구해 보세요.

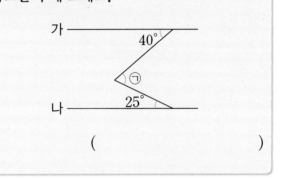

( )

83 직선 가와 직선 나는 서로 평행합니다. ㉠의 각도를 구해 보세요.

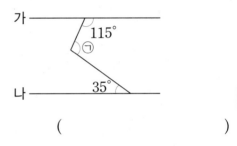

( )

84 직선 가와 직선 나는 서로 평행합니다. ㉠의 각도를 구해 보세요.

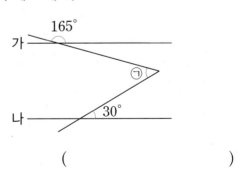

( )

기출 단원 평가

1 한 직선이 다른 직선에 대해 평행선인 것은 어느 것일까요? (   )

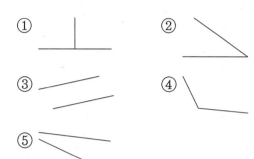

2 삼각자를 이용하여 직선에 대한 수선을 그어 보세요.

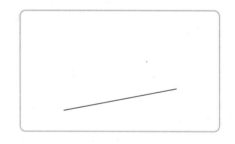

3 직선 가와 직선 나가 서로 평행할 때, 평행선 사이의 거리를 나타내는 선분을 찾아 기호를 써 보세요.

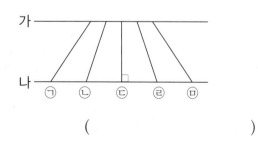

(   )

4 점 ㄱ을 지나고 직선 가와 평행한 직선을 긋고 평행선 사이의 거리를 재어 보세요.

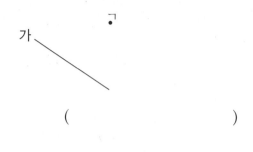

(   )

5 도형에서 변 ㄱㄴ에 대한 평행선을 찾아 써 보세요.

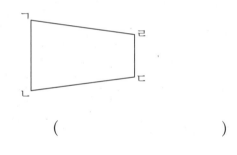

(   )

[6~7] 직사각형 모양의 종이를 점선을 따라 잘랐습니다. 물음에 답하세요.

가	나	다	라	마

6 사다리꼴을 모두 찾아 기호를 써 보세요.

(   )

7 평행사변형을 모두 찾아 기호를 써 보세요.

(   )

8 마름모를 보고 ☐ 안에 알맞은 수를 써넣으세요.

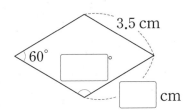

9 평행사변형에 대한 설명으로 <u>틀린</u> 것을 찾아 기호를 써 보세요.

> ㉠ 평행사변형은 사다리꼴입니다.
> ㉡ 마주 보는 두 쌍의 변이 서로 평행합니다.
> ㉢ 이웃하는 두 각의 크기가 같습니다.
> ㉣ 마주 보는 두 변의 길이가 같습니다.

(   )

10 마름모입니다. 네 변의 길이의 합은 몇 cm일까요?

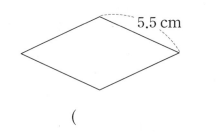

(   )

11 사각형 왼쪽에 거울을 놓고 비췄습니다. 거울에 비친 사각형의 모습을 그려 보세요.

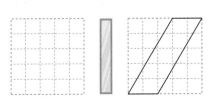

12 보기 와 같이 사각형의 일부분을 잘라 사다리꼴을 만들어 보세요.

보기

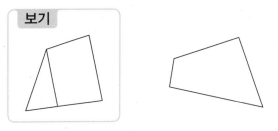

13 평행선 사이의 거리가 2 cm가 되도록 주어진 직선과 평행한 직선을 2개 그어 보세요.

14 직선 나는 직선 가에 대한 수선입니다. ☐ 안에 알맞은 수를 써넣으세요.

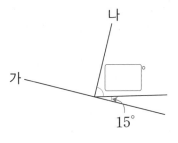

15 수선도 있고 평행선도 있는 글자를 모두 찾아 써 보세요.

ㄱ ㄷ ㅂ ㅊ

(   )

16 사각형 ㄱㄴㄷㄹ은 평행사변형입니다. 각 ㄱㄴㄹ의 크기를 구해 보세요.

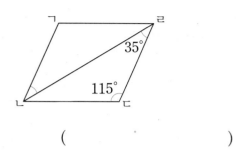

(   )

17 도형에서 변 ㄱㅂ과 변 ㄴㄷ은 서로 평행합니다. 이 평행선 사이의 거리는 몇 cm일까요?

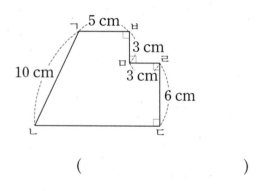

(   )

18 마름모 모양의 종이를 접었습니다. 각 ㄱㄴㅂ의 크기를 구해 보세요.

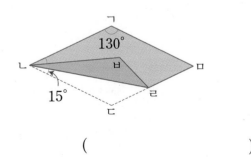

(   )

19 평행사변형인지 아닌지 답을 쓰고 그 이유를 써 보세요.

답

이유

20 직선 가와 직선 나는 서로 평행합니다. ㈀의 각도는 몇 도인지 풀이 과정을 쓰고 답을 구해 보세요.

풀이

답

사고력이 반짝

● 보기 의 모양을 여러 번 이용하여 두 가지 모양을 빈틈없이 채워 보세요.

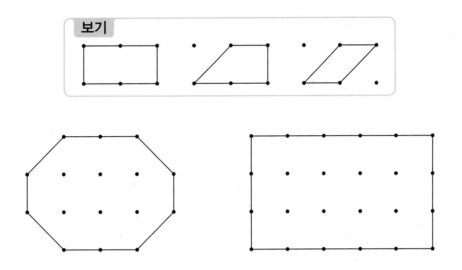

5 꺾은선그래프

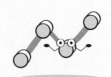

조사한 자료를 표로 나타내고 표에서 각 항목의 수에 맞게
막대로 나타낸 것이 막대그래프였죠?
이 단원에서는 각 항목의 수에 맞게
선분으로 나타낸 꺾은선그래프를 배울 거예요.
막대그래프와 꺾은선그래프,
그래프의 모양에 따라 특징도 달라져요.

분류한 것을 꺾은선그래프로 나타낼 수 있어!

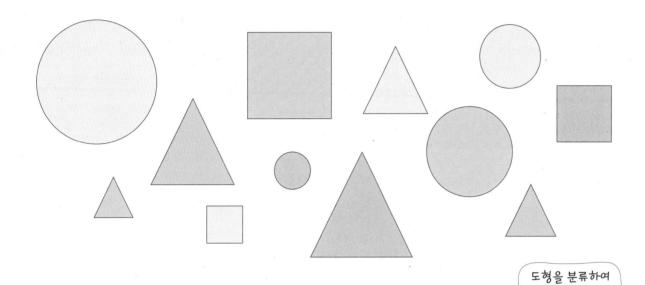

말풍선: 도형을 분류하여 표로 나타냈어.

● 표로 나타내기

도형	삼각형	사각형	원	합계
개수(개)	5	3	4	12

● 꺾은선그래프로 나타내기

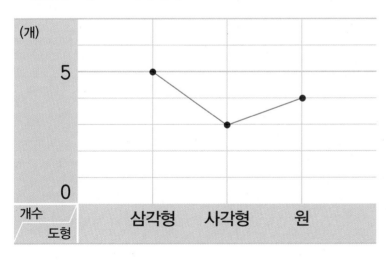

말풍선: 꺾은선그래프의 가로에는 도형, 세로에는 개수를 나타냈어.

5 꺾은선그래프

① 꺾은선그래프 알아보기

● 꺾은선그래프: 연속적으로 변화하는 양을 점으로 표시하고 그 점들을 선분으로 이어 그린 그래프

윗몸 말아 올리기 횟수

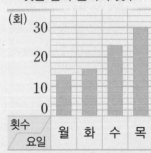

윗몸 말아 올리기 횟수

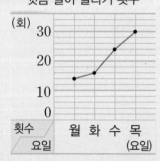

같은 점	가로는 요일, 세로는 횟수를 나타내고 세로 눈금 한 칸의 크기가 같습니다.
다른 점	자료 값을 막대그래프는 막대로, 꺾은선그래프는 선분으로 나타냈습니다.

② 꺾은선그래프 내용 알아보기

강낭콩의 키

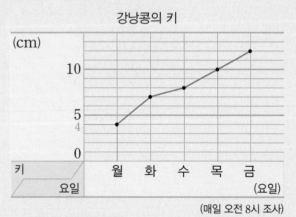

(매일 오전 8시 조사)

• 월요일의 강낭콩의 키는 4 cm입니다.
• 키가 가장 많이 자란 시기는 월요일과 화요일 사이입니다.
• 금요일 이후 강낭콩의 키가 더 클 것 같습니다.

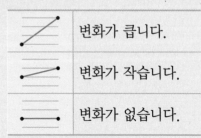

변화가 큽니다.

변화가 작습니다.

변화가 없습니다.

---

1 민지가 키우는 고양이 무게를 조사하여 나타낸 두 그래프를 보고 ☐ 안에 알맞게 써넣으세요.

고양이 무게   고양이 무게

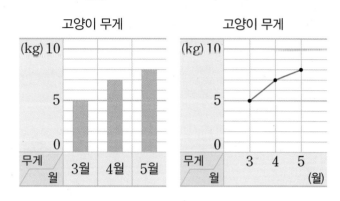

같은 점	가로는 ☐ , 세로는 ☐ 을/를 나타내고 세로 눈금 한 칸의 크기는 ☐ kg입니다.
다른 점	고양이 무게를 막대그래프는 ☐ (으)로, 꺾은선그래프는 ☐ (으)로 나타냈습니다.

2 민준이네 학교 운동장의 온도를 재어 나타낸 그래프입니다. 물음에 답하세요.

운동장의 온도

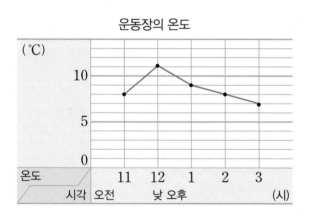

(1) 위와 같은 그래프를 무슨 그래프라고 할까요?

(   )

(2) 운동장의 온도 변화가 가장 큰 때는 몇 시와 몇 시 사이일까요?

(   )

3 물결선을 사용한 꺾은선그래프

• 꺾은선그래프를 그릴 때 필요 없는 부분은 물결선으로 생략할 수 있습니다.

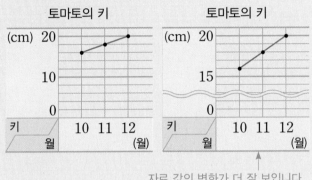

자료 값의 변화가 더 잘 보입니다.

4 꺾은선그래프로 나타내기

① 가로와 세로 눈금 정하기

② 눈금 한 칸의 크기를 정하고 조사한 수 중 가장 큰 수를 나타낼 수 있도록 눈금의 수 정하기

③ 가로 눈금과 세로 눈금이 만나는 자리에 점을 찍고 점들을 선분으로 잇기

④ 꺾은선그래프의 제목 붙이기

5 꺾은선그래프를 보고 예상하기

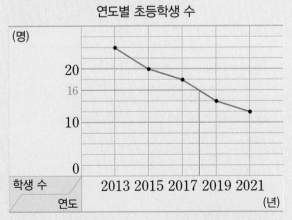

• 2018년 초등학생 수는 16명이었을 것 같습니다.

• 2022년 초등학생 수는 줄어들 것입니다.
  → 2017년과 2019년의 중간을 추측할 수 있습니다.

3 준영이의 턱걸이 기록을 조사하여 물결선을 사용한 꺾은선그래프로 나타내려고 합니다. 그래프에 물결선을 그려 보세요.

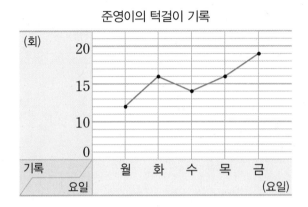

4 어느 가게의 선풍기 판매량을 조사하여 나타낸 표를 보고 꺾은선그래프로 나타내려고 합니다. 물음에 답하세요.

선풍기 판매량

월(월)	7	8	9	10
판매량(대)	32	30	22	12

(1) 꺾은선그래프로 나타내어 보세요.

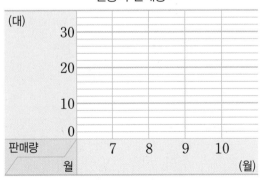

(2) 11월 선풍기 판매량은 (늘어날 , 줄어들) 것입니다.

교과서✚익힘책 유형

① 꺾은선그래프 알아보기

[1~4] 상민이네 어항에 있는 물고기 수를 조사하여 나타낸 막대그래프와 꺾은선그래프입니다. 물음에 답하세요.

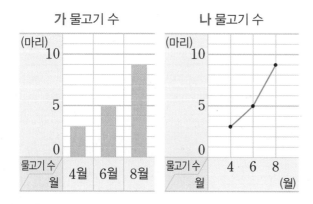

가 물고기 수   나 물고기 수

1 알맞은 말에 ○표 하세요.

두 그래프의 가로는 (월 , 물고기 수)을/를 나타내고 세로는 (월 , 물고기 수)을/를 나타냅니다.

2 두 그래프의 세로 눈금 한 칸은 몇 마리를 나타낼까요?

(   )

3 8월에 물고기 수는 몇 마리일까요?

(   )

4 물고기 수의 변화를 알아보기 쉬운 그래프를 찾아 기호를 써 보세요.

(   )

[5~6] 우리나라에서 겨울철 강수량이 가장 많고 눈도 가장 많이 내리는 울릉도의 적설량을 조사하여 나타낸 꺾은선그래프입니다. 물음에 답하세요.

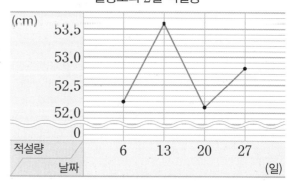

울릉도의 2월 적설량

5 꺾은선은 무엇을 나타낼까요?

(   )

6 그래프를 보고 표의 빈칸에 알맞은 수를 써넣으세요.

울릉도의 2월 적설량

날짜(일)	6	13	20	27
적설량(cm)				

7 막대그래프로 나타내기 좋은 경우는 '막대', 꺾은선그래프로 나타내기 좋은 경우는 '꺾은선'이라고 ☐ 안에 써넣으세요.

(1) 반 학생들이 태어난 계절을 조사하여 나타낸 그래프: ☐

(2) 연도별 나의 키를 측정하는 경우: ☐

(3) 장난감 공장의 요일별 불량품의 수: ☐

2 꺾은선그래프 내용 알아보기

두 가지 그래프를 동시에 비교할 수도 있어.

준비 막대그래프에서 조사한 기간 동안 졸업생 수가 늘어 나다가 줄어든 마을은 두 마을 중 어느 마을일까요?

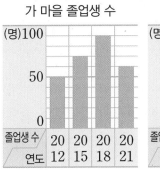
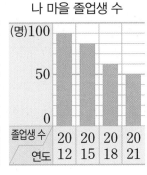

( )

[8~9] 가 식물과 나 식물의 키를 나타낸 꺾은선그래 프입니다. 물음에 답하세요.

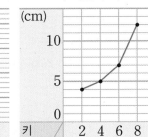

8 처음에는 천천히 자라다가 시간이 지나면서 빠르게 자란 식물은 어느 식물일까요?

( )

서술형

9 조사한 기간 동안 시들기 시작한 식물은 어느 식물인지 쓰고, 그렇게 생각한 이유를 써 보세요.

답 _____

이유 _____

_____

10 꺾은선그래프의 모양을 바르게 설명한 것을 찾아 기호를 써 보세요.

> ㉠ 수량이 계속 늘어납니다.
> ㉡ 수량이 늘었다 줄었다를 반복합니다.
> ㉢ 수량의 변화가 없습니다.
> ㉣ 수량이 계속 줄어듭니다.

(1)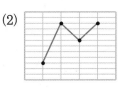

( )   ( )

(3)   (4)

( )   ( )

11 꺾은선그래프에 대한 설명으로 옳은 것에 ○표, 옳지 <u>않은</u> 것에 ×표 하세요.

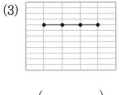

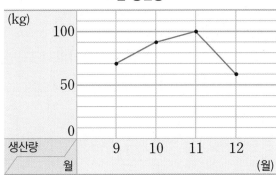

(1) 세로 눈금 한 칸의 크기는 10 kg입니다.

( )

(2) 9월에 감 생산량은 70 kg입니다.

( )

(3) 조사한 기간 동안 감 생산량은 늘어났습니다.

( )

[12~15] 홍곤이네 반 교실의 온도를 조사하여 나타낸 꺾은선그래프입니다. 물음에 답하세요.

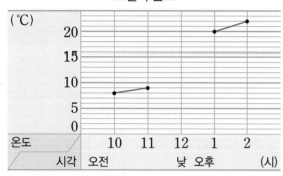

교실의 온도

12 오전 11시에 교실의 온도는 몇 ℃일까요?

( )

13 오후 1시 30분에 교실의 온도는 몇 ℃였을까요?

( )

😊 내가 만드는 문제

14 낮 12시부터 오후 1시 사이의 온도 변화가 가장 크다고 할 때 낮 12시에 교실의 온도를 정해 보세요.

( )

15 오전 10시에 교실의 온도는 오후 2시보다 몇 ℃만큼 낮을까요?

( )

16 어느 문구점의 색종이 판매량을 조사하여 나타낸 꺾은선그래프입니다. 물음에 답하세요.

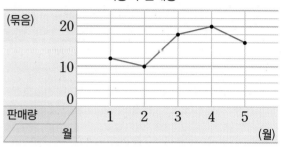

색종이 판매량

(1) 전달에 비해 색종이 판매량이 늘어난 때는 언제인지 모두 찾아 써 보세요.

( )

(2) 전달에 비해 색종이 판매량이 가장 많이 늘어난 때는 언제일까요?

( )

17 미세 먼지 농도를 조사하여 나타낸 꺾은선그래프입니다. 수요일의 미세 먼지 예보 등급을 써 보세요.

미세 먼지 예보 등급

등급	좋음	보통	약간 나쁨	나쁨	매우 나쁨
농도 (μg/m³)	0~30	31~80	81~120	121~200	201~

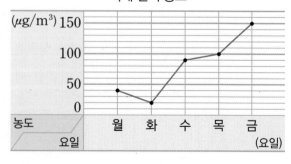

미세 먼지 농도

( )

3 물결선을 사용한 꺾은선그래프

[18~21] 경호의 몸무게를 조사하여 나타낸 꺾은선 그래프입니다. 물음에 답하세요.

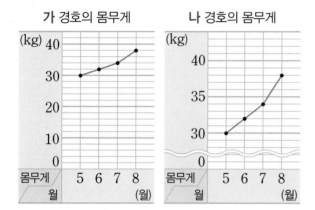

18 ☐ 안에 알맞은 수를 써넣으세요.

> 가 그래프의 세로 눈금 한 칸의 크기는 ☐ kg 이고, 나 그래프의 세로 눈금 한 칸의 크기는 ☐ kg입니다.

19 7월에 경호의 몸무게는 몇 kg일까요?

( )

20 나 그래프의 물결선은 몇 kg과 몇 kg 사이에 있을까요?

( )

21 몸무게가 변화하는 양을 뚜렷하게 알 수 있는 그래프를 찾아 기호를 써 보세요.

( )

[22~25] 어느 공장의 자동차 생산량을 조사하여 나타낸 꺾은선그래프입니다. 물음에 답하세요.

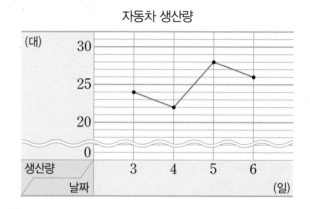

22 전날에 비해 생산량의 변화가 가장 큰 때는 언제일까요?

( )

23 4일 동안 생산한 자동차는 모두 몇 대일까요?

( )

24 4일 동안 생산한 자동차에서 불량품이 11대가 나왔다면 판매할 수 있는 자동차는 모두 몇 대일까요?

( )

서술형
25 꺾은선그래프를 보고 알 수 있는 내용을 2가지 써 보세요.

....

....

[26~29] 연도별 감기 환자 수를 조사하여 나타낸 꺾은선그래프입니다. 물음에 답하세요.

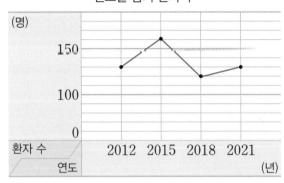

연도별 감기 환자 수

26 꺾은선그래프에서 필요 없는 부분은 몇 명과 몇 명 사이일까요?

( )

27 물결선을 넣는다면 물결선 위에 시작하는 눈금은 얼마로 하면 좋을까요?

( )

28 위의 꺾은선그래프에 물결선을 그려 보세요.

29 꺾은선그래프에 대한 설명으로 틀린 것을 찾아 기호를 써 보세요.

┌─────────────────────────────────────┐
│ ㉠ 2015년에 환자 수가 가장 많았습니다. │
│ ㉡ 환자 수의 변화가 가장 큰 때는 2015년 │
│   과 2018년 사이입니다.   │
│ ㉢ 2012년과 2015년 사이에 환자 수는 40 │
│   명 늘어났습니다.   │
└─────────────────────────────────────┘

( )

[30~33] 무궁화의 키를 5일 동안 매일 오전 10시에 조사하여 나타낸 꺾은선그래프입니다. 물음에 답하세요.

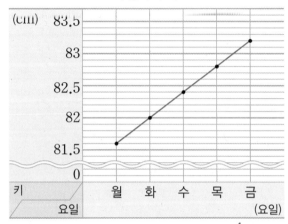

무궁화의 키

30 조사한 기간 동안 무궁화의 키는 몇 cm 자랐을까요?

( )

31 수요일 오후 10시에 무궁화의 키는 몇 cm였을까요?

( )

32 다음 주 무궁화의 키는 늘어날까요? 줄어들까요?

( )

새 교과 반영
33 단위를 mm로 바꾼다면 세로 눈금은 몇 mm부터 시작할까요?

( )

④ 꺾은선그래프로 나타내기

[34~37] 어느 지역의 월별 강수량을 조사하여 나타낸 표를 보고 꺾은선그래프로 나타내려고 합니다. 물음에 답하세요.

월별 강수량

월(월)	7	8	9	10	11
강수량(mm)	28	30	22	12	8

34 가로에 월을 쓴다면 세로에는 무엇을 나타내어야 할까요?

(   )

35 세로 눈금 한 칸은 몇 mm로 하면 좋을까요?

(   )

36 꺾은선그래프로 나타낸다면 세로 눈금의 수를 몇 mm까지 나타낼 수 있도록 해야 할까요?

(   )

37 표를 보고 꺾은선그래프로 나타내어 보세요.

월별 강수량

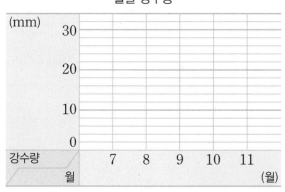

[38~39] 바닷물 온도를 조사하여 나타낸 표를 보고 꺾은선그래프로 나타내려고 합니다. 물음에 답하세요.

바닷물 온도

시각	오후 1시	오후 2시	오후 3시	오후 4시	오후 5시
온도(℃)	20.1	20.2	20.6	20.4	20.2

38 꺾은선그래프에서 필요한 부분은 몇 ℃부터 몇 ℃까지일까요?

(   )

39 표를 보고 물결선을 사용한 꺾은선그래프로 나타내어 보세요.

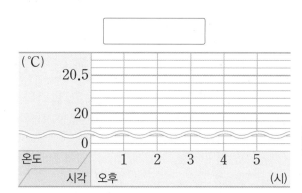

서술형
40 꺾은선그래프를 잘못 그렸습니다. 잘못 그린 이유를 설명해 보세요.

창현이의 줄넘기 횟수

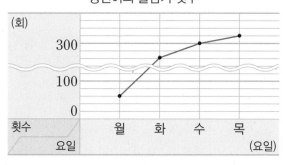

이유 ....

....

....

41 꺾은선그래프에서 잘못 그린 부분을 찾아 바르게 고쳐 보세요.

수애의 몸무게

학년(학년)	1	2	3	4
몸무게(kg)	30	34	36	48

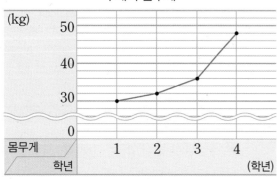

수애의 몸무게

[42~43] 어느 마트에서 인형 판매량을 조사하여 나타낸 꺾은선그래프를 다시 그리려고 합니다. 물음에 답하세요.

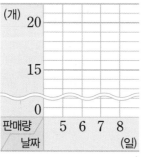

42 위의 오른쪽 꺾은선그래프를 완성해 보세요.

43 두 그래프를 보고 물결선을 사용하여 나타내면 어떤 점이 좋은지 써 보세요.

자료를 막대로, 선분으로 나타낼 수 있어.

준비 수영이네 반 학생들의 혈액형을 조사하여 나타낸 표와 막대그래프를 완성해 보세요.

혈액형별 학생 수

혈액형	A형	B형	O형	AB형	합계
학생 수 (명)			8	3	23

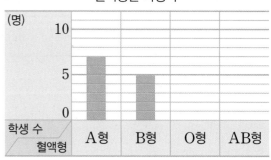

혈액형별 학생 수

44 어느 박물관의 입장객 수를 조사하여 나타낸 표와 꺾은선그래프를 완성해 보세요.

박물관의 입장객 수

연도(년)	2017	2018	2019	2020	2021
입장객 수(명)	243	242			

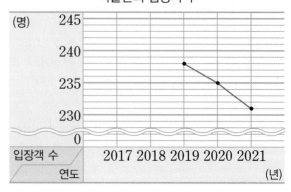

박물관의 입장객 수

5 꺾은선그래프를 보고 예상하기

그래프 변화 모양이 ╱이면 증가, ╲이면 감소.

준비 행복 도서관의 연도별 방문자 수를 조사하여 나타낸 막대그래프입니다. 2024년의 방문자 수는 어떻게 변할지 이유와 함께 써 보세요.

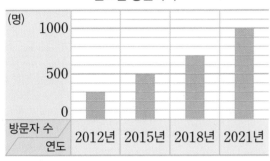

연도별 방문자 수

_____

_____

45 별빛 마을의 초등학생 수를 나타낸 꺾은선그래프입니다. 그래프에 대한 설명으로 옳은 것에 ○표, 옳지 <u>않은</u> 것에 ×표 하세요.

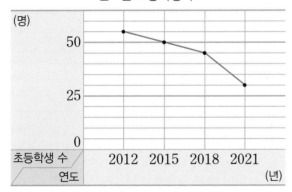

연도별 초등학생 수

(1) 초등학생 수가 가장 많이 변한 때는 2015년과 2018년 사이입니다.

(   )

(2) 2030년의 초등학생 수는 줄어들 것입니다.

(   )

[46~47] 어느 공장의 불량품 수를 조사하여 나타낸 꺾은선그래프입니다. 물음에 답하세요.

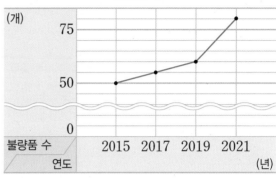

불량품 수

46 2020년에 불량품 수는 몇 개였을까요?

(   )

47 2022년에 불량품 수는 늘어날까요? 줄어들까요?

(   )

새 교과 반영

48 우산 판매량을 조사하여 나타낸 꺾은선그래프를 보고 비가 가장 많이 온 요일은 언제인지 예상해 보세요.

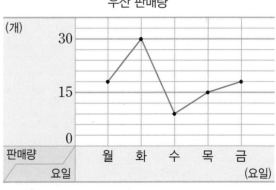

우산 판매량

(   )

1 세로 눈금 한 칸의 크기

49 오늘의 기온을 나타낸 꺾은선그래프입니다. 세로 눈금 한 칸은 몇 ℃를 나타낼까요?

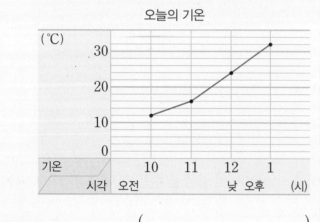

오늘의 기온

( )

세로 눈금 한 칸이 무조건 1℃인 것은 아니야.

운동장 온도	운동장 온도
➡ 세로 눈금 한 칸: 1 ℃	➡ 세로 눈금 한 칸: 2 ℃

50 어느 가게의 냉장고 판매량을 나타낸 꺾은선 그래프입니다. 세로 눈금 한 칸은 몇 대를 나타낼까요?

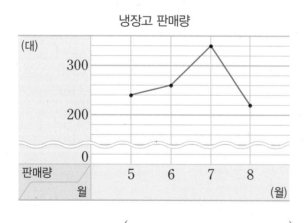

냉장고 판매량

( )

2 잘못 그린 꺾은선그래프

51 꺾은선그래프를 바르게 그린 것을 찾아 기호를 써 보세요.

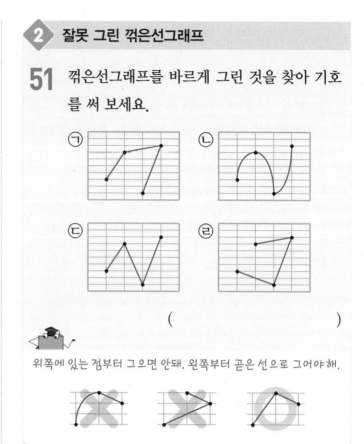

( ) ( )

위쪽에 있는 점부터 그으면 안돼. 왼쪽부터 곧은 선으로 그어야 해.

52 꺾은선그래프를 잘못 그렸습니다. 잘못 그린 이유를 설명해 보세요.

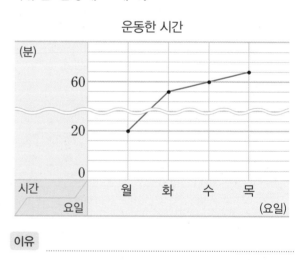

운동한 시간

이유 ....

....

....

3 변화한 양

53 하늘이가 텔레비전을 본 시간을 조사하여 나타낸 꺾은선그래프입니다. 지난 주에 비해 텔레비전을 본 시간이 가장 많이 늘어난 주는 몇 주인지 쓰고, 그때의 늘어난 시간을 구해 보세요.

텔레비전 시청 시간

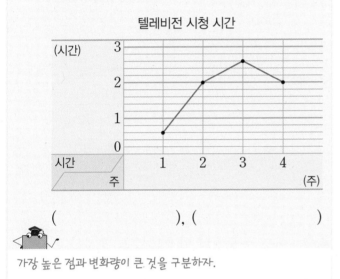

(   ), (   )

가장 높은 점과 변화량이 큰 것을 구분하자.

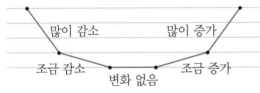

54 경민이네 학교 음식물 쓰레기양을 조사하여 나타낸 꺾은선그래프입니다. 전날에 비해 음식물 쓰레기양이 가장 많이 줄어든 요일을 쓰고, 그때의 줄어든 양을 구해 보세요.

요일별 음식물 쓰레기양

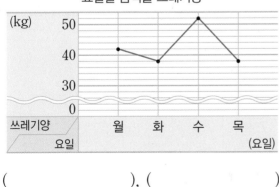

(   ), (   )

4 조사한 기간 동안의 변화량

55 동물원의 한 원숭이 무게를 매년 3월에 조사하여 나타낸 꺾은선그래프입니다. 원숭이 무게는 조사한 기간 동안 몇 kg 늘었을까요?

원숭이 무게

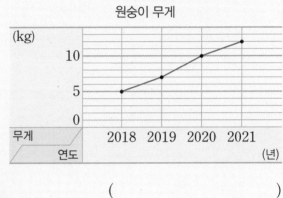

(   )

해마다 비교하며 더한 것은 아니지? 마지막 연도에서 처음 연도를 빼면 쉬운데…

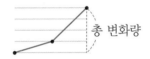

56 학교에 있는 어느 나무의 키를 매년 1월에 조사하여 나타낸 꺾은선그래프입니다. 나무는 조사한 기간 동안 몇 cm 자랐을까요?

나무의 키

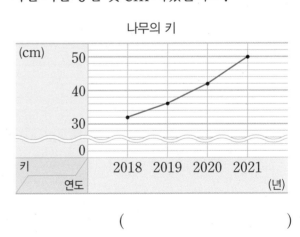

(   )

1 2개의 꺾은선으로 나타낸 그래프

57 운동화와 부츠의 판매량을 월별로 조사하여 나타낸 꺾은선그래프입니다. 운동화와 부츠의 판매량의 차가 가장 큰 때는 몇 월일까요?

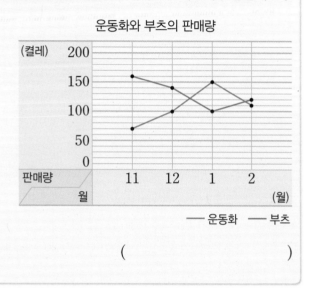

운동화와 부츠의 판매량

( )

58 승주의 목표 점수와 매달 수학 시험에서 받은 점수를 나타낸 꺾은선그래프입니다. 목표 점수와 받은 점수의 차가 가장 작은 때는 몇 월일까요?

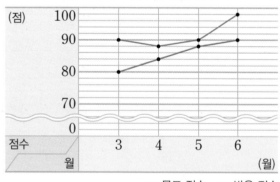

승주의 목표 점수와 받은 점수

( )

개념 KEY

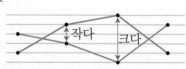

2 일부분이 생략된 꺾은선그래프

59 매달 어떤 도시의 강수량을 조사하여 나타낸 꺾은선그래프입니다. 8월의 강수량은 7월의 강수량보다 4 mm 적을 때, 그래프를 완성해 보세요.

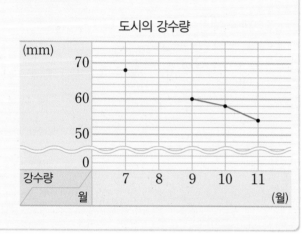

도시의 강수량

60 어느 동물원의 입장객 수를 조사하여 나타낸 꺾은선그래프입니다. 23일에 입장한 사람은 22일에 입장한 사람보다 120명이 더 많을 때 그래프를 완성해 보세요.

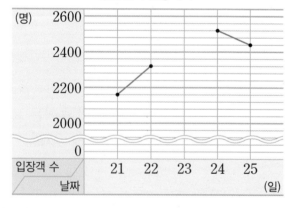

동물원의 입장객 수

3 세로 눈금의 크기 바꾸기

61 주아네 학교의 연도별 학생 수를 조사하여 나타낸 꺾은선그래프입니다. 세로 눈금 한 칸을 20명으로 하여 그래프를 다시 그렸을 때, 2018년과 2019년의 세로 눈금은 몇 칸 차이가 날까요?

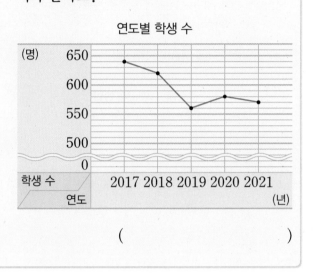

연도별 학생 수

(   )

62 식물의 싹의 키를 재어 나타낸 꺾은선그래프입니다. 세로 눈금 한 칸을 0.5 cm로 하여 그래프를 다시 그렸을 때, 수요일과 목요일의 세로 눈금은 몇 칸 차이가 날까요?

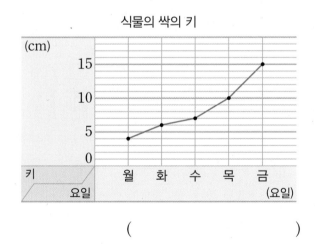

식물의 싹의 키

(   )

4 일정하게 변하는 꺾은선그래프

63 양초에 불을 지펴 4분마다 양초의 길이를 재어 나타낸 꺾은선그래프입니다. 20분이 되었을 때 양초의 길이는 몇 mm일까요?

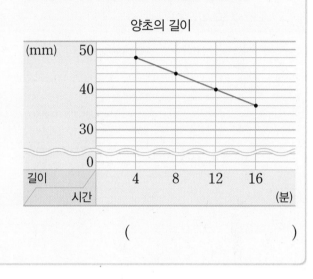

양초의 길이

(   )

64 수도를 틀어 2분마다 통에 담긴 물의 양을 조사하여 나타낸 꺾은선그래프입니다. 14분이 되었을 때 통에 담긴 물의 양은 몇 L일까요?

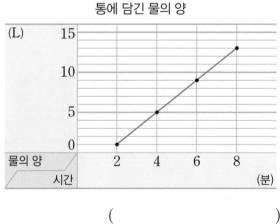

통에 담긴 물의 양

(   )

🔑 개념 KEY

● 씩 3번 ➡ ●+●+● = ●×3

5 판매한 금액 알아보기

65 어느 제과점의 빵 판매량을 조사하여 나타낸 꺾은선그래프입니다. 빵 한 개가 1200원일 때, 월요일부터 목요일까지 빵을 판매한 금액은 모두 얼마일까요?

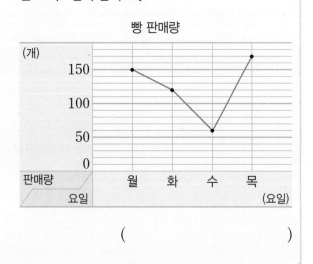

빵 판매량

(   )

66 어느 가구점의 의자 판매량을 4달 동안 조사하여 나타낸 꺾은선그래프입니다. 의자 한 개의 가격이 25만 원일 때, 4달 동안 의자를 판매한 금액은 모두 얼마일까요?

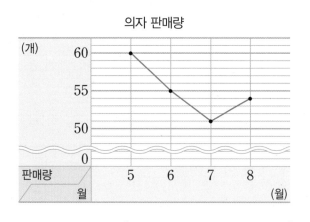

의자 판매량

(   )

🔑 **개념 KEY**

꺾은선그래프의 합계 구하기

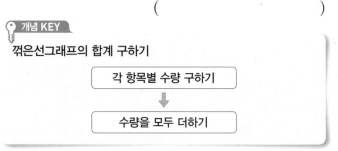

각 항목별 수량 구하기

↓

수량을 모두 더하기

6 찢어진 꺾은선그래프

67 어느 농장의 고구마 생산량을 조사하여 나타낸 표와 꺾은선그래프입니다. 4달 동안 155 상자의 고구마를 생산했다면 8월의 고구마 생산량은 몇 상자인지 구해 보세요.

고구마 생산량

월(월)	5	6	7	8
생산량(상자)	35		42	

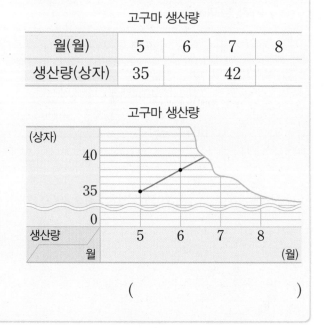

고구마 생산량

(   )

68 하진이가 공부한 시간을 5일 동안 조사하여 나타낸 표와 꺾은선그래프입니다. 5일 동안 34 시간 동안 공부를 했다면 목요일에는 몇 시간을 공부했는지 구해 보세요.

공부한 시간

요일(요일)	월	화	수	목	금
시간(시간)			4		10

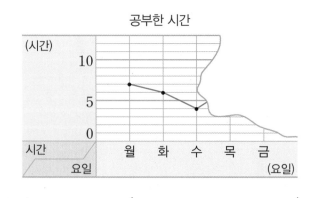

공부한 시간

(   )

기출 단원 평가

[1~3] 태현이의 방 온도를 조사하여 나타낸 꺾은선 그래프입니다. 물음에 답하세요.

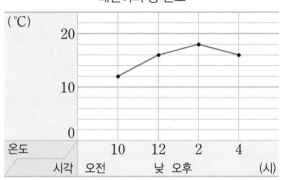

태현이의 방 온도

1 세로 눈금 한 칸의 크기는 몇 ℃일까요?

( )

2 기온이 낮아지기 시작한 시각은 몇 시일까요?

( )

3 낮 12시의 온도는 몇 ℃일까요?

( )

4 두 그래프 중 변화하는 모습이 더 잘 나타난 것 의 기호를 써 보세요.

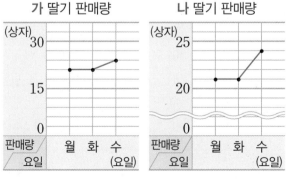

가 딸기 판매량   나 딸기 판매량

( )

[5~7] 수민이네 토끼 무게를 조사하여 나타낸 표를 보고 꺾은선그래프로 나타내려고 합니다. 물음에 답 하세요.

토끼 무게

월(월)	7	8	9	10
무게(kg)	4	5	7	7

5 그래프의 가로와 세로에는 각각 무엇을 나타내 야 할까요?

가로 ( )

세로 ( )

6 세로 눈금은 적어도 몇 kg까지 나타내야 할까요?

( )

7 표를 보고 꺾은선그래프로 나타내어 보세요.

토끼 무게

8 막대그래프와 꺾은선그래프 중에서 어떤 그래 프로 나타내는 것이 좋을지 써 보세요.

> 가 민영이네 모둠 학생들의 하루 인터넷 사 용 시간
> 나 민영이의 요일별 인터넷 사용 시간의 변화

가 ( )

나 ( )

[9~12] 민지의 체온을 재어 나타낸 꺾은선그래프입니다. 물음에 답하세요.

민지의 체온

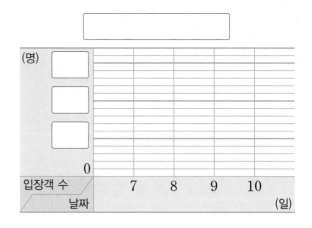

9 꺾은선은 무엇을 나타낼까요?

( )

10 오후 5시와 8시에 민지의 체온의 차는 몇 ℃일까요?

( )

11 민지의 체온이 높아졌다가 낮아지기 시작한 때는 언제일까요?

( )

12 오후 7시 30분에 민지의 체온은 몇 ℃였을까요?

( )

[13~14] 어느 전시회의 입장객 수를 4일 동안 조사하여 나타낸 표를 보고 꺾은선그래프로 나타내려고 합니다. 물음에 답하세요.

전시회의 입장객 수

날짜(일)	7	8	9	10
입장객 수(명)	35	38	31	40

13 꺾은선그래프로 나타내는 데 꼭 필요한 부분은 몇 명부터 몇 명까지일까요?

( )

14 물결선을 사용한 꺾은선그래프로 나타내어 보세요.

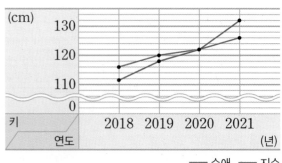

15 수애와 지수의 키를 매년 1월에 조사하여 나타낸 꺾은선그래프입니다. 수애와 지수의 키의 차가 가장 큰 해의 키의 차는 몇 cm일까요?

수애와 지수의 키

( )

[16~17] 서진이의 통장에 있는 금액을 나타낸 꺾은선그래프입니다. 물음에 답하세요.

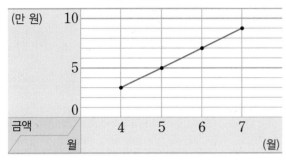

통장에 있는 금액

16 금액의 변화가 일정하다고 할 때 9월에 서진이의 통장에 있는 금액은 얼마일까요?

(　　　　　　　)

17 6월에 통장에 있는 금액으로 3만 원짜리 장난감을 구매했다면 통장에는 얼마가 남아 있을까요?

(　　　　　　　)

18 어느 상점에서 판매한 모자의 수를 5일 동안 조사하여 나타낸 표와 꺾은선그래프입니다. 5일 동안 판매한 모자가 36개라면 수요일에는 모자 몇 개를 팔았는지 구해 보세요.

모자 판매량

요일(요일)	월	화	수	목	금
판매량(개)	7				11

모자 판매량

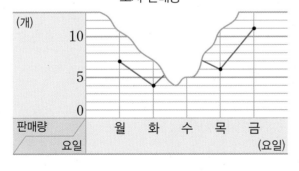

(　　　　　　　)

[19~20] 어느 문구점의 볼펜 판매량을 조사하여 나타낸 꺾은선그래프입니다. 물음에 답하세요.

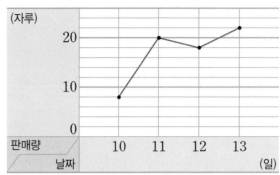

볼펜 판매량

19 전날에 비해 볼펜 판매량의 변화가 가장 큰 때는 며칠인지 풀이 과정을 쓰고 답을 구해 보세요.

풀이

답

20 볼펜 한 자루가 2000원일 때, 4일 동안 볼펜을 판매한 금액은 모두 얼마인지 풀이 과정을 쓰고 답을 구해 보세요.

풀이

답

6 다각형

삼각형, 사각형, 오각형, 육각형에 대해서는 이미 배웠어요.
어때요? 뭔가 이름에서 공통점을 찾을 수 있나요?
삼, 사, 오, 육, … 숫자는 늘어나면서 ■각형이라는 공통점이 있네요.
이처럼 평면도형은 변의 수와 각의 수에 따라 이름이 정해진답니다.
또 다각형 중 변의 길이와 각의 크기가 모두 같은 도형도 있으니 같이 배워 보아요.

다각형, 많은(多^다) 각이 있는 도형

도형	변의 수	각의 수	이름
	3	3	삼각형
	4	4	사각형
	5	5	오각형
	6	6	육각형
	7	7	칠각형
	8	8	팔각형

교과서 개념

다각형

 다각형

• 다각형: 선분으로만 둘러싸인 도형

변의 수	6개	7개	8개
다각형			

다각형은 변의 수에 따라 이름이 달라집니다.

곡선이 포함되어 있어서
다각형이 아닙니다.   둘러싸여 있지 않아서
다각형이 아닙니다.

 정다각형

• 정다각형: 변의 길이가 모두 같고, 각의 크기가 모두
같은 다각형

정삼각형   정사각형   정오각형

변의 길이만 같으므로
정다각형이 아닙니다.   각의 크기만 같으므로
정다각형이 아닙니다.

 대각선

• 대각선: 다각형에서 선분 ㄱㄷ,
선분 ㄴㄹ과 같이 서로 이웃하지
않는 두 꼭짓점을 이은 선분

대각선

• **사각형의 대각선의 특징**

직사각형   정사각형   마름모   정사각형

두 대각선의 길이가
같습니다.   두 대각선이 수직으로
만납니다.

평행사변형 직사각형   마름모   정사각형

한 대각선이 다른 대각선을 반으로 나눕니다.

1 선의 특징에 따라 도형을 알맞게 이어 보세요.

선분으로만
둘러싸인 도형   곡선이
포함된 도형

2 정다각형의 이름을 써 보세요.

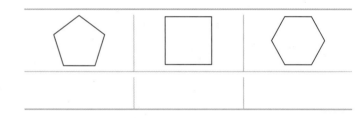

3 다각형에 대각선을 모두 긋고, 대각선의 수를 구해 보
세요.

(1)

(   )

(2)

(   )

4 모양 만들기

● 모양 조각의 이름 알아보기

| 정육각형 | 사다리꼴 | 정삼각형 | 정사각형 | 마름모 |

● 모양 조각을 사용하여 다각형 만들기

평행사변형   마름모   사다리꼴

● 모양 조각을 사용하여 모양 만들기

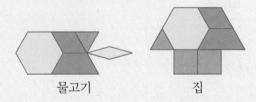

물고기   집

5 모양 채우기

● 모양 조각으로 정육각형 채우기

➡ 길이가 서로 같은 변끼리 겹치지 않게 이어 붙여서 모양을 채웁니다.

● 3가지 모양 조각을 사용하여 서로 다른 방법으로 주어진 모양 채우기

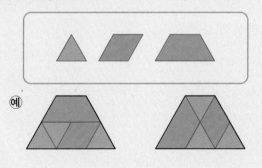

4 3가지 모양 조각을 모두 사용하여 왼쪽 모양을 똑같이 만들어 보세요.

(1)

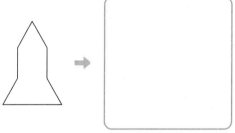

(2)

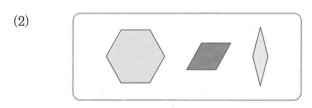

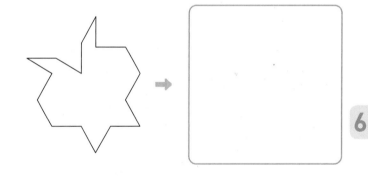

5 왼쪽 모양 조각으로 오른쪽 모양을 채우려면 모양 조각이 모두 몇 개 필요할까요?

(1)

(   )

(2)

(   )

1 다각형

도형에서는 선분이 변이야.

준비 **그림을 보고 알맞은 말에 ○표 하세요.**

두 점을 곧게 이은 선을 (선분 , 직선 , 반직선) 이라고 합니다.

1 그림과 같이 선분으로만 둘러싸인 도형을 무엇이라고 할까요?

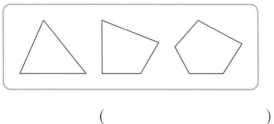

( )

새 교과 반영

2 그림을 보고 설명이 맞으면 ○표, **틀리면** × 표 하세요.

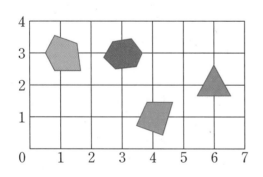

(1) 가장 아래에 있는 도형은 사각형입니다.

( )

(2) 오각형의 오른쪽에 있는 도형은 칠각형입니다. ( )

(3) 가장 오른쪽에 있는 도형은 오각형입니다.

( )

3 도형을 변의 수에 따라 분류하고, 빈칸에 알맞은 말을 써넣으세요.

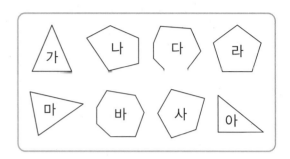

변의 수 (개)	3	5	7
기호			
이름			

4 교통안전 표지에서 찾을 수 있는 다각형의 이름을 써 보세요.

(1)  (2)

( ) ( )

5 점 종이에 그려진 선분을 이용하여 다각형을 완성해 보세요.

(1) 사각형   (2) 육각형

 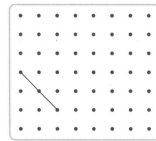

6 두 수의 크기를 비교하여 ◯ 안에 >, =, < 를 알맞게 써넣으세요.

(1) | 오각형의 변의 수 | ◯ | 사각형의 각의 수 |

(2) | 삼각형의 꼭짓점의 수 | ◯ | 십각형의 변의 수 |

서술형
7 다각형이 <u>아닌</u> 이유를 써 보세요.

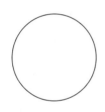

이유 _____

_____

_____

새 교과 반영
8 다각형이 <u>아닌</u> 도형을 조건에 맞게 그려 보세요.

(1) 각이 1개 있습니다.   (2) 각이 2개 있습니다.

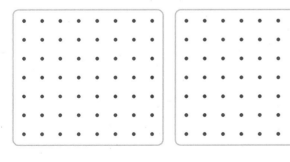

2 정다각형

9 정다각형을 모두 찾아 기호를 써 보세요.

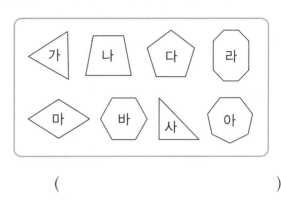

(   )

10 레오나르도 다빈치가 그린 '비트루비안 맨'이라는 작품은 인체의 황금 비율을 볼 수 있는 유명한 작품입니다. 이 작품에서 찾을 수 있는 정다각형의 이름을 써 보세요.

(   )

서술형
11 오른쪽 도형은 정다각형인지 아닌지 쓰고 그 이유를 설명해 보세요.

답 _____

이유 _____

_____

12 설명하는 다각형의 이름을 써 보세요.

> • 10개의 선분으로 둘러싸여 있습니다.
> • 변의 길이가 모두 같습니다.
> • 각의 크기가 모두 같습니다.

(   )

13 원형 도형판에 정다각형을 그려 보세요.

정다각형은 모든 변의 길이가 같아.

준비 한 변의 길이가 5 cm인 정사각형의 모든 변의 길이의 합을 구해 보세요.

(   )

14 정다각형입니다. 도형의 이름을 쓰고 모든 변의 길이의 합을 구해 보세요.

도형	4 cm	7 cm
이름		
모든 변의 길이의 합		

15 정오각형입니다. ☐ 안에 알맞은 수를 써넣으세요.

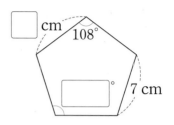

☺ 내가 만드는 문제

16 보기 와 같이 정다각형으로 자유롭게 규칙을 만들어 보세요.

> **보기**
>
>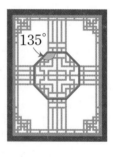

17 우리나라 전통 문살무늬에서 정팔각형 모양을 찾았습니다. 정팔각형의 한 각의 크기가 135°일 때 정팔각형의 모든 각의 크기의 합은 몇 도일까요?

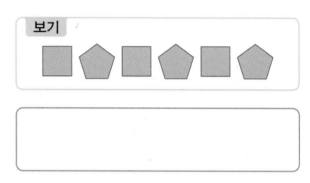

(   )

18 정구각형의 모든 각의 크기의 합이 1260°입니다. 정구각형의 한 각의 크기는 몇 도일까요?

(   )

③ 대각선

19 대각선에 맞게 도형을 그려 보세요.

20 다각형에 대각선을 모두 그어 보세요.

  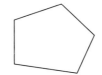

[21~22] 다각형을 보고 물음에 답하세요.

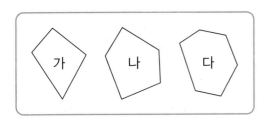

21 다각형에서 한 꼭짓점에서 그을 수 있는 대각선의 수를 구해 보세요.

(가: , 나: , 다:)

22 다각형에 그을 수 있는 대각선의 수를 구해 보세요.

(가: , 나: , 다:)

변의 길이와 각의 크기, 평행한 변의 수에 따라 사각형의 이름이 달라.

준비 사각형의 이름을 써 보세요.

모양	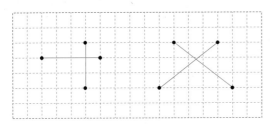		
이름			

[23~24] 사각형을 보고 물음에 답하세요.

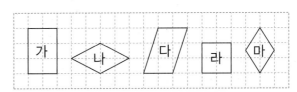

23 한 대각선이 다른 대각선을 반으로 나누는 사각형을 모두 찾아 기호를 써 보세요.

(   )

24 두 대각선이 수직으로 만나는 사각형을 모두 찾아 기호를 써 보세요.

(   )

☺ 내가 만드는 문제

25 점과 점을 연결하여 두 대각선을 그린 후 대각선에 맞게 도형을 그려 보세요.

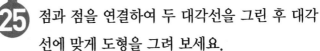
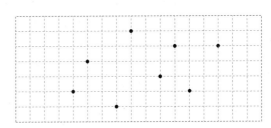

4 모양 만들기

26 오른쪽 모양을 만드는 데 사용된 다각형을 모두 찾아 이름을 써 보세요.

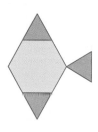

( )

새 교과 반영

27 왼쪽 모양 조각을 여러 번 사용하여 오른쪽 모양을 만들려고 합니다. 왼쪽 모양 조각은 오른쪽 모양의 얼마인지 분수로 나타내어 보세요.

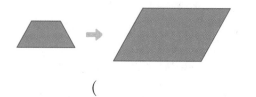

( )

서술형

28 여러 가지 모양 조각으로 오리를 만들었습니다. 사용된 사각형 모양 조각은 삼각형 모양 조각보다 몇 개 더 많은지 풀이 과정을 쓰고 답을 구해 보세요.

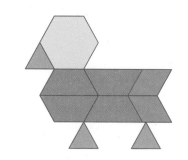

풀이 ....

....

....

....

답 ....

[29~31] 모양 조각을 보고 물음에 답하세요.

29 다 모양 조각 여러 개를 사용하여 만들 수 <u>없는</u> 도형은 어느 것일까요? ( )

① 정삼각형 ② 사다리꼴 ③ 평행사변형
④ 직사각형 ⑤ 마름모

30 모양 조각을 여러 번 사용하여 2가지 방법으로 정육각형을 만들어 보세요.

방법 1	방법 2

☺ 내가 만드는 문제

31 모양 조각을 여러 번 사용하여 모양을 만들고, 만든 모양에 이름을 붙여 보세요.

( )

⑤ 모양 채우기

32 오른쪽 모양을 채우고 있는 다각
형의 이름을 모두 써 보세요.

(   )

도형의 이동 방법에 따라 여러 가지 모양을 꾸밀 수 있어.

준비 모양을 돌리기의 방법을 사용하여 무늬를
꾸며 보세요.

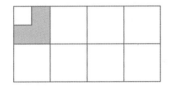

33  모양 조각을 사용하여 사각형을 채
워 보세요.

┌─ 도형을 겹치지 않으면서
└─ 빈틈 없이 이어 붙이는 것

34 시영이는 쪽매맞춤을 이용하여 바닥에 정다각
형 모양의 타일을 이어 붙였습니다. 사용된 도
형의 이름을 모두 써 보세요.

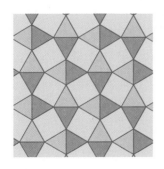

(   )

[35~36] 모양 조각을 보고 물음에 답하세요.

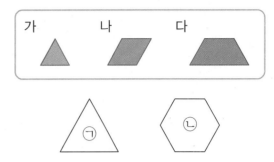

35 가 모양 조각으로 ㉠ 모양과 똑같이 만들려면
조각이 몇 개 필요할까요?

(   )

36 한 가지 모양 조각으로 ㉡ 모양을 채우려면 각
각의 모양 조각이 몇 개 필요할까요?

(가: , 나: , 다:)

37 왼쪽 모양 조각을 모두 사용하여 주어진 모양
을 채워 보세요.

38 보기 의 모양 조각을 모두 사용하여 주어진
모양을 채워 보세요.

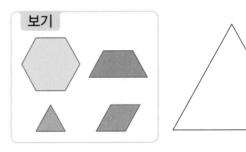

보기

1 다각형의 대각선

39 사각형 ㄱㄴㄷㄹ에서 대각선을 나타내는 선분을 모두 찾아 써 보세요.

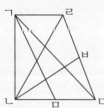

(   )

두 점을 연결하면 대각선인지 알 수 있어.

꼭짓점끼리 연결했으므로 대각선!

꼭짓점끼리 연결하지 않았으므로 대각선이 아니에요.

40 오각형 ㄱㄴㄷㄹㅁ에서 대각선을 나타내는 선분을 모두 찾아 써 보세요.

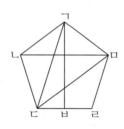

(   )

41 육각형 ㄱㄴㄷㄹㅁㅂ에서 대각선을 나타내는 선분을 모두 찾아 써 보세요.

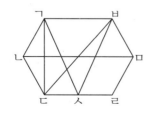

(   )

2 사각형의 대각선

42 두 대각선의 길이가 같은 사각형을 모두 찾아 기호를 써 보세요.

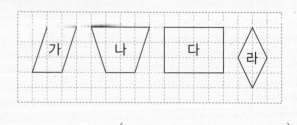

(   )

특징을 외우기보단 사각형을 그려 대각선을 그어 봐.

➡ 두 대각선의 길이가 같습니다.
두 대각선이 서로 수직으로 만납니다.
한 대각선이 다른 대각선을 반으로 나눕니다.

43 사각형의 대각선의 특징에 알맞게 이어 보세요.

두 대각선의 길이가 같습니다.	두 대각선이 서로 수직으로 만납니다.

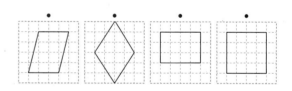

44 조건을 모두 만족하는 사각형의 이름을 써 보세요.

• 두 대각선의 길이가 같습니다.
• 두 대각선이 서로 수직으로 만납니다.
• 한 대각선이 다른 대각선을 반으로 나눕니다.

(   )

3 정다각형

45 정다각형이 아닌 것을 모두 찾아 기호를 써 보세요.

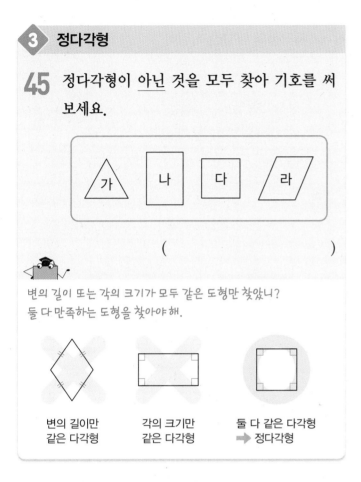

( )

변의 길이 또는 각의 크기가 모두 같은 도형만 찾았니?
둘 다 만족하는 도형을 찾아야 해.

| 변의 길이만 같은 다각형 | 각의 크기만 같은 다각형 | 둘 다 같은 다각형 ➡ 정다각형 |

46 정다각형에 대한 설명으로 <u>틀린</u> 것을 모두 찾아 기호를 써 보세요.

> ㉠ 변의 길이가 모두 같습니다.
> ㉡ 각의 크기가 모두 같습니다.
> ㉢ 마름모는 정다각형입니다.
> ㉣ 직사각형은 정다각형입니다.

( )

47 변이 5개인 정다각형을 그려 보세요.

4 모양 조각으로 만든 도형

48 ▲ ⬢ 모양 조각을 모두 사용하여 평행사변형을 만들어 보세요.

길이가 같은 변끼리 겹치지 않게 이어 붙여야지.

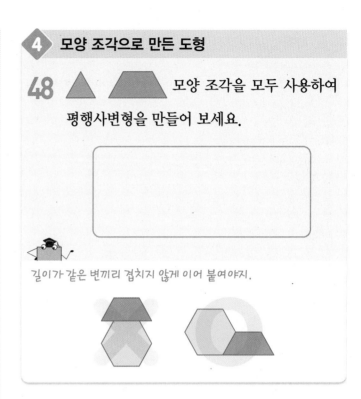

49 4가지 모양 조각 중 3가지 모양 조각을 사용하여 정육각형을 만들어 보세요.

50 3가지 모양 조각을 2번씩 모두 사용하여 사다리꼴을 만들어 보세요.

5 사각형의 대각선의 각도

51 마름모입니다. ☐ 안에 알맞은 수를 써넣으세요.

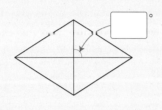

각도기로 재어 보지 않아도 대각선의 성질만 알면 각도를 알 수 있어.

➡ 두 대각선은 수직(90°)으로 만납니다.

52 사각형 ㄱㄴㄷㄹ은 정사각형입니다. 각 ㄹㅁㄷ의 크기는 몇 도인지 구해 보세요.

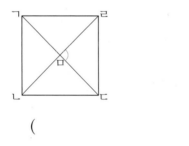

(   )

53 사각형 ㄱㄴㄷㄹ은 정사각형입니다. 각 ㅁㄹㄷ의 크기는 몇 도인지 구해 보세요.

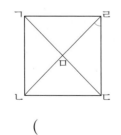

(   )

6 사각형의 대각선의 길이

54 오른쪽 사각형 ㄱㄴㄷㄹ은 정사각형입니다. 선분 ㄴㄹ의 길이를 구해 보세요.

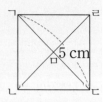

(   )

두 대각선의 길이가 같은 사각형, 한 대각선이 다른 대각선을 반으로 나누는 사각형이 있지.

두 대각선의 길이가 같은 사각형

한 대각선이 다른 대각선을 반으로 나누는 사각형

55 사각형 ㄱㄴㄷㄹ은 마름모입니다. 선분 ㄱㄷ의 길이를 구해 보세요.

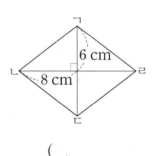

(   )

56 사각형 ㄱㄴㄷㄹ은 평행사변형입니다. 선분 ㄴㄹ의 길이를 구해 보세요.

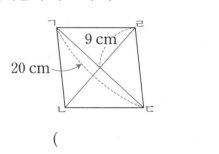

(   )

1 정다각형의 한 변의 길이 구하기

57 정사각형의 모든 변의 길이의 합과 정오각형의 모든 변의 길이의 합은 같습니다. 정오각형의 한 변의 길이를 구해 보세요.

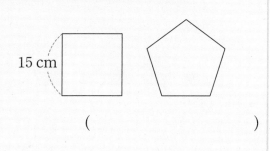

15 cm

( )

58 정사각형의 모든 변의 길이의 합과 정육각형의 모든 변의 길이의 합은 같습니다. 정육각형의 한 변의 길이를 구해 보세요.

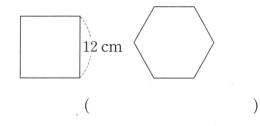

12 cm

( )

59 정삼각형의 모든 변의 길이의 합과 정팔각형의 모든 변의 길이의 합은 같습니다. 정팔각형의 한 변의 길이를 구해 보세요.

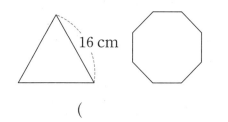

16 cm

( )

2 사각형의 대각선 성질의 활용

60 사각형 ㄱㄴㄷㄹ은 직사각형입니다. 삼각형 ㄹㄴㄷ의 세 변의 길이의 합은 몇 cm인지 구해 보세요.

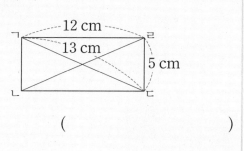

12 cm
13 cm
5 cm

( )

61 사각형 ㄱㄴㄷㄹ은 마름모입니다. 삼각형 ㄱㄴㄹ의 세 변의 길이의 합이 21 cm일 때, 마름모의 네 변의 길이의 합은 몇 cm인지 구해 보세요.

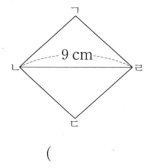

9 cm

( )

62 오른쪽 사각형 ㄱㄴㄷㄹ은 평행사변형입니다. 이 평행사변형의 두 대각선의 길이의 합이 20 cm일 때, 삼각형 ㅁㄴㄷ의 세 변의 길이의 합은 몇 cm인지 구해 보세요.

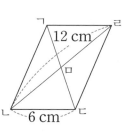

12 cm
6 cm

( )

3 다각형에 그을 수 있는 대각선의 수

63 칠각형에 그을 수 있는 대각선은 모두 몇 개일까요?

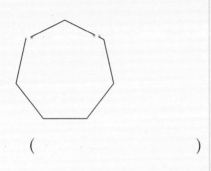

(   )

64 팔각형에 그을 수 있는 대각선은 모두 몇 개일까요?

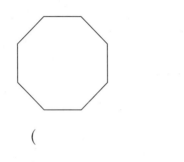

(   )

65 구각형에 그을 수 있는 대각선은 모두 몇 개일까요?

(   )

♀ 개념 KEY

한 꼭짓점에서 그을 수 있는 대각선의 수: ●개

꼭짓점의 수: ◆개

(대각선의 수)=●×◆÷2

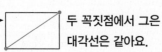 두 꼭짓점에서 그은 대각선은 같아요.

4 모양 조각으로 채우기

66 보기 의 모양 조각을 여러 번 사용하여 모양을 채우려고 합니다. 사용한 모양 조각의 수가 가장 많게 되도록 채워 보세요.

보기

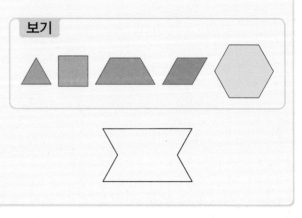

67 66번 보기 의 모양 조각을 여러 번 사용하여 모양을 채우려고 합니다. 사용한 모양 조각의 수가 가장 적게 되도록 채워 보세요.

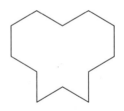

68 66번 보기 의 모양 조각을 여러 번 사용하여 모양을 채우려고 합니다. 사용한 모양 조각의 수가 가장 많을 때와 가장 적을 때의 수의 차를 구해 보세요.

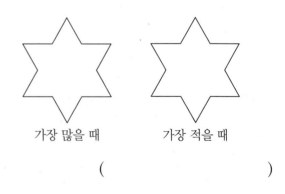

가장 많을 때   가장 적을 때

(   )

5 대각선의 성질을 이용하여 각도 구하기

69 직사각형 ㄱㄴㄷㄹ에서 각 ㄱㄴㅁ의 크기는 몇 도인지 구해 보세요.

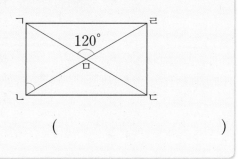

(   )

70 사각형 ㄱㄴㄷㄹ은 직사각형입니다. 각 ㄴㄱㅁ 의 크기는 몇 도인지 구해 보세요.

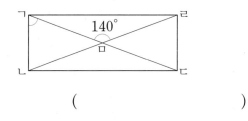

(   )

71 사각형 ㄱㄴㄷㄹ은 마름모입니다. 각 ㄱㄴㅁ의 크기는 몇 도인지 구해 보세요.

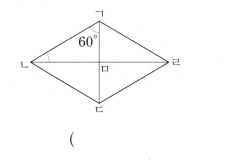

(   )

6 정다각형의 성질을 이용하여 각도 구하기

72 정팔각형의 한 각의 크기를 구해 보세요.

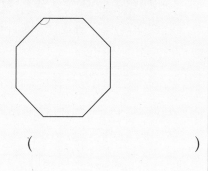

(   )

73 정육각형입니다. ㉠의 각도를 구해 보세요.

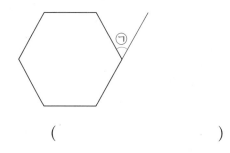

(   )

74 정육각형입니다. 각 ㄱㅁㄷ의 크기는 몇 도인 지 구해 보세요.

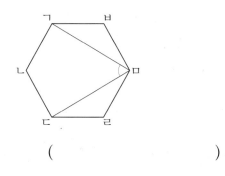

(   )

🔑 **개념 KEY**

삼각형의 모든 각의 크기의 합: $180°$
정오각형의 모든 각의 크기의 합:
$180° \times 3 = 540°$
정오각형의 한 각의 크기: $540° \div 5 = 108°$

기출 단원 평가

1 모양 자에서 다각형이 <u>아닌</u> 것을 모두 찾아 기호를 써 보세요.

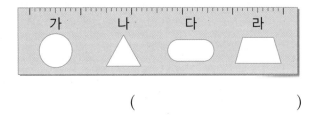

( )

2 관계있는 것끼리 이어 보세요.

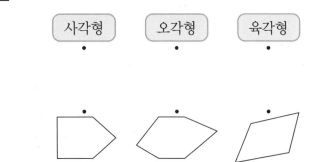

3 정오각형의 대각선을 바르게 나타낸 것에 ○표 하세요.

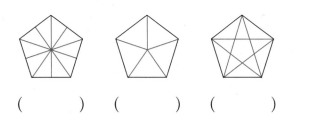

( ) ( ) ( )

4 점 종이에 그려진 선분을 이용하여 오각형을 완성해 보세요.

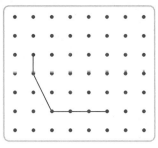

5 정육각형을 찾아 기호를 써 보세요.

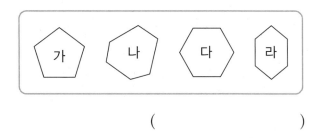

( )

[6~7] 사각형을 보고 물음에 답하세요.

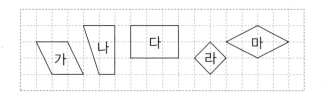

6 두 대각선의 길이가 같은 사각형을 모두 찾아 기호를 써 보세요.

( )

7 두 대각선의 길이가 같고 서로 수직으로 만나는 사각형을 찾아 기호를 써 보세요.

( )

8 대각선의 수가 가장 많은 교통안전 표지부터 차례로 기호를 써 보세요.

( )

9 다각형에 대각선을 모두 긋고, 대각선의 수를 구해 보세요.

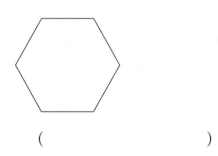

( )

10 ㉠의 각도를 구해 보세요.

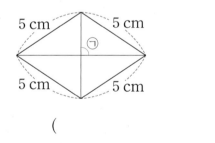

( )

11 직사각형 ㄱㄴㄷㄹ에서 선분 ㅁㄴ의 길이를 구해 보세요.

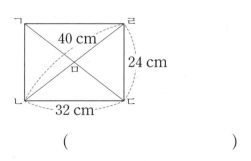

( )

[12~13] 모양 조각을 보고 물음에 답하세요.

12 주어진 모양 조각 수만큼 사용하여 정육각형을 채워 보세요.

(1) 나: 1개, 다: 1개, 마: 1개 ➡

(2) 다: 2개, 마: 2개 ➡

13 모양 조각을 여러 번 사용하여 서로 다른 방법으로 평행사변형을 채워 보세요.

14 설명하는 다각형의 이름을 써 보세요.

- 선분으로만 둘러싸인 도형입니다.
- 변과 꼭짓점이 각각 12개입니다.

( )

15 한 변의 길이가 6 cm이고 모든 변의 길이의 합이 54 cm인 정다각형이 있습니다. 이 정다각형의 이름을 써 보세요.

( )

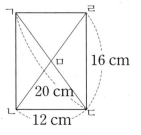

16 왼쪽 마름모 모양 조각을 여러 번 사용하여 오른쪽 모양을 채우려고 합니다. 모양 조각이 모두 몇 개 필요한지 구해 보세요.

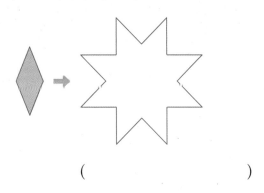

(   )

17 정육각형입니다. ㉠과 ㉡의 각도의 차를 구해 보세요.

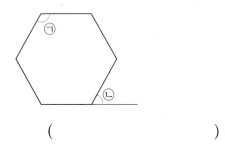

(   )

18 사각형 ㄱㄴㄷㄹ은 직사각형입니다. 각 ㅁㄴㄷ 의 크기는 몇 도인지 구해 보세요.

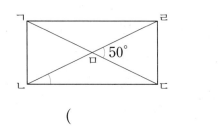

(   )

19 정팔각형의 한 변의 길이가 7 cm입니다. 정팔각형의 모든 변의 길이의 합은 몇 cm인지 풀이 과정을 쓰고 답을 구해 보세요.

풀이

답

20 직사각형 ㄱㄴㄷㄹ에서 삼각형 ㄹㅁㄷ의 세 변의 길이의 합은 몇 cm인지 풀이 과정을 쓰고 답을 구해 보세요.

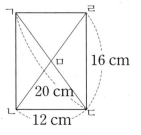

풀이

답

계산이 아닌   개념을 깨우치는

수학을 품은 연산

디딤돌
연산은
수학이다.

1~6학년(학기용)

수학 공부의 새로운 패러다임

독해 원리부터 실전 훈련까지!
수능까지 연결되는

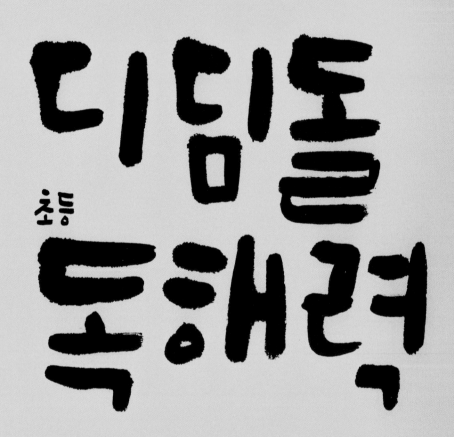

❶~❻단계
초등 교과서별 학년별 성취 기준에 맞춰 구성

❶~Ⅳ단계(고학년용)
다양한 영역의 비문학 제재로만 구성

유형탄탄북

$\dfrac{4}{2}$

차례

수학 좀 한다면

초등수학

유형탄탄북

4
2

- **꼭 나오는 유형** │ 진도책의 교과서＋익힘책 유형에서 자주 나오는 문제들을 다시 한 번 풀어 보세요.

- **자주 틀리는 유형** │ 진도책의 자주 틀리는 유형에서 문제의 틀린 이유를 생각하여 오답을 피할 수 있어요.

- **수시 평가 대비** │ 수시평가를 대비하여 꼭 한 번 풀어 보세요. 시험에 대한 자신감이 생길 거예요.

➕ 꼭 나오는 유형

1 분모가 같은 분수의 덧셈 (1)

$$\cdot \frac{1}{4}+\frac{2}{4}=\frac{1+2}{4}=\frac{3}{4}$$

$$\cdot \frac{2}{4}+\frac{3}{4}=\frac{2+3}{4}=\frac{5}{4}=1\frac{1}{4}$$

가분수 → 대분수

⚡ 분모는 그대로 두고 분자끼리 더하자.

2 분모가 같은 분수의 뺄셈 (1)

$$\cdot \frac{4}{5}-\frac{1}{5}=\frac{4-1}{5}=\frac{3}{5}$$

$$\cdot 1-\frac{1}{3}=\frac{3}{3}-\frac{1}{3}=\frac{3-1}{3}=\frac{2}{3}$$

빼는 분수의 분모가 3이므로 1을 $\frac{3}{3}$으로 바꿉니다.

⚡ 분모는 그대로 두고 분자끼리 빼자.

---

1 $\frac{2}{9}$씩 뛰어 세어 보세요.

| $\frac{2}{9}$ | | $\frac{6}{9}$ | | |

2 합이 1이 되는 두 수를 묶고 ☐ 안에 알맞은 수를 써넣으세요.

(1) $\frac{4}{5}+\frac{2}{5}+\frac{3}{5}=1+\boxed{}=\boxed{}$

(2) $\frac{1}{7}+\frac{3}{7}+\frac{6}{7}=1+\boxed{}=\boxed{}$

3 ★의 값을 구해 보세요.

$$\frac{★}{13}+\frac{★}{13}=\frac{12}{13}$$

( )

---

4 노란색이 차지하는 부분과 초록색이 차지하는 부분의 차는 전체의 얼마인지 구해 보세요.

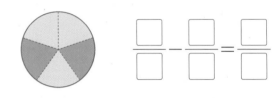

$$\frac{\boxed{}}{\boxed{}}-\frac{\boxed{}}{\boxed{}}=\frac{\boxed{}}{\boxed{}}$$

5 두 분수의 차를 구해 보세요.

| $\frac{1}{8}$이 4개인 수 $\qquad$ $\frac{1}{8}$이 7개인 수 |

( )

🏃 점프 가장 큰 수와 가장 작은 수의 차를 구해 보세요.

| $\cdot \frac{1}{6}$이 3개인 수 $\qquad$ $\cdot 1$ |
| $\cdot \frac{1}{6}$이 5개인 수 $\qquad$ $\cdot \frac{1}{6}$이 2개인 수 |

( )

3 분모가 같은 분수의 덧셈 (2)

$\cdot 1\frac{2}{5}+1\frac{4}{5}=(1+1)+\left(\frac{2}{5}+\frac{4}{5}\right)$

$=2+\frac{6}{5}=2+1\frac{1}{5}=3\frac{1}{5}$ ⎱ 자연수끼리, 분수끼리 더하기

$\cdot 1\frac{2}{5}+1\frac{4}{5}=\frac{7}{5}+\frac{9}{5}=\frac{16}{5}=3\frac{1}{5}$ — 대분수를 가분수로 바꾸어 더하기

⚡ 자연수끼리, 분수끼리 더하거나 대분수를 가분수로 바꾸어 더하자.

4 분모가 같은 분수의 뺄셈 (2)

$\cdot 2\frac{5}{6}-1\frac{2}{6}=(2-1)+\left(\frac{5}{6}-\frac{2}{6}\right)$

$=1+\frac{3}{6}=1\frac{3}{6}$ — 자연수끼리, 분수끼리 빼기

$\cdot 2\frac{5}{6}-1\frac{2}{6}=\frac{17}{6}-\frac{8}{6}=\frac{9}{6}=1\frac{3}{6}$ — 대분수를 가분수로 바꾸어 빼기

⚡ 자연수끼리, 분수끼리 빼거나 대분수를 가분수로 바꾸어 빼자.

6 계산해 보세요.

$3\frac{4}{7}+1\frac{2}{7}$

$3\frac{4}{7}+1\frac{3}{7}$

$3\frac{4}{7}+1\frac{4}{7}$

7 □ 안에 알맞은 수를 써넣으세요.

$3\frac{2}{9}+2\frac{2}{9}=\boxed{}\frac{7}{9}+1\frac{\boxed{}}{9}$

8 합이 6이 되는 두 수를 찾아 써 보세요.

$2\frac{3}{4}\qquad 3\frac{2}{4}\qquad 3\frac{1}{4}$

(,)

9 □ 안에 알맞은 수를 써넣으세요.

$7\frac{4}{5}-3\frac{1}{5}=\boxed{}$

$3\frac{1}{5}+\boxed{}=7\frac{4}{5}$

10 계산 결과에 맞도록 선을 그어 보세요.

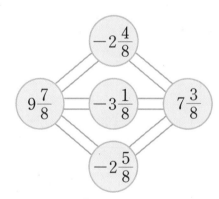

점프 빈칸에 알맞은 분수를 써넣으세요.

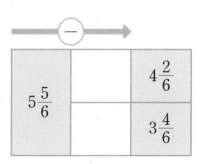

1. 분수의 덧셈과 뺄셈 **3**

+ 개념 적용

---

5 분모가 같은 분수의 뺄셈 (3)

$$\cdot\; 3-1\frac{1}{4}=2\frac{4}{4}-1\frac{1}{4}=(2-1)+\left(\frac{4}{4}-\frac{1}{4}\right)$$

$$=1+\frac{3}{4}=1\frac{3}{4}-\text{자연수에서 1만큼을 분수로 바꾸어 빼기}$$

$$\cdot\; 3-1\frac{1}{4}=\frac{12}{4}-\frac{5}{4}=\frac{7}{4}=1\frac{3}{4}-\text{자연수, 대분수를 가분수로 바꾸어 빼기}$$

⚡ 자연수를 분수로 바꿀 때 분모를 빼는 분수의 분모와 같게 하자.

---

6 분모가 같은 분수의 뺄셈 (4)

$$\cdot\; 3\frac{1}{3}-1\frac{2}{3}=2\frac{4}{3}-1\frac{2}{3}=(2-1)+\left(\frac{4}{3}-\frac{2}{3}\right)$$

$$=1+\frac{2}{3}=1\frac{2}{3}-\text{자연수에서 1만큼을 분수로 바꾸어 빼기}$$

$$\cdot\; 3\frac{1}{3}-1\frac{2}{3}=\frac{10}{3}-\frac{5}{3}=\frac{5}{3}=1\frac{2}{3}-\text{대분수를 가분수로 바꾸어 빼기}$$

⚡ 진분수끼리 뺄 수 없으면 빼지는 분수의 자연수에서 1만큼을 분수로 바꾸자.

---

11 계산해 보세요.

$$3-2\frac{2}{3}$$

$$4-2\frac{2}{3}$$

$$5-2\frac{2}{3}$$

14 계산해 보세요.

$$7\frac{2}{9}-3\frac{5}{9}$$

$$7\frac{2}{9}-3\frac{6}{9}$$

$$7\frac{2}{9}-3\frac{7}{9}$$

12 ☐ 안에 알맞은 수를 써넣으세요.

$$4-1\frac{7}{9}=\boxed{}$$

$$1\frac{7}{9}+\boxed{}=\boxed{}$$

15 ☐ 안에 알맞은 수를 써넣으세요.

(1) $\boxed{}+1\frac{4}{5}=4\frac{1}{5}$

(2) $5\frac{5}{8}+\boxed{}=9\frac{4}{8}$

13 계산 결과가 0이 <u>아닌</u> 가장 작은 값이 되기 위해 ☐ 안에 알맞은 수를 써넣고 그 계산 결과를 구해 보세요.

$$8-\boxed{}\frac{\boxed{}}{7}$$

(   )

🔼 점프 어떤 수보다 $3\frac{7}{11}$ 만큼 더 큰 수는 $8\frac{5}{11}$ 입니다. 어떤 수는 얼마일까요?

(   )

➕ 자주 틀리는 유형

1 바르게 계산

알고 풀어요 ❗

자연수에서 1만큼을
가분수로 고쳐 계산
해야 해.

잘못 계산한 곳을 찾아 바르게 계산해 보세요.

$$4-2\frac{3}{8}=(4-2)+\frac{3}{8}=2\frac{3}{8}$$

$$4-2\frac{3}{8}=$$

1

2 계산 결과가 가장 큰 계산식

알고 풀어요 ❗

더하는 두 수가 커질
수록 계산 결과가 커
져.

분수 2개를 골라 계산 결과가 가장 큰 덧셈식을 만들어 계산해 보세요.

$$3\frac{5}{7} \qquad 2\frac{3}{7} \qquad \frac{10}{7} \qquad \frac{19}{7}$$

덧셈식

3 어림하여 계산

계산 결과가 5와 6 사이인 식을 모두 찾아 기호를 써 보세요.

ㄱ $2\frac{5}{6}+4\frac{5}{6}$　　　　ㄴ $6\frac{3}{6}-\frac{5}{6}$

ㄷ $1\frac{4}{6}+3\frac{3}{6}$　　　　ㄹ $8\frac{1}{6}-3\frac{3}{6}$

(　　　　　　　　)

4 규칙 찾기

수를 규칙에 따라 늘어놓았습니다. 빈칸에 알맞은 수를 써넣으세요.

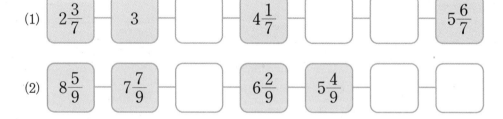

(1) $2\frac{3}{7}$ — 3 — ☐ — $4\frac{1}{7}$ — ☐ — ☐ — $5\frac{6}{7}$

(2) $8\frac{5}{9}$ — $7\frac{7}{9}$ — ☐ — $6\frac{2}{9}$ — $5\frac{4}{9}$ — ☐ — ☐

수시 평가 대비

점수

확인

1 그림을 보고 □ 안에 알맞은 수를 써넣으세요.

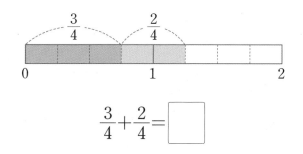

$$\frac{3}{4}+\frac{2}{4}=\boxed{}$$

2 계산해 보세요.

$$\frac{6}{7}-\frac{2}{7}$$

$$\frac{5}{7}-\frac{2}{7}$$

$$\frac{4}{7}-\frac{2}{7}$$

3 보기 와 같이 계산해 보세요.

보기

$$3-\frac{1}{3}=2\frac{3}{3}-\frac{1}{3}=2\frac{2}{3}$$

$$5-\frac{2}{5}=$$

4 단위분수의 합을 구해 보세요.

$$\frac{1}{6}+\frac{1}{6}+\frac{1}{6}+\frac{1}{6}+\frac{1}{6}+\frac{1}{6}$$

(   )

5 계산해 보세요.

$$4\frac{5}{8}+2\frac{2}{8}$$

$$4\frac{6}{8}+2\frac{2}{8}$$

$$4\frac{7}{8}+2\frac{2}{8}$$

6 빨간색이 차지하는 부분과 파란색이 차지하는 부분의 차는 전체의 얼마인지 구해 보세요.

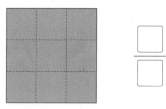

7 $\frac{1}{10}$이 3개인 수와 $\frac{1}{10}$이 6개인 수의 합을 구해 보세요.

(   )

8 보기 와 같이 계산 결과가 $\frac{4}{13}$인 뺄셈식을 만들어 보세요.

보기

$$\frac{7}{13}-\frac{3}{13}=\frac{4}{13}$$

뺄셈식

9 두 분수의 합과 차를 구해 보세요.

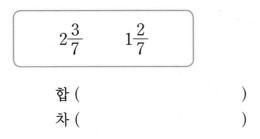

$$2\frac{3}{7} \qquad 1\frac{2}{7}$$

합 (　　　　　　　　　　)

차 (　　　　　　　　　　)

10 ☐ 안에 알맞은 수를 써넣으세요.

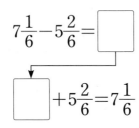

$$7\frac{1}{6} - 5\frac{2}{6} = \boxed{}$$

$$\boxed{} + 5\frac{2}{6} = 7\frac{1}{6}$$

11 ▲ = 1, ● = $\frac{1}{4}$ 을 나타낼 때 다음을 계산해 보세요.

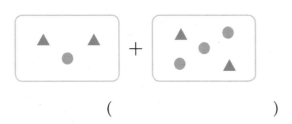

(　　　　　　　　　　)

12 빈칸에 알맞은 수를 써넣으세요.

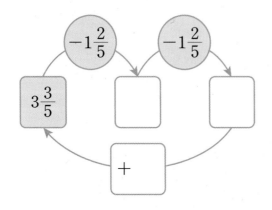

$$3\frac{3}{5}$$

13 세 수의 합이 1이 되도록 ㉠에 알맞은 분수를 구해 보세요.

$$\boxed{\frac{1}{8}} \qquad \boxed{㉠} \qquad \boxed{\frac{5}{8}}$$

(　　　　　　　　　　)

14 계산 결과를 비교하여 ◯ 안에 >, =, < 를 알맞게 써넣으세요.

$$1\frac{7}{11} + 1\frac{6}{11} \ \bigcirc \ 5\frac{1}{11} - 1\frac{8}{11}$$

15 가장 큰 수와 가장 작은 수의 차를 구해 보세요.

$$3\frac{2}{9} \qquad \frac{26}{9} \qquad 4$$

(　　　　　　　　　　)

16 분모가 7인 진분수가 2개 있습니다. 합이 $1\frac{3}{7}$ 이고 차가 $\frac{2}{7}$ 인 두 진분수를 구해 보세요.

(　　　　　, 　　　　　)

17 4장의 수 카드 중 3장을 한 번씩만 사용하여 분모가 8인 대분수를 만들려고 합니다. 만들 수 있는 대분수 중에서 가장 큰 수와 가장 작은 수의 합을 구해 보세요.

| 5 | 9 | 8 | 2 |

(　　　　　　　　　)

18 어떤 수에 $2\frac{7}{12}$ 을 더해야 할 것을 잘못하여 뺐더니 $1\frac{9}{12}$ 가 되었습니다. 바르게 계산하면 얼마일까요?

(　　　　　　　　　)

19 집에서 도서관까지의 거리는 $2\frac{4}{5}$ km이고, 집에서 소방서까지의 거리는 $4\frac{2}{5}$ km입니다. 집에서 도서관과 소방서 중 어느 곳이 몇 km 더 먼지 풀이 과정을 쓰고 답을 구해 보세요.

풀이 ....

....

....

....

답 　　　　　　　　　, 　　　

20 ☐ 안에 들어갈 수 있는 자연수 중에서 가장 큰 수는 얼마인지 풀이 과정을 쓰고 답을 구해 보세요.

$$1\frac{4}{9}+1\frac{7}{9}>\frac{\square}{9}$$

풀이 ....

....

....

....

답

➕ 꼭 나오는 유형

1 변의 길이에 따라 삼각형 분류하기

• 이등변삼각형: 두 변의 길이가 같은
  삼각형

• 정삼각형: 세 변의 길이가 같은
  삼각형

⚡ 길이가 같은 변이 2개이면 이등변삼각형, 3개이면 정삼각형
   이야.

1 막대 3개를 변으로 하여 정삼각형을 만들려고
합니다. 정삼각형을 만들 수 있는 것에 ○표
하세요.

(   )   (   )

2 이등변삼각형입니다. 삼각형의 세 변의 길이
의 합은 몇 cm인지 구해 보세요.

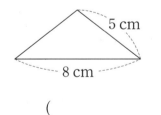

5 cm

8 cm

(   )

3 알맞은 말에 ○표 하세요.

이등변삼각형을 정삼각형이라고 할 수
(있습니다 , 없습니다).

2 이등변삼각형의 성질

이등변삼각형은 두 각의 크기
가 같습니다.

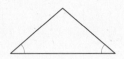

⚡ 이등변삼각형은 길이가 같은 두 변에 있는 두 각의 크기가 같아.

4 삼각형에 대한 설명으로 옳은 것에 ○표, **틀린**
것에 ✕표 하세요.

(1)

두 변의 길이가 같은 삼각
형은 두 각의 크기도 같습 (   )
니다.

(2)

두 각의 크기가 같은 삼각
형은 세 변의 길이가 같습 (   )
니다.

5 ☐ 안에 알맞은 수를 써넣으세요.

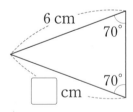

6 cm

70°

70°

☐ cm

🏃 점프 ☐ 안에 알맞은 수를 써넣으세요.

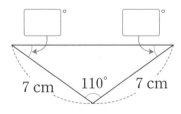

7 cm   110°   7 cm

3 정삼각형의 성질

정삼각형은 세 각의 크기가 같습니다.

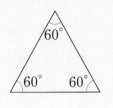

정삼각형의 한 각의 크기는 각각 60°야.

4 각의 크기에 따라 삼각형 분류하기

• 예각삼각형: 세 각이 모두 예각인 삼각형

• 둔각삼각형: 한 각이 둔각인 삼각형

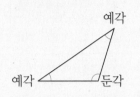

예각삼각형에는 예각이 3개 있고, 둔각삼각형에는 둔각 1개와 예각 2개가 있어.

6 정삼각형을 그리려고 합니다. 점 ㄱ과 점 ㄴ을 어느 점과 이어야 할까요? (   )

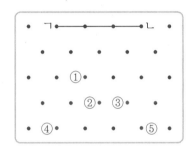

8 삼각형을 보고 알맞은 말에 ○표 하세요.

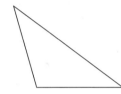

한 각이 (예각 , 둔각)이므로 (예각삼각형 , 둔각삼각형)입니다.

7 삼각형의 세 변의 길이의 합은 몇 cm일까요?

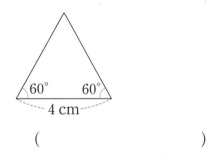

(   )

9 사각형에 선분을 한 개 그어 예각삼각형을 2개 만들어 보세요.

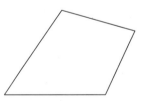

점프 다음에서 설명하는 삼각형의 한 변의 길이를 구해 보세요.

• 세 변의 길이의 합이 27 cm입니다.
• 두 각의 크기가 각각 60°입니다.

(   )

10 빨간 점 2개가 삼각형 안에 들어가도록 점 종이에 둔각삼각형을 그려 보세요.

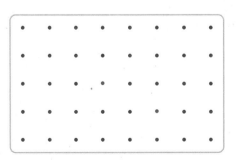

5 두 가지 기준으로 분류하기

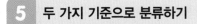

	예각 삼각형	직각 삼각형	둔각 삼각형
이등변삼각형	가	라	바
세 변의 길이가 모두 다른 삼각형	마	나	다

⚡ 이등변삼각형에는 예각삼각형, 직각삼각형, 둔각삼각형이 있어.

11 그림에 대한 설명이 맞으면 ○표, 틀리면 ✕표 하세요.

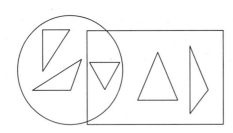

(1) 원 안에는 둔각삼각형이 없습니다. ( )

(2) 정삼각형은 원과 직사각형이 겹치는 곳에 있습니다. ( )

(3) 직사각형 안에는 이등변삼각형이 1개 있습니다. ( )

12 이등변삼각형이면서 둔각삼각형인 삼각형을 찾아 기호를 써 보세요.

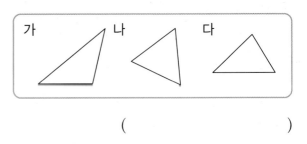

( )

13 삼각형의 일부가 지워졌습니다. 어떤 삼각형인지 이름을 모두 써 보세요.

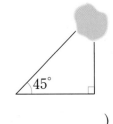

( )

14 4개의 정삼각형을 이어 붙여 만든 삼각형의 이름을 모두 써 보세요.

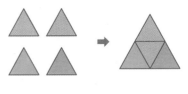

( )

🦘정프 똑같은 이등변삼각형 3개를 이어 붙여 만든 정삼각형입니다. 작은 이등변삼각형의 세 각의 크기를 구해 보세요.

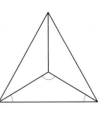

(, ,)

2

➕ 자주 틀리는 유형

---

1 삼각형의 각의 크기

삼각형의 세 각 중 두 각의 크기를 나타낸 것입니다. 둔각삼각형을 찾아 기호를 써 보세요.

> ㉠ 30°, 55°   ㉡ 70°, 20°
>
> ㉢ 65°, 35°   ㉣ 60°, 60°

(   )

알고 풀어요 ❗

둔각삼각형은 한 각이 둔각, 두 각이 예각이야.

---

2 삼각형의 변의 길이

다음에서 설명하는 삼각형의 다른 두 변의 길이로 가능한 것을 모두 구해 보세요.

> • 세 변의 길이의 합이 30 cm인 이등변삼각형입니다.
> • 한 변의 길이가 8 cm입니다.

(   ), (   )

알고 풀어요 ❗

한 변이 ●cm인 이등변삼각형의 세 변

(●cm, ●cm, ▲cm)
(●cm, ■cm, ■cm)

3 도형 밖의 각도

알고 풀어요 ⚠️

이등변삼각형은 두 각의 크기가 같고, 일직선은 180°야.

삼각형 ㄱㄴㄷ은 이등변삼각형입니다. ☐ 안에 알맞은 수를 써넣으세요.

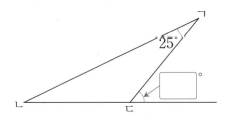

4 세 변의 길이의 합이 같은 두 삼각형

알고 풀어요 ⚠️

이등변삼각형에서 어떤 두 변의 길이가 같은지 그림을 살펴봐.

두 이등변삼각형의 세 변의 길이의 합은 같습니다. ☐ 안에 알맞은 수를 써넣으세요.

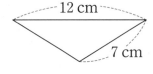 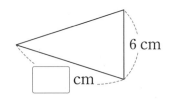

수시 평가 대비

[1~2] 그림을 보고 물음에 답하세요.

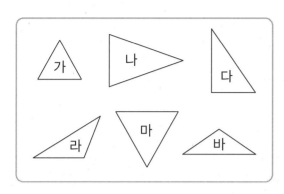

1 이등변삼각형을 모두 찾아 기호를 써 보세요.

( )

2 정삼각형을 모두 찾아 기호를 써 보세요.

( )

3 막대 3개를 변으로 하여 이등변삼각형을 만들려고 합니다. 이등변삼각형을 만들 수 있는 것을 찾아 ○표 하세요.

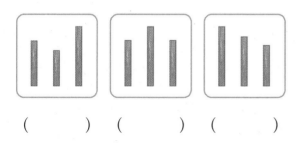

( ) ( ) ( )

4 정삼각형입니다. ☐ 안에 알맞은 수를 써넣으세요.

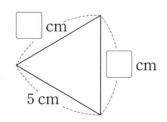

5 예각삼각형을 찾아 기호를 써 보세요.

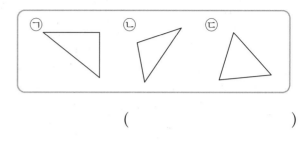

( )

6 사각형에 선분을 한 개 그어 둔각삼각형을 2개 만들어 보세요.

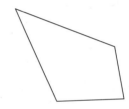

7 이등변삼각형입니다. ☐ 안에 알맞은 수를 써넣으세요.

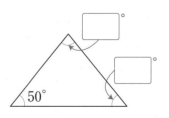

8 도형을 정삼각형으로 나누어 보세요.

9 삼각형에서 ㉠의 각도를 구해 보세요.

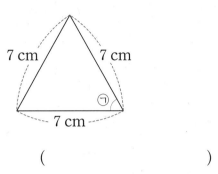

(   )

10 점 ㄱ과 점 ㄴ을 한 점과 이어서 예각삼각형을 그리려고 합니다. 어느 점과 이을 수 있는지 모두 고르세요. (   )

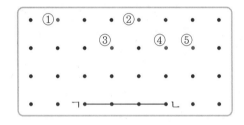

11 길이가 24 cm인 철사를 남기거나 겹치는 부분이 없이 구부려서 정삼각형을 한 개 만들었습니다. 정삼각형의 한 변의 길이는 몇 cm일까요?

(   )

12 정삼각형에 대해 바르게 말한 사람의 이름을 써 보세요.

> • 윤하: 모든 정삼각형은 변의 길이가 같아.
> • 석진: 모든 정삼각형은 각의 크기가 같아.
> • 주영: 모든 정삼각형은 둔각삼각형이야.

(   )

13 다음 삼각형의 이름이 될 수 있는 것을 모두 고르세요. (   )

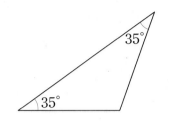

① 이등변삼각형   ② 정삼각형
③ 예각삼각형   ④ 직각삼각형
⑤ 둔각삼각형

14 직사각형 모양의 종이를 선을 따라 잘랐을 때 예각삼각형과 둔각삼각형을 각각 모두 찾아 기호를 써 보세요.

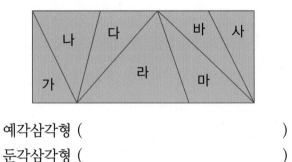

예각삼각형 (   )
둔각삼각형 (   )

15 빨간 점 2개가 삼각형 안에 들어가도록 점 종이에 예각삼각형을 그려 보세요.

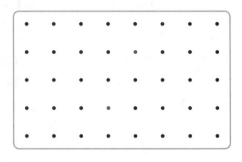

✏️ 서술형 문제

➔ 정답과 풀이 **49쪽**

16 이등변삼각형입니다. ☐ 안에 알맞은 수를 써넣으세요.

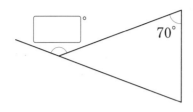

17 정삼각형 2개를 겹치지 않게 이어 붙여서 만든 사각형입니다. 각 ㄱㄴㄷ의 크기를 구해 보세요.

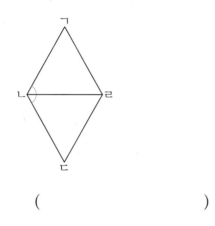

(   )

18 세 변의 길이의 합이 32 cm인 이등변삼각형이 있습니다. 이 삼각형의 한 변의 길이가 12 cm일 때 다른 두 변의 길이로 가능한 것을 모두 구해 보세요.

(   ), (   )

19 삼각형의 세 각 중 두 각의 크기를 나타낸 것입니다. 예각삼각형을 모두 찾아 기호를 쓰려고 합니다. 풀이 과정을 쓰고 답을 구해 보세요.

㉠ 55°, 15°	㉡ 60°, 60°
㉢ 30°, 50°	㉣ 75°, 20°

풀이 _____

_____

_____

_____

답 _____

20 삼각형에서 각 ㄱㄷㄴ의 크기는 몇 도인지 풀이 과정을 쓰고 답을 구해 보세요.

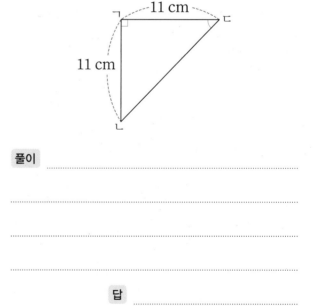

풀이 _____

_____

_____

_____

답 _____

3

➕ 꼭 나오는 유형

1 소수 두 자리 수

분수	소수	
	쓰기	읽기
$\dfrac{1}{100}$	0.01	영 점 영일
$\dfrac{27}{100}$	0.27	영 점 이칠

일	소수 첫째	소수 둘째
3	9	6
3		
0	9	
0	0	6

⚡ ■.▲● = ■+0.▲+0.0●야.

2 소수 세 자리 수

분수	소수	
	쓰기	읽기
$\dfrac{1}{1000}$	0.001	영 점 영영일
$\dfrac{549}{1000}$	0.549	영 점 오사구

일	소수 첫째	소수 둘째	소수 셋째
8	2	7	3
8			
0	2		
0	0	7	
0	0	0	3

⚡ ■.▲●★ = ■+0.▲+0.0●+0.00★이야.

1 분자의 오른쪽 끝에서부터 두 자리를 묶고, 분수를 소수로 나타내어 보세요.

(1) $\dfrac{1\,36}{100}$

(2) $\dfrac{72}{100}$

(3) $\dfrac{418}{100}$

(4) $\dfrac{590}{100}$

2 2.59를 만들기 위해 필요한 수를 모두 찾아 ○표 하세요.

0.5	0.9	2	0.20
5	0.09	0.05	0.90

점프 다음 카드의 수를 모아 8.46을 만들려고 합니다. 빈칸에 알맞은 수를 구해 보세요.

8   0.3   [ ]

(   )

3 다음 수들을 수직선과 연결하고 3과 가장 먼 소수를 찾아 써 보세요.

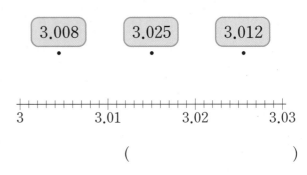

3.008   3.025   3.012

3   3.01   3.02   3.03

(   )

4 ☐ 안에 알맞은 수를 써넣으세요.

$$5.198 = 5 \;+\; \boxed{}$$
$$= 5.1 \;+\; \boxed{}$$
$$= 5.19 + \boxed{}$$

5 ☐ 안에 알맞은 수를 써넣으세요.

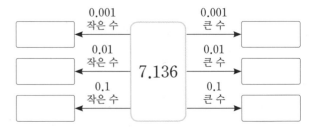

	0.001 작은 수	7.136	0.001 큰 수	
	0.01 작은 수		0.01 큰 수	
	0.1 작은 수		0.1 큰 수	

3 소수의 크기 비교

자연수 부분이 다를 때	4.19>2.53 └4>2┘
자연수 부분이 같을 때	1.68<1.92 └6<9┘
소수 첫째 자리까지 같을 때	0.351>0.347 └5>4┘
소수 둘째 자리까지 같을 때	2.043<2.046 └3<6┘

자연수 ➡ 소수 첫째 자리 ➡ 소수 둘째 자리 ➡ 소수 셋째 자리 순서로 소수의 크기를 비교하자.

6 두 수끼리 비교하여 큰 수와 작은 수를 각각 빈칸에 써넣으세요.

| 1.804 3.211 | 5.739 5.723 |

큰 수	작은 수

7 더 큰 수를 찾아 소수로 써 보세요.

- $\frac{1}{10}$이 6개, $\frac{1}{100}$이 8개인 수
- 영 점 칠영삼

( )

8 초록색 상자는 빨간색 상자보다 더 무겁고, 빨간색 상자는 파란색 상자보다 더 무겁습니다. 상자에 알맞은 색으로 색칠해 보세요.

0.142 kg   0.253 kg   0.186 kg

4 소수 사이의 관계

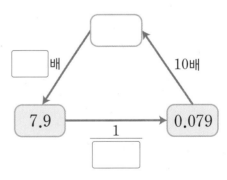

소수를 10배 하면 수가 커지고, 소수의 $\frac{1}{10}$을 하면 수가 작아져.

9 설명하는 수가 다른 하나를 찾아 기호를 써 보세요.

| ㉠ 35.8 | ㉡ 3.58의 $\frac{1}{10}$ |
| ㉢ 3580의 $\frac{1}{100}$ | ㉣ 0.358의 100배 |

( )

10 빈칸에 알맞은 수를 써넣으세요.

[ ]배   10배

7.9 → 0.079
    1
[ ]

점프 어떤 수의 $\frac{1}{100}$은 0.108입니다. 어떤 수는 얼마일까요?

( )

➕ 개념 적용

5	소수 한 자리 수의 계산

$$\begin{array}{r} \overset{1}{}\ \\ 0.5 \\ +\ 0.9 \\ \hline 1.4 \end{array} \qquad \begin{array}{r} \overset{0\ 10}{}\ \\ 1.2 \\ -\ 0.5 \\ \hline 0.7 \end{array}$$

소수점끼리 맞추어 세로로 쓰고
소수 첫째 자리 ➡ 자연수 순서로 계산합니다.

⚡ 0.1이 10개이면 1임을 이용하여 받아올림이나 받아내림을 하자.

6	소수 두 자리 수의 계산

$$\begin{array}{r} \overset{1\ 1}{}\ \\ 0.46 \\ +\ 0.85 \\ \hline 1.31 \end{array} \qquad \begin{array}{r} \overset{1\ 12\ 10}{}\ \\ 2.35 \\ -\ 0.69 \\ \hline 1.66 \end{array}$$

소수점끼리 맞추어 세로로 쓰고 소수 둘째 자리, 소수 첫째 자리, 자연수 순서로 계산합니다.

⚡ 0.01이 10개이면 0.1, 0.1이 10개이면 1임을 이용하여 받아올림이나 받아내림을 하자.

11 빈칸에 알맞은 수를 써넣으세요.

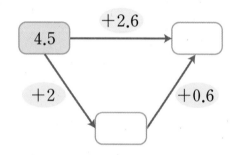

14 ☐ 안에 알맞은 수를 써넣으세요.

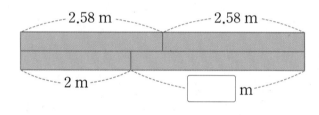

12 ☐ 안에 알맞은 수를 써넣으세요.

(1) $4.8 - 1.1 = \boxed{}$ (2) $5.2 - 2.5 = \boxed{}$

$4.8 - 1.3 = \boxed{}$ $5.5 - 2.5 = \boxed{}$

$4.8 - 1.5 = \boxed{}$ $5.8 - 2.5 = \boxed{}$

$4.8 - 1.7 = \boxed{}$ $6.1 - 2.5 = \boxed{}$

15 차가 더 크게 되도록 두 수 중 알맞은 수를 골라 뺄셈을 해 보세요.

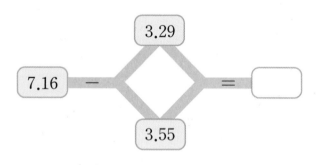

13 ☐ 안에 알맞은 수를 써넣으세요.

$$3.7 + \boxed{} = 5.5$$

$$5.5 - 3.7 = \boxed{}$$

16 ☐ 안에 알맞은 수를 써넣으세요.

$$\boxed{} + 4.15 = 6.12$$

$$1.97 + \boxed{} = 6.12$$

➕ 자주 틀리는 유형

1 몇 배인지 구하기

알고 풀어요 ❗

소수점을 기준으로 수가 왼쪽으로 이동하면 10배, 100배가 되고, 오른쪽으로 이동하면 $\frac{1}{10}$, $\frac{1}{100}$ 이 돼.

㉠이 나타내는 값은 ㉡이 나타내는 값의 몇 배인지 구해 보세요.

$$7.\underset{㉠}{4}\underset{㉡}{2}4$$

(   )

3

2 단위가 다른 길이의 비교

알고 풀어요 ❗

$100\,cm = 1\,m$
⬇
$1\,cm = 0.01\,m$

빨간색, 노란색, 보라색 테이프의 길이입니다. 길이가 긴 테이프부터 색깔을 차례대로 써 보세요.

- 빨간색: 2.36 m
- 노란색: 260 cm
- 보라색: 3.2 m

(   )

3 계산하지 않고 크기 비교하기

계산하지 않고 크기를 비교하여 ○ 안에 ＞, ＝, ＜를 알맞게 써넣으세요.

(1) $2.5+3.8$ ◯ $2.5+1.9$

(2) $1.9+6.1$ ◯ $3.9+6.1$

(3) $4.2-1.7$ ◯ $4.2-1.5$

(4) $9.2-5.5$ ◯ $8.3-5.5$

4 수직선 위의 두 소수의 계산

㉠과 ㉡이 나타내는 소수의 합과 차를 구해 보세요.

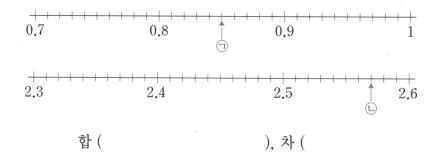

합 (   ), 차 (   )

수시 평가 대비

1 ☐ 안에 알맞은 수를 써넣으세요.

$$1.95=1+\boxed{}$$

$$=2-\boxed{}$$

2 3.478을 만들기 위해 필요한 수를 모두 찾아 ○표 하세요.

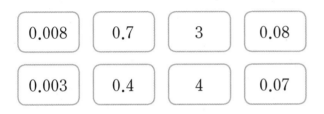

| 0.008 | 0.7 | 3 | 0.08 |

| 0.003 | 0.4 | 4 | 0.07 |

3 빈칸에 알맞은 수를 써넣으세요.

+	0.1	0.2	0.3
5.2			

4 보기 와 같은 규칙으로 빈칸에 알맞은 수를 써 넣으세요.

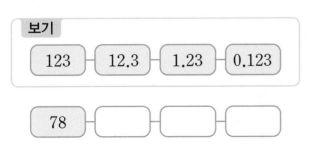

보기

123 — 12.3 — 1.23 — 0.123

78 — ☐ — ☐ — ☐

5 빈칸에 알맞은 수를 써넣으세요.

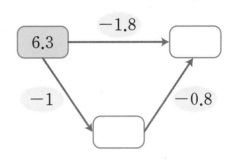

6 ☐ 안에 알맞은 수를 써넣으세요.

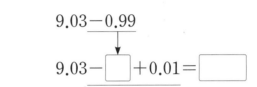

$$9.03-0.99$$

$$9.03-\boxed{}+0.01=\boxed{}$$

7 ☐ 안에 알맞은 수를 써넣으세요.

(1) 3은 0.3의 ☐ 배입니다.

(2) 0.062는 6.2의 ☐ 입니다.

8 양쪽의 두 수를 더해 1이 되어야 합니다. 빈칸에 알맞은 수를 써넣으세요.

1	
0.5	0.5
0.9	
0.99	
0.75	

9 빈칸에 알맞은 수를 써넣으세요.

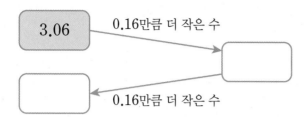

10 ●는 같은 수를 나타냅니다. ●에 알맞은 수를 구해 보세요.

$$●+●=6.12$$

( )

11 0.006과 같은 수를 찾아 기호를 써 보세요.

┌─────────────────────────────────┐
│ ㉠ 6의 $\dfrac{1}{100}$ ㉡ 0.06의 10배 │
│   │
│ ㉢ 0.6의 100배   ㉣ 0.06의 $\dfrac{1}{10}$ │
└─────────────────────────────────┘

( )

12 1이 5개, 0.1이 4개, 0.001이 18개인 수를 쓰고 읽어 보세요.

쓰기 ( )

읽기 ( )

13 0부터 9까지의 수 중에서 ☐ 안에 들어갈 수 있는 수를 모두 구해 보세요.

┌─────────────────────────┐
│   3.8☐5＞3.869   │
└─────────────────────────┘

( )

14 ㉡이 나타내는 값은 ㉠이 나타내는 값의 얼마인지 분수로 나타내어 보세요.

┌─────────────────┐
│   5.053   │
│   ㉠ ㉡   │
└─────────────────┘

( )

15 가장 큰 수와 가장 작은 수의 합과 차를 구해 보세요.

┌─────────────────────────────┐
│   4.3   2.8   6.5   7.2   │
└─────────────────────────────┘

합 ( )

차 ( )

16 ☐ 안에 알맞은 수를 써넣으세요.

```
      ☐ . 1
 −  2 . 5 ☐
 ─────────
    3 . ☐  2
```

17 ㉠과 ㉡ 중에서 더 큰 수의 기호를 써 보세요.

> • 2.35＋㉠＝4.01
> • ㉡−0.68＝1.24

(　　　　　　　　　)

18 두 그릇의 들이의 합은 몇 L인지 소수로 나타내어 보세요.

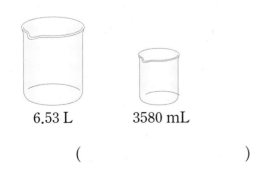

6.53 L　　　　3580 mL

(　　　　　　　　　)

19 0.01이 274개인 수에서 숫자 4가 나타내는 값은 얼마인지 풀이 과정을 쓰고 답을 구해 보세요.

풀이 ....

....

....

답 ....

20 어떤 수에서 0.88을 빼야 할 것을 잘못하여 더했더니 2.6이 되었습니다. 바르게 계산한 값은 얼마인지 풀이 과정을 쓰고 답을 구해 보세요.

풀이 ....

....

....

답 ....

3

1 수직과 수선

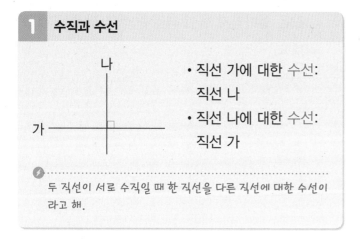

• 직선 가에 대한 수선: 직선 나
• 직선 나에 대한 수선: 직선 가

두 직선이 서로 수직일 때 한 직선을 다른 직선에 대한 수선이라고 해.

2 평행선

• 직선 나와 직선 다는 서로 평행합니다.
• 직선 나와 직선 다는 평행선입니다.

평행선은 아무리 늘여도 만나지 않아.

1 도형을 보고 수직인 변을 각각 찾아 써 보세요.

변 ㄱㄴ과 수직인 변 (   )
변 ㄴㄷ과 수직인 변 (   )

2 점 ㄱ을 지나고 직선 가에 대한 수선을 몇 개 그을 수 있을까요?

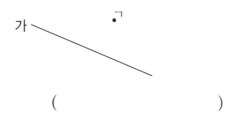

(   )

3 직선 가에 대한 수선이 직선 나일 때, ㉠의 각도를 구해 보세요.

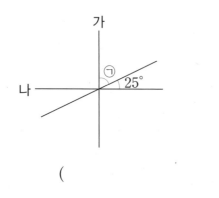

(   )

4 직선 가에서 3 cm 이동한 평행선을 그어 보세요.

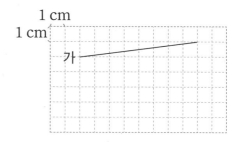

5 도형 가와 도형 나 중 평행한 변이 더 많은 도형을 써 보세요.

가   나

(   )

점프 주어진 변을 이용하여 평행한 변이 4쌍인 도형을 그려 보세요.

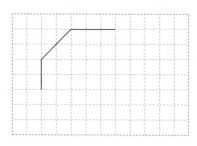

3 평행선 사이의 거리

- 평행선 사이의 거리: 평행선의 한 직선에서 다른 직선에 그은 수직인 선분의 길이

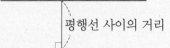

평행선 사이의 거리

⚡ 평행선 사이의 거리는 두 평행선 사이의 가장 짧은 선분의 길이야.

6 점 ㄱ과 어느 점을 이으면 평행선 사이의 거리를 잴 수 있을까요? (   )

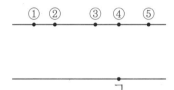

7 도형에서 평행선 사이의 거리를 구해 보세요.

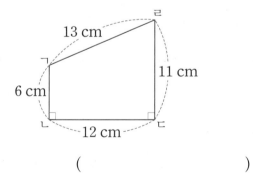

(   )

🦘 **점프** 네 변의 길이의 합이 20 cm인 정사각형입니다. 평행선 사이의 거리는 몇 cm일까요?

(   )

4 사다리꼴, 평행사변형

- 사다리꼴: 평행한 변이 한 쌍이라도 있는 사각형

- 평행사변형: 마주 보는 두 쌍의 변이 서로 평행한 사각형

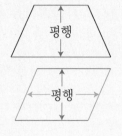

⚡ 평행사변형은 마주 보는 두 변의 길이, 두 각의 크기가 각각 같아.

8 평행사변형입니다. □ 안에 알맞은 수를 써넣으세요.

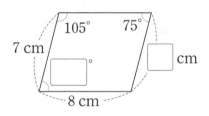

9 사각형 모양의 종이를 선을 따라 잘랐습니다. 잘라 낸 도형들 중 사다리꼴을 모두 찾아 써 보세요.

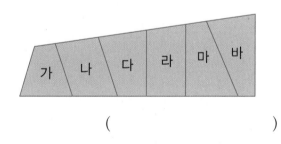

(   )

10 사각형 ㄱㄴㄷㄹ은 평행사변형입니다. ㉠의 각도를 구해 보세요.

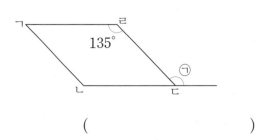

(   )

5 마름모

• 마름모: 네 변의 길이가 모두 같은 사각형

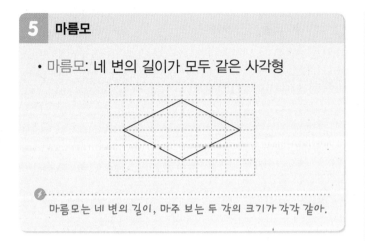

⚡ 마름모는 네 변의 길이, 마주 보는 두 각의 크기가 각각 같아.

6 여러 가지 사각형

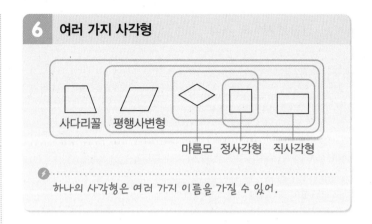

사다리꼴   평행사변형

마름모 정사각형 직사각형

⚡ 하나의 사각형은 여러 가지 이름을 가질 수 있어.

11 마름모입니다. ☐ 안에 알맞은 수를 써넣으세요.

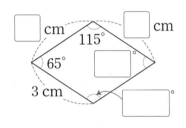

13 직사각형 모양의 종이띠를 선을 따라 잘랐습니다. 빈칸에 알맞은 기호를 모두 써넣으세요.

사다리꼴	평행사변형	마름모

12 마름모의 네 변의 길이의 합은 24 cm입니다. 변 ㄷㄹ의 길이는 몇 cm일까요?

(   )

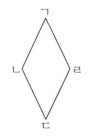

14 조건을 모두 만족하는 서로 다른 도형을 2개 그려 보세요.

• 네 변의 길이가 모두 같습니다.
• 마주 보는 두 각의 크기가 서로 같습니다.

🏃 점프 직사각형 가와 마름모 나의 네 변의 길이의 합이 같습니다. 마름모 나의 한 변의 길이를 구해 보세요.

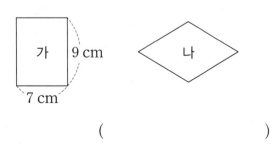

(   )

15 평행사변형 안에 있는 모양에 모두 ○표 하세요.

(♥ , ◉ , ♣ , ★)

1 평행선의 개수

알고 풀어요 ❗

평행한 직선 2개가
1쌍이 되는 거야.

그림에서 평행선은 모두 몇 쌍일까요?

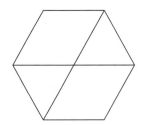

(   )

2 변의 길이의 합

알고 풀어요 ❗

만든 도형이 마름모
의 변 몇 개로 둘러
싸여 있는지 살펴봐.

크기가 같은 마름모 6개를 겹치지 않게 이어 붙여서 만든 도형입니다. 만든 도형의
이름을 쓰고, 이 도형의 네 변의 길이의 합은 몇 cm인지 구해 보세요.

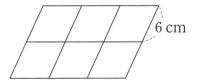

이름 (   )

네 변의 길이의 합 (   )

3 사각형의 성질

알고 풀어요 ❗

틀린 설명을 모두 찾아 기호를 써 보세요.

> ㉠ 사다리꼴은 마주 보는 두 각의 크기가 같습니다.
>
> ㉡ 마름모는 마주 보는 두 변이 서로 평행합니다.
>
> ㉢ 직사각형은 평행사변형이라고 할 수 있습니다.
>
> ㉣ 마름모는 정사각형이라고 할 수 있습니다.

(   )

4 크고 작은 평행사변형의 개수

알고 풀어요 ❗

작은 도형 1개, 2개, 3개……로 만들 수 있는 평행사변형의 개수를 각각 세어 더하자.

도형에서 찾을 수 있는 크고 작은 평행사변형은 몇 개일까요?

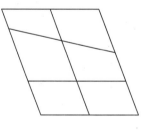

(   )

수시 평가 대비

1 도형에서 직각인 곳을 모두 찾아 ○표 하세요.

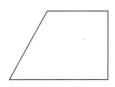

[2~3] 그림을 보고 물음에 답하세요.

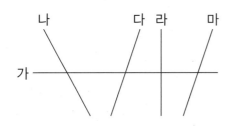

2 직선 가에 대한 수선을 찾아 써 보세요.

( )

3 서로 평행한 직선을 찾아 써 보세요.

( )

4 직선 가와 직선 나는 서로 평행합니다. 평행선 사이의 거리는 몇 cm일까요?

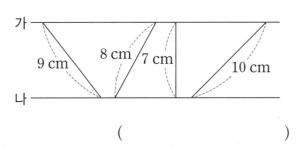

( )

5 평행사변형입니다. □ 안에 알맞은 수를 써넣으세요.

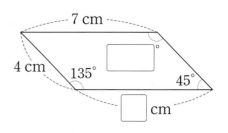

6 변 ㄱㄹ과 수직인 변은 모두 몇 개일까요?

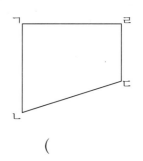

( )

7 점 종이에서 한 꼭짓점만 옮겨서 평행사변형을 만들어 보세요.

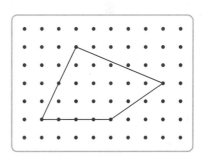

8 마름모입니다. 네 변의 길이의 합은 몇 cm일까요?

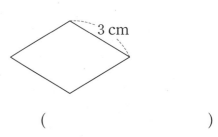

( )

9 오른쪽 도형이 정사각형이 아닌 이유를 써 보세요.

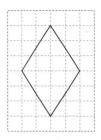

10 잘못 말한 사람을 찾아 이름을 써 보세요.

현준: 한 직선에 수직인 두 직선은 서로 평행해.
지아: 서로 수직인 두 직선은 1번 만나.
우석: 한 직선에 평행한 두 직선은 서로 수직으로 만나.

(   )

11 평행사변형에서 두 평행선 사이의 거리의 차를 자를 사용하여 구해 보세요.

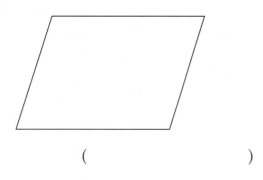

(   )

12 수선과 평행선을 모두 가지고 있는 글자는 몇 개일까요?

ㄴ ㄷ ㅁ ㅌ ㅎ

(   )

13 평행선과 동시에 거리가 1 cm가 되는 평행한 직선을 그어 보세요.

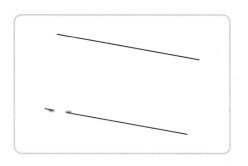

14 직선 가와 직선 나는 서로 수직입니다. ㉠의 각도를 구해 보세요.

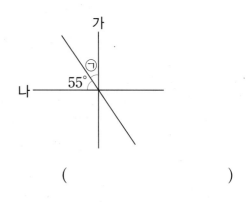

(   )

15 크기가 같은 정삼각형 2개를 겹치지 않게 이어 붙이면 어떤 도형이 되는지 모두 찾아 써 보세요.

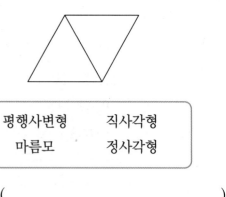

평행사변형   직사각형
마름모   정사각형

(   )

16 그림에서 찾을 수 있는 크고 작은 사다리꼴은 모두 몇 개일까요?

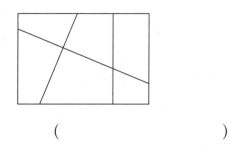

(   )

17 선분 ㄱㄴ과 선분 ㄷㄹ은 서로 수직입니다. 각 ㄱㄹㄷ을 3등분하였을 때 ㉠의 각도를 구해 보세요.

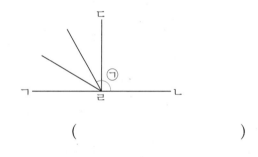

(   )

18 그림과 같이 직사각형 ㄱㄴㄷㄹ 안에 마름모 ㅁㅂㅅㅇ을 그렸습니다. 각 ㅇㅅㄷ의 크기를 구해 보세요.

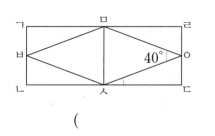

(   )

19 평행사변형 ㄱㄴㄷㄹ의 네 변의 길이의 합은 몇 cm인지 풀이 과정을 쓰고 답을 구해 보세요.

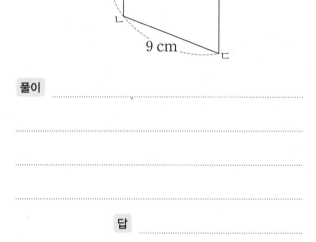

풀이 _____

_____

_____

답 _____

20 직선 가, 직선 나, 직선 다가 서로 평행할 때, 직선 가와 직선 다 사이의 거리는 몇 cm인지 풀이 과정을 쓰고 답을 구해 보세요.

풀이 _____

_____

_____

답 _____

➕ 꼭 나오는 유형

1 꺾은선그래프 알아보기

• 꺾은선그래프: 연속적으로 변화하는 양을 점으로 표시하고, 그 점들을 선분으로 이어 그린 그래프

⚡ ┈┈┈┈┈┈┈┈┈┈┈┈┈┈┈┈┈┈┈┈
수량을 막대그래프가 막대로 표시하듯이 꺾은선그래프는 점과 선분으로 표시해.

[1~2] 어느 가게의 7월의 에어컨 판매량을 조사하여 나타낸 꺾은선그래프입니다. 물음에 답하세요.

에어컨 판매량

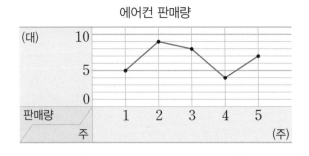

1 꺾은선은 무엇을 나타내나요?

( )

2 꺾은선그래프를 보고 표의 빈칸에 알맞은 수를 써넣으세요.

에어컨 판매량

주(주)	1	2	3	4	5
판매량(대)					

3 막대그래프로 나타내기 좋은 경우는 '막', 꺾은선그래프로 나타내기 좋은 경우는 '꺾'을 ☐ 안에 써넣으세요.

(1) 연도별 고양이의 무게 ☐

(2) 모둠 학생들이 좋아하는 음식 ☐

2 꺾은선그래프 내용 알아보기

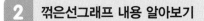

식물의 키

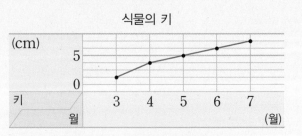

• 가로는 월, 세로는 키를 나타냅니다.
• 꺾은선은 식물의 키의 변화를 나타냅니다.

⚡ ┈┈┈┈┈┈┈┈┈┈┈┈┈┈┈┈┈┈┈┈
꺾은선그래프는 시간의 흐름에 따른 변화를 나타낼 때 이용해.

[4~5] 어느 저수지 수면의 높이를 조사하여 나타낸 꺾은선그래프입니다. 물음에 답하세요.

저수지 수면의 높이

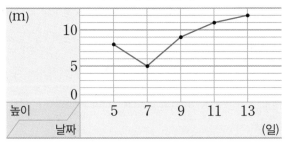

4 10일에 저수지 수면의 높이는 몇 m일까요?

( )

5 저수지 수면의 높이의 변화가 가장 작은 때는 며칠과 며칠 사이인가요?

( )

🔷점프 4~5번 꺾은선그래프에서 저수지 수면의 높이의 변화가 가장 큰 때는 며칠과 며칠 사이이고, 몇 m 변했는지 써 보세요.

( ), ( )

3 꺾은선그래프에서 물결선의 필요성

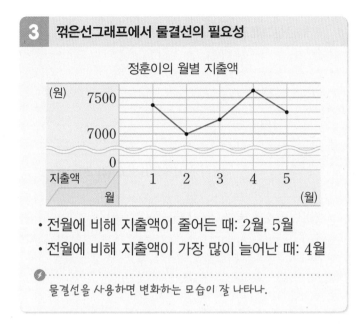

정훈이의 월별 지출액

· 전월에 비해 지출액이 줄어든 때: 2월, 5월
· 전월에 비해 지출액이 가장 많이 늘어난 때: 4월

물결선을 사용하면 변화하는 모습이 잘 나타나.

[6~8] 어느 공장의 컴퓨터 생산량을 월별로 조사하여 나타낸 꺾은선그래프입니다. 물음에 답하세요.

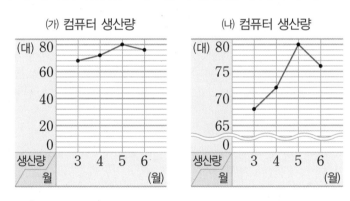

㈎ 컴퓨터 생산량   ㈏ 컴퓨터 생산량

6 6월의 컴퓨터 생산량은 몇 대인가요?

(　　　　　)

7 ㈏ 그래프의 물결선은 몇 대와 몇 대 사이에 있나요?

(　　　　　)

8 ㈎ 그래프와 ㈏ 그래프 중 컴퓨터 생산량의 변화가 더 크게 나타난 그래프는 어느 것인가요?

(　　　　　)

[9~11] 종현이가 운동을 한 시간을 조사하여 나타낸 꺾은선그래프입니다. 물음에 답하세요.

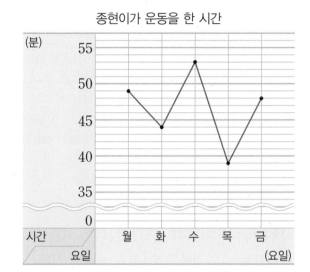

종현이가 운동을 한 시간

9 종현이가 운동을 48분 동안 한 날은 무슨 요일인가요?

(　　　　　)

10 종현이가 5일 동안 운동을 한 시간은 모두 몇 분인가요?

(　　　　　)

점프 종현이가 운동을 가장 많이 한 날과 가장 적게 한 날의 운동한 시간의 차를 구해 보세요.

(　　　　　)

11 꺾은선그래프를 보고 알 수 있는 내용을 2가지 써 보세요.

| 4 | 꺾은선그래프 그리기 |

• 꺾은선그래프를 그리는 방법
① 가로와 세로 중 조사한 수를 나타낼 곳 정하기
② 눈금 한 칸의 크기와 눈금의 수 정하기
③ 가로 눈금과 세로 눈금이 만나는 자리에 점 찍기
④ 점들을 선분으로 잇고, 제목 붙이기

⚡ 조사한 수 중에서 가장 큰 수를 나타낼 수 있도록 눈금의 수를 정하자.

[12~14] 재우네 마당의 온도를 나타낸 표를 보고 꺾은선그래프로 나타내려고 합니다. 물음에 답하세요.

마당의 온도

시각(시)	오전 10	오전 11	낮 12	오후 1	오후 2
온도(℃)	11.7	12.0	12.5	13.0	12.1

12 세로 눈금 한 칸은 몇 ℃를 나타내어야 할까요?

( )

13 꺾은선그래프를 그리는 데 꼭 필요한 부분은 몇 ℃부터 몇 ℃까지일까요?

( )

14 표를 보고 꺾은선그래프로 나타내어 보세요.

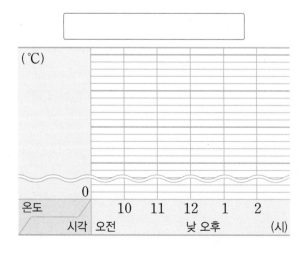

| 5 | 꺾은선그래프를 보고 예상하기 |

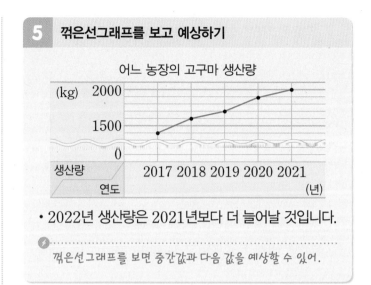

• 2022년 생산량은 2021년보다 더 늘어날 것입니다.

⚡ 꺾은선그래프를 보면 중간값과 다음 값을 예상할 수 있어.

[15~16] 어느 가게의 도넛 판매량을 조사하여 나타낸 꺾은선그래프입니다. 물음에 답하세요.

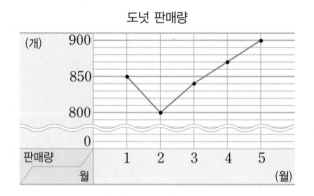

15 전달과 비교하여 도넛 판매량이 줄어든 때는 몇 월인가요?

( )

16 6월의 도넛 판매량은 5월과 비교하여 더 늘어날까요? 더 줄어들까요?

( )

🦘점프 15~16번 꺾은선그래프에서 7월의 도넛 판매량은 몇 개가 될지 예상해 보세요.

( )

1 세로 눈금 한 칸의 크기

알고 풀어요 ❗

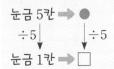

어느 공장의 연도별 연필 생산량을 조사하여 나타낸 꺾은선그래프입니다. 세로 눈금 한 칸은 몇 상자를 나타내나요?

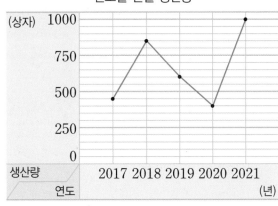

(   )

2 조사한 기간 동안의 변화량

알고 풀어요 ❗

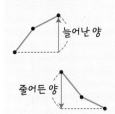

석진이의 몸무게를 조사하여 나타낸 꺾은선그래프입니다. 석진이의 몸무게는 조사한 기간 동안 몇 kg 줄었을까요?

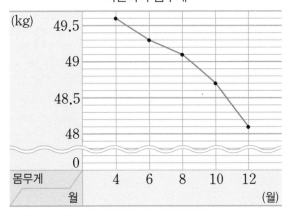

(   )

5

수시 평가 대비

[1~4] 어느 가게의 찐빵 판매량을 조사하여 나타낸 그래프입니다. 물음에 답하세요.

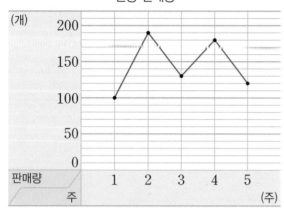

찐빵 판매량

1 위와 같은 그래프를 무엇이라고 하나요?

( )

2 가로와 세로는 각각 무엇을 나타내나요?

가로 ( )
세로 ( )

3 세로 눈금 한 칸은 몇 개를 나타내나요?

( )

4 3주에 판매한 찐빵은 몇 개인가요?

( )

[5~8] 세영이네 모둠 학생들이 읽은 책의 수를 조사하여 나타낸 표를 보고 꺾은선그래프로 나타내려고 합니다. 물음에 답하세요.

세영이네 모둠 학생들이 읽은 책의 수

월(월)	8	9	10	11	12
책의 수(권)	62	60	75	81	69

5 그래프를 그리는 데 꼭 필요한 부분은 몇 권부터 몇 권까지일까요?

( )

6 세로 눈금에 물결선은 몇 권과 몇 권 사이에 넣어야 할까요?

( )

7 세로 눈금 한 칸은 몇 권을 나타내어야 할까요?

( )

8 표를 보고 꺾은선그래프로 나타내어 보세요.

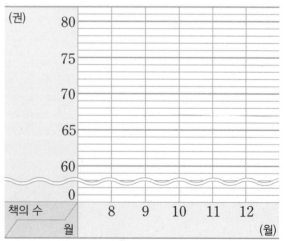

세영이네 모둠 학생들이 읽은 책의 수

[9~12] 어느 식물의 키를 조사하여 나타낸 꺾은선 그래프입니다. 물음에 답하세요.

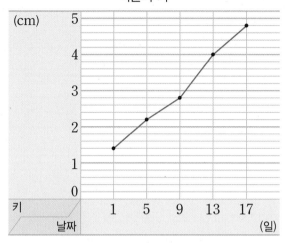

9 식물의 키가 4 cm보다 커지는 때는 며칠 이후 부터인가요?

( )

10 식물의 키가 2.2 cm인 날은 며칠인가요?

( )

11 그래프를 보고 표의 빈칸에 알맞은 수를 써넣으세요.

식물의 키

날짜(일)	1	5	9	13	17
키(cm)					

12 15일에 식물의 키는 몇 cm일까요?

( )

[13~15] 어느 박물관의 입장객 수를 조사하여 나타낸 꺾은선그래프입니다. 물음에 답하세요.

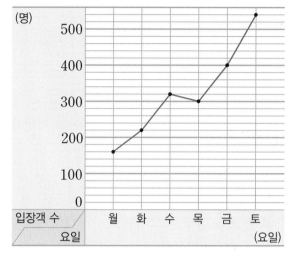

13 화요일의 입장객은 몇 명인가요?

( )

14 전날과 비교하여 입장객 수의 변화가 가장 적은 때는 무슨 요일인가요?

( )

15 전날과 비교하여 입장객 수의 변화가 가장 큰 때와 전날의 입장객 수의 차는 몇 명일까요?

( )

정답과 풀이 57쪽

[16~17] 지유의 100 m 달리기 기록을 조사하여 나타낸 표입니다. 물음에 답하세요.

지유의 100 m 달리기 기록

월(월)	3	4	5	6	7
기록(초)	19.9	20.5	20.2	19.5	19.3

16 기록의 변화를 한눈에 알아보기 쉬운 그래프는 막대그래프와 꺾은선그래프 중 어느 것인가요?

( )

17 표를 보고 알맞은 그래프로 나타내어 보세요.

지유의 100 m 달리기 기록

18 어느 가게의 딸기 주스와 사과 주스의 판매량을 조사하여 나타낸 꺾은선그래프입니다. 두 주스의 판매량의 차가 가장 큰 때는 며칠이고, 그때의 차는 몇 잔일까요?

딸기 주스와 사과 주스의 판매량

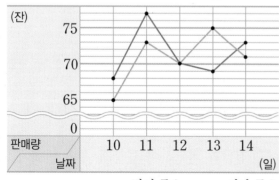

―― 딸기 주스 ―― 사과 주스

( ), ( )

[19~20] 어느 마을의 초등학생 수를 조사하여 나타낸 꺾은선그래프입니다. 물음에 답하세요.

초등학생 수

19 전년과 비교하여 초등학생 수가 더 늘어난 때는 몇 년인지 모두 구하려고 합니다. 풀이 과정을 쓰고 답을 구해 보세요.

풀이

답

20 초등학생 수가 가장 많은 때와 가장 적은 때의 초등학생 수의 차는 몇 명인지 풀이 과정을 쓰고 답을 구해 보세요.

풀이

답

6 다각형

➕ 꼭 나오는 유형

1 다각형

• 다각형: 선분으로만 둘러싸인 도형

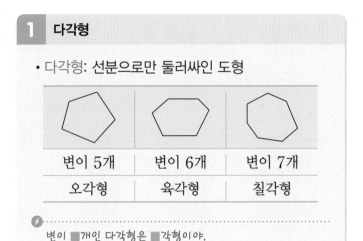

변이 5개	변이 6개	변이 7개
오각형	육각형	칠각형

⚡ 변이 ■개인 다각형은 ■각형이야.

2 정다각형

• 정다각형: 변의 길이가 모두 같고, 각의 크기가 모두 같은 다각형

변이 5개	변이 6개	변이 7개
정오각형	정육각형	정칠각형

⚡ 변이 ■개인 정다각형은 정■각형이야.

---

1 점 종이에 그려진 선분을 이용하여 오각형을 완성해 보세요.

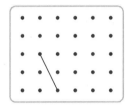

2 ◯ 안에 >, =, <를 알맞게 써넣으세요.

(1) 칠각형의 변의 수 ◯ 육각형의 각의 수

(2) 팔각형의 꼭짓점의 수 ◯ 팔각형의 변의 수

🏃점프 ㉠, ㉡, ㉢에 알맞은 수의 합을 구해 보세요.

• 육각형의 변은 ㉠개입니다.
• 삼각형의 꼭짓점은 ㉡개입니다.
• 구각형의 변은 ㉢개입니다.

(   )

3 벌집의 일부분입니다. 벌집에서 찾을 수 있는 정다각형의 이름을 써 보세요.

(   )

4 오른쪽 도형이 정다각형인지 아닌지 알아보고 그 이유를 써 보세요.

....

....

5 다음에서 설명하는 도형의 이름을 써 보세요.

• 8개의 선분으로 둘러싸여 있습니다.
• 변의 길이가 모두 같습니다.
• 각의 크기가 모두 같습니다.

(   )

6

6. 다각형 **41**

6 정다각형입니다. 모든 변의 길이의 합을 구해 보세요.

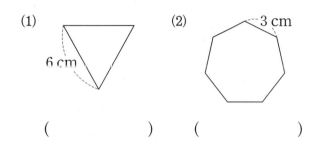

(1) 6 cm

(2) 3 cm

(   )   (   )

7 정다각형입니다. ☐ 안에 알맞은 수를 써넣으세요.

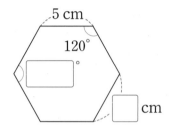

5 cm
120°
☐ °
☐ cm

8 정팔각형의 모든 각의 크기의 합이 1080°입니다. 정팔각형의 한 각의 크기는 몇 도일까요?

(   )

점프 정오각형은 3개의 삼각형으로 나눌 수 있습니다. 정오각형의 모든 각의 크기의 합과 한 각의 크기를 각각 구해 보세요.

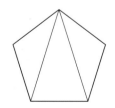

모든 각의 크기의 합 (   )
한 각의 크기 (   )

3 대각선

• 대각선: 다각형에서 서로 이웃하지 않는 두 꼭짓점을 이은 선분

대각선

⚡ 꼭짓점의 수가 많은 다각형일수록 대각선의 수가 많아.

9 다각형을 보고 ☐ 안에 알맞은 수를 써넣으세요.

• 한 꼭짓점에서 그을 수 있는 대각선: ☐ 개
• 다각형에 그을 수 있는 대각선: ☐ 개

[10~11] 사각형을 보고 물음에 답하세요.

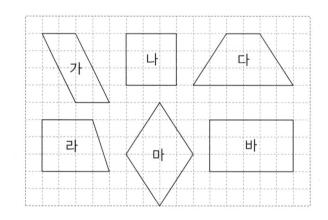

가   나   다
라   마   바

10 한 대각선이 다른 대각선을 반으로 나누는 사각형을 모두 찾아 기호를 써 보세요.

(   )

11 두 대각선이 서로 수직으로 만나는 사각형을 모두 찾아 기호를 써 보세요.

(   )

4 모양 만들기

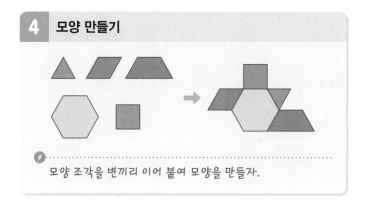

모양 조각을 변끼리 이어 붙여 모양을 만들자.

5 모양 채우기

• 모양 조각을 사용하여 정삼각형 채우기

➡ 모자라거나 남는 부분 없이 여러 가지 방법으로 채울 수 있습니다.

여러 가지 모양 또는 같은 모양을 여러 개 사용해서 채우자.

12 왼쪽 모양 조각을 사용하여 오른쪽 정육각형을 만들려고 합니다. 왼쪽 모양 조각은 오른쪽 정육각형의 얼마인지 분수로 나타내어 보세요.

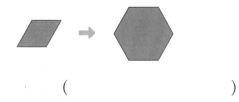

(   )

[13~14] 모양 조각을 보고 물음에 답하세요.

13 나 모양 조각 여러 개를 사용하여 만들 수 있는 도형을 모두 찾아 ○표 하세요.

평행사변형   정삼각형   직사각형   정육각형

14 모양 조각을 여러 번 사용하여 2가지 방법으로 사다리꼴을 만들어 보세요.

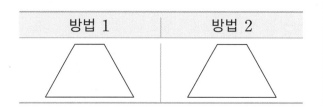

방법 1	방법 2

15 왼쪽 모양 조각을 모두 사용하여 정사각형을 채워 보세요.

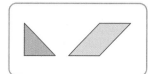

16 가, 나, 다 모양 조각으로 오른쪽 모양을 채우려고 합니다. 한 가지 모양 조각으로 채우려면 각각의 모양 조각이 몇 개 필요할까요?

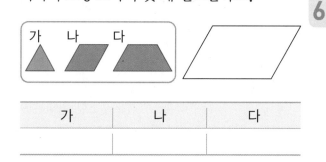

가	나	다

점프 **16**번의 가, 나, 다 모양 조각을 가장 적은 개수만큼 사용하여 다음 모양을 채우려고 합니다. 어떤 모양 조각을 몇 개 사용해야 하는지 구해 보세요.

(   )

6

알고 풀어요 ❗

이웃하지 않는 꼭짓
점끼리 이은 선분만
대각선이고, 꼭짓점
에서 변에 그은 선은
대각선이 아니야.

1 다각형의 대각선

육각형 ㄱㄴㄷㄹㅁㅂ에서 대각선을 나타내는 선분을 모두 찾아 써 보세요.

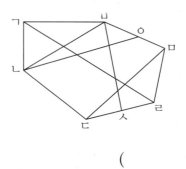

(   )

알고 풀어요 ❗

정■각형의 ■개의
변의 길이와 ■개의
각의 크기는 각각 같
아.

2 정다각형

정다각형에 대한 설명으로 <u>틀린</u> 것을 모두 찾아 기호를 쓰고 바르게 고쳐 보세요.

> ㉠ 변의 길이가 모두 같은 다각형은 정다각형입니다.
> ㉡ 마름모는 정다각형이 아닙니다.
> ㉢ 한 변의 길이가 2 cm인 정오각형의 모든 변의 길이의 합은 10 cm입니다.
> ㉣ 한 각의 크기가 120°인 정육각형의 모든 각의 크기의 합은 600°입니다.

---

3 사각형에서 대각선의 각도

알고 풀어요 ❗

마름모와 정사각형의
두 대각선은 서로 수
직으로 만나.

사각형 ㄱㄴㄷㄹ은 마름모입니다. 각 ㅁㄹㄷ의 크기는 몇 도일까요?

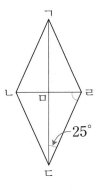

(   )

4 사각형에서 대각선의 길이

알고 풀어요 ❗

정사각형의 두 대각
선의 길이는 같고, 서
로를 반으로 나눠.

사각형 ㄱㄴㄷㄹ은 정사각형입니다. 선분 ㄱㅁ은 몇 cm일까요?

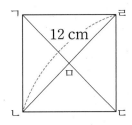

(   )

수시 평가 대비

[1~2] 도형을 보고 물음에 답하세요.

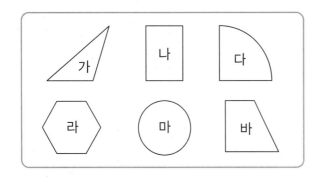

1 다각형을 모두 찾아 기호를 써 보세요.

( )

2 정다각형을 찾아 기호를 쓰고, 이름을 써 보세요.

( ), ( )

3 다각형에 대각선을 모두 그어 보고 대각선의 개수를 구해 보세요.

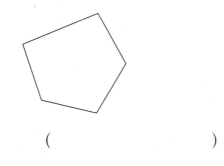

( )

4 도형이 다각형이 <u>아닌</u> 이유를 써 보세요.

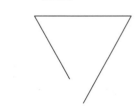

이유 ....

....

[5~6] 도형을 보고 물음에 답하세요.

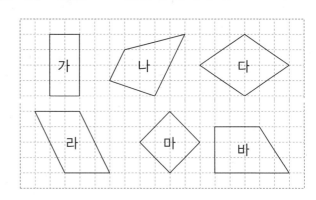

5 두 대각선의 길이가 같은 사각형을 모두 찾아 기호를 써 보세요.

( )

6 두 대각선이 서로 수직으로 만나는 사각형을 모두 찾아 기호를 써 보세요.

( )

7 다각형을 사용하여 꾸민 모양을 보고 모양을 채우고 있는 다각형의 이름을 써 보세요.

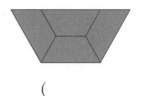

( )

8 다음을 모두 만족하는 도형의 이름을 써 보세요.

- 9개의 선분으로 둘러싸여 있습니다.
- 변의 길이가 모두 같습니다.
- 각의 크기가 모두 같습니다.

( )

[9~11] 모양 조각을 보고 물음에 답하세요.

9 모양 조각 중에서 정다각형을 모두 찾아 이름을 써 보세요.

( )

10 모양 조각을 사용하여 오각형을 만들어 보세요.

11 서로 다른 모양 조각을 사용하여 다음 모양을 채워 보세요.

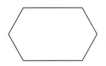

12 모양 나를 만들려면 모양 조각 가는 적어도 몇 개 필요할까요?

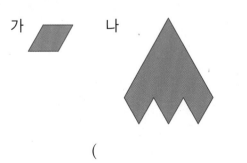

( )

13 정사각형 ㄱㄴㄷㄹ에서 각 ㄱㅁㄴ의 크기는 몇 도일까요?

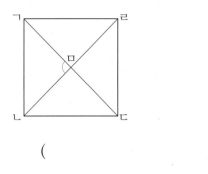

( )

14 직사각형 ㄱㄴㄷㄹ에서 선분 ㄴㄹ의 길이를 구해 보세요.

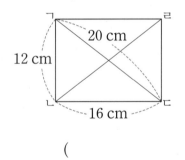

( )

15 철사를 사용하여 한 변이 4 cm인 정팔각형을 만들려고 합니다. 필요한 철사의 길이는 적어도 몇 cm일까요?

( )

16 평행사변형 ㄱㄴㄷㄹ에서 두 대각선의 길이의 합은 몇 cm일까요?

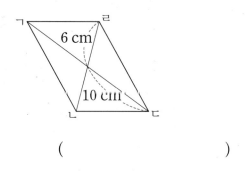

(   )

17 정오각형의 모든 각의 크기의 합을 구해 보세요.

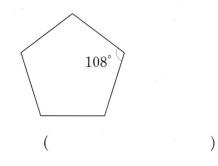

(   )

18 정육각형입니다. ㉠과 ㉡의 각도를 각각 구해 보세요.

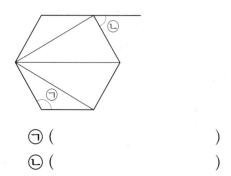

㉠ (   )
㉡ (   )

19 삼각형의 대각선의 수와 육각형의 대각선의 수의 차는 몇 개인지 풀이 과정을 쓰고 답을 구해 보세요.

풀이

답

20 직사각형 ㄱㄴㄷㄹ에서 각 ㅁㄹㄷ의 크기는 몇 도인지 풀이 과정을 쓰고 답을 구해 보세요.

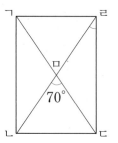

풀이

답

한걸음 한걸음 디딤돌을 걷다 보면
수학이 완성됩니다.

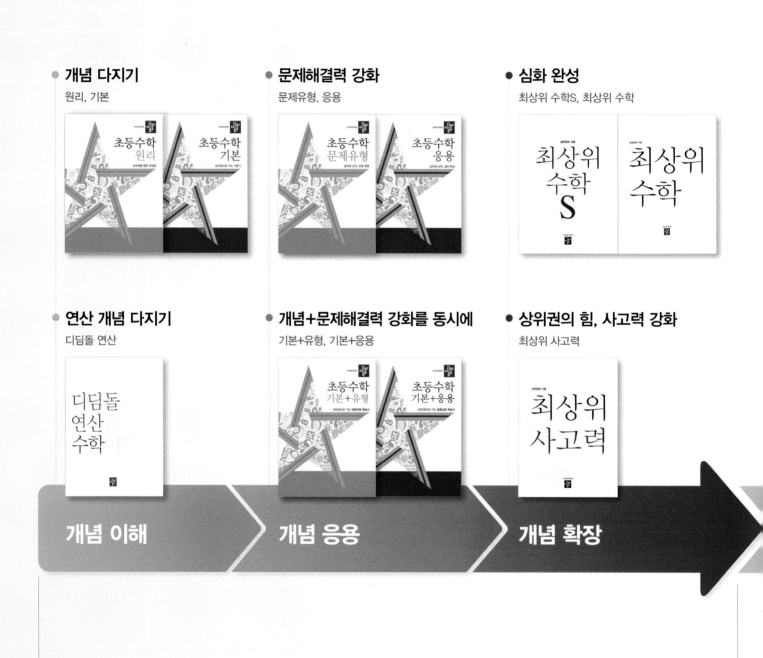

- **개념 다지기**
  원리, 기본

- **문제해결력 강화**
  문제유형, 응용

- **심화 완성**
  최상위 수학S, 최상위 수학

- **연산 개념 다지기**
  디딤돌 연산

- **개념+문제해결력 강화를 동시에**
  기본+유형, 기본+응용

- **상위권의 힘, 사고력 강화**
  최상위 사고력

개념 이해   **개념 응용**   **개념 확장**

학습 능력과 목표에 따라
맞춤형이 가능한 디딤돌 초등 수학

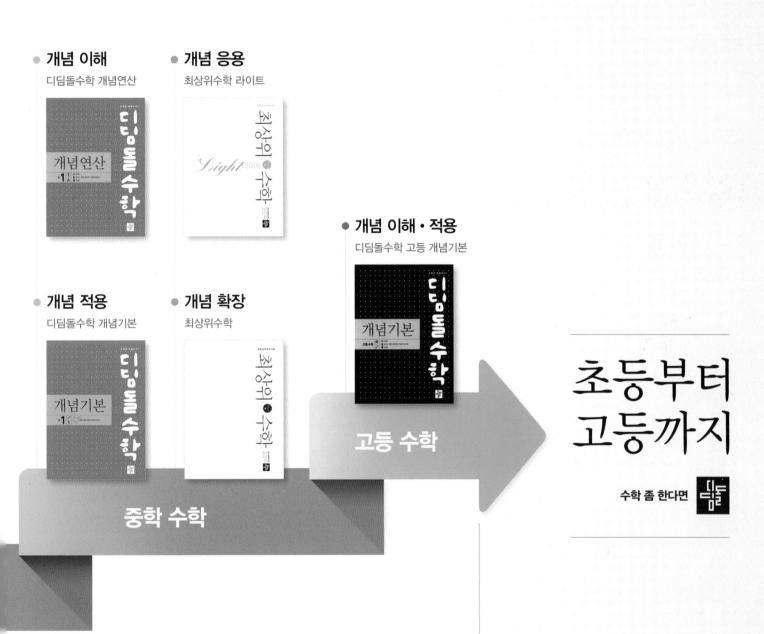

개념 이해
디딤돌수학 개념연산

개념 응용
최상위수학 라이트

개념 이해·적용
디딤돌수학 고등 개념기본

개념 적용
디딤돌수학 개념기본

개념 확장
최상위수학

고등 수학

중학 수학

초등부터
고등까지

수학 좀 한다면 디딤돌

개념을 이해하고, 깨우치고, 꺼내 쓰는
올바른 중고등 개념 학습서

상위권의 기준

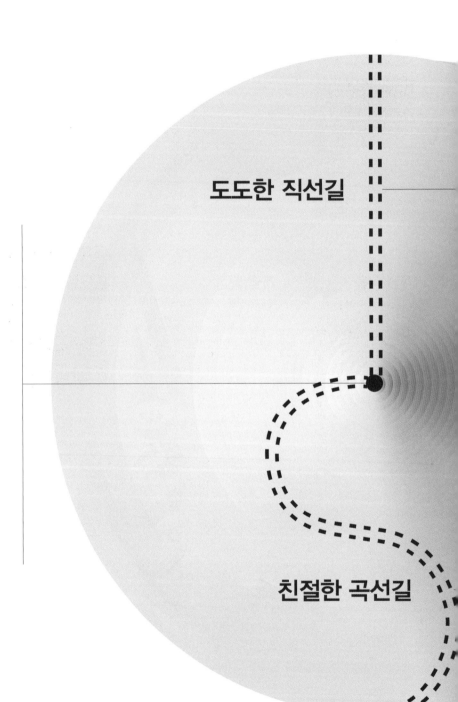

상위권의 기준

최상위
사고력

수학 좀 한다면

도도한 직선길

친절한 곡선길

문제유형 | 정답과 풀이

수학 좀 한다면

디딤돌

4 / 2

유형책 정답과 풀이

1 분수의 덧셈과 뺄셈

8~9쪽

개념을 짚어 보는 문제

1 (1) 2, 5, 7 (2) 4, 5, 9, 1, 3

2 $\dfrac{3}{6}$ / 5, 2, 3   **3** 2, 5 / 2, 1, 1, 3, 1

4 (1) 1, 2, 1, 2 (2) 2, 3, 2, 3

5 24, 13, 11 / 11, 1, 5   **6** 4 / 2, 1, 4 / 1, 2, 1, 2

STEP 1 교과서 ⊕ 익힘책 유형

10~15쪽

1 예  / 4   **2** $\dfrac{7}{8}$ / 1

준비 4, 8   **3** $\dfrac{6}{7}$, $\dfrac{10}{7}$

4 (1) $\boxed{\dfrac{2}{6}+\dfrac{4}{6}}+\dfrac{5}{6}$ / $\dfrac{5}{6}$, $1\dfrac{5}{6}$

(2) $\boxed{\dfrac{3}{8}+\dfrac{6}{8}}+\dfrac{5}{8}$ / $\dfrac{6}{8}$, $1\dfrac{6}{8}$

5 노란색   **6** 1

7 5   **😊8** 예 $\dfrac{3}{16}+\dfrac{12}{16}=\dfrac{15}{16}$

9 예  / 6   **10** $\dfrac{6}{13}$ / $\dfrac{5}{13}$ / $\dfrac{4}{13}$

11 $\dfrac{2}{3}$, $\dfrac{1}{3}$, $\dfrac{1}{3}$ **12** 예 (원 그림) / $\dfrac{4}{6}$

13 $\dfrac{2}{7}$ **😊14** 예 $\dfrac{7}{11}-\dfrac{4}{11}=\dfrac{3}{11}$

15

$\cancel{\dfrac{4}{9}}$	$\dfrac{2}{9}$	$\cancel{\dfrac{3}{9}}$
$\dfrac{2}{9}$	$\cancel{\dfrac{3}{9}}$	$\dfrac{4}{9}$
$\cancel{\dfrac{3}{9}}$	$\dfrac{4}{9}$	$\cancel{\dfrac{2}{9}}$

16 $9\dfrac{8}{9}$ / 10 / $10\dfrac{1}{9}$

준비 180   **17** $4\dfrac{2}{4}$

18 5, 1   **19** $5\dfrac{1}{3}$

20 $2\dfrac{3}{4}$ **21** 귤, 배

22 $5\dfrac{1}{5}$ **23** $1\dfrac{5}{7}$ / $1\dfrac{4}{7}$ / $1\dfrac{3}{7}$

24 $2\dfrac{3}{8}$ / $2\dfrac{3}{8}$, $3\dfrac{5}{8}$

25 $5\dfrac{9}{14}-4\dfrac{3}{14}=(5-4)+\left(\dfrac{9}{14}-\dfrac{3}{14}\right)$

$\qquad\qquad =1+\dfrac{6}{14}=1\dfrac{6}{14}$

26

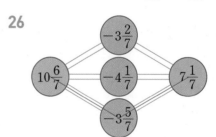

27 2등급   **28** (1) $3\dfrac{6}{16}$ (2) $4\dfrac{2}{20}$

29 (위에서부터) $2\dfrac{6}{15}$ / $\dfrac{5}{15}$, $1\dfrac{1}{15}$

30 $3\dfrac{1}{5}$ / $4\dfrac{1}{5}$ / $5\dfrac{1}{5}$

31 예 $3-1\dfrac{1}{6}=2\dfrac{6}{6}-1\dfrac{1}{6}=(2-1)+\left(\dfrac{6}{6}-\dfrac{1}{6}\right)$

$\qquad\qquad =1+\dfrac{5}{6}=1\dfrac{5}{6}$

😊32 예 1, 3 / 1, 1 /

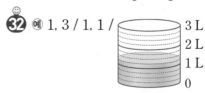

33 $1\dfrac{5}{16}$

34 ─────○──────┼──────┼─────

35 (1) 50 (2) 250   **36** 5, 14

37 9, 7, $\dfrac{1}{8}$ **38** $\dfrac{7}{12}$ / $\dfrac{6}{12}$ / $\dfrac{5}{12}$

39 (위에서부터) $3\dfrac{2}{8}$, $1\dfrac{7}{8}$ / $2\dfrac{6}{8}$

40 예 $3\dfrac{7}{18}+1\dfrac{13}{18}=5\dfrac{2}{18}$ / 예 $5\dfrac{2}{18}-1\dfrac{13}{18}=3\dfrac{7}{18}$

41 $2\dfrac{47}{50}$ g   준비 (1) 110 (2) 230

42 (1) $4\dfrac{7}{9}$ (2) $7\dfrac{5}{10}$

😊 **43** 예 $5\dfrac{2}{17}-3\dfrac{11}{17}$, 예 $6\dfrac{3}{17}-4\dfrac{12}{17}$

---

1 3조각에 1조각을 더하면 4조각이 됩니다.

2 · $\dfrac{4}{8}+\dfrac{3}{8}=\dfrac{4+3}{8}=\dfrac{7}{8}$

· $\dfrac{5}{8}+\dfrac{3}{8}=\dfrac{5+3}{8}=\dfrac{8}{8}=1$

더해지는 수가 $\dfrac{1}{8}$씩 커지면 계산 결과도 $\dfrac{1}{8}$씩 커집니다.

준비 2씩 더해 줍니다.

3 분자가 2씩 커집니다.

4 (1) 분자의 합이 6이 되는 분수끼리 묶습니다.
(2) 분자의 합이 8이 되는 분수끼리 묶습니다.

5 하늘색과 보라색 물을 섞으면 $\dfrac{2}{4}+\dfrac{1}{4}=\dfrac{3}{4}$이므로
노란색 물과 같은 소리가 납니다.

6 $\dfrac{1}{5}+\dfrac{1}{5}+\dfrac{1}{5}+\dfrac{1}{5}+\dfrac{1}{5}=\dfrac{1+1+1+1+1}{5}$
$=\dfrac{5}{5}=1$

7 ●+●=10이므로 ●=5입니다.

9 10조각에서 4조각을 빼면 6조각이 남습니다.

10 · $\dfrac{11}{13}-\dfrac{5}{13}=\dfrac{11-5}{13}=\dfrac{6}{13}$

· $\dfrac{10}{13}-\dfrac{5}{13}=\dfrac{10-5}{13}=\dfrac{5}{13}$

· $\dfrac{9}{13}-\dfrac{5}{13}=\dfrac{9-5}{13}=\dfrac{4}{13}$

빼어지는 수가 $\dfrac{1}{13}$씩 작아지면 계산 결과도 $\dfrac{1}{13}$씩 작아집니다.

11 자연수나 분수의 뺄셈은 큰 수에서 작은 수를 뺍니다.

12 1에서 $\dfrac{2}{6}$를 빼면 $\dfrac{6}{6}-\dfrac{2}{6}=\dfrac{4}{6}$입니다.

13 예 $\dfrac{1}{7}$이 6개인 수는 $\dfrac{6}{7}$, $\dfrac{1}{7}$이 4개인 수는 $\dfrac{4}{7}$이므로
$\dfrac{6}{7}-\dfrac{4}{7}=\dfrac{2}{7}$입니다.

평가 기준
$\dfrac{1}{■}$이 ●개인 수를 각각 구했나요?
두 분수의 차를 구했나요?

😊 내가 만드는 문제

14 분모는 11이고 분자의 차가 3인 분수를 찾아봅니다.

15 가로줄과 세로줄, 굵은 선을 따라 이루어진 분수의 분자의 합이 9가 되어야 합니다.

16 · $8\dfrac{7}{9}+1\dfrac{1}{9}=(8+1)+\left(\dfrac{7}{9}+\dfrac{1}{9}\right)=9+\dfrac{8}{9}=9\dfrac{8}{9}$

· $8\dfrac{7}{9}+1\dfrac{2}{9}=(8+1)+\left(\dfrac{7}{9}+\dfrac{2}{9}\right)=9+1=10$

· $8\dfrac{7}{9}+1\dfrac{3}{9}=(8+1)+\left(\dfrac{7}{9}+\dfrac{3}{9}\right)=9+1\dfrac{1}{9}=10\dfrac{1}{9}$

더하는 수가 $\dfrac{1}{9}$씩 커지면 계산 결과도 $\dfrac{1}{9}$씩 커집니다.

준비 123보다 57만큼 더 큰 수 ➡ 123+57=180

17 $1\dfrac{3}{4}+2\dfrac{3}{4}=(1+2)+\left(\dfrac{3}{4}+\dfrac{3}{4}\right)$
$=3+\dfrac{6}{4}=3+1\dfrac{2}{4}=4\dfrac{2}{4}$

18 $1\dfrac{3}{6}+3\dfrac{1}{6}=2\dfrac{⊙}{6}+ⓛ\dfrac{5}{6}$
$1\dfrac{3}{6}+3\dfrac{1}{6}=4\dfrac{4}{6}=3\dfrac{10}{6}$입니다.
$(2+ⓛ)+\left(\dfrac{⊙}{6}+\dfrac{5}{6}\right)=3\dfrac{10}{6}$이므로 ⊙+5=10,
⊙=5이고 2+ⓛ=3, ⓛ=1입니다.

19 ⊙=$1\dfrac{2}{3}$, ⓛ=$3\dfrac{2}{3}$이므로
⊙+ⓛ=$1\dfrac{2}{3}+3\dfrac{2}{3}=4\dfrac{4}{3}=5\dfrac{1}{3}$

20 $\dfrac{3}{4}+1\dfrac{2}{4}+\dfrac{2}{4}=\dfrac{3}{4}+\dfrac{6}{4}+\dfrac{2}{4}$

$\qquad\qquad=\dfrac{9}{4}+\dfrac{2}{4}=\dfrac{11}{4}=2\dfrac{3}{4}\text{(박)}$

21 $1\dfrac{3}{7}+3\dfrac{4}{7}=(1+3)+\left(\dfrac{3}{7}+\dfrac{4}{7}\right)=4+1=5\text{(kg)}$

22 더해지는 수는 ■가 3개, ▲가 2개이므로 $3\dfrac{2}{5}$이고

더하는 수는 ■가 1개, ▲가 4개이므로 $1\dfrac{4}{5}$입니다.

따라서 $3\dfrac{2}{5}+1\dfrac{4}{5}=(3+1)+\left(\dfrac{2}{5}+\dfrac{4}{5}\right)$

$\qquad\qquad=4+\dfrac{6}{5}=4+1\dfrac{1}{5}=5\dfrac{1}{5}$입니다.

23 · $3\dfrac{6}{7}-2\dfrac{1}{7}=(3-2)+\left(\dfrac{6}{7}-\dfrac{1}{7}\right)=1+\dfrac{5}{7}=1\dfrac{5}{7}$

· $3\dfrac{5}{7}-2\dfrac{1}{7}=(3-2)+\left(\dfrac{5}{7}-\dfrac{1}{7}\right)=1+\dfrac{4}{7}=1\dfrac{4}{7}$

· $3\dfrac{4}{7}-2\dfrac{1}{7}=(3-2)+\left(\dfrac{4}{7}-\dfrac{1}{7}\right)=1+\dfrac{3}{7}=1\dfrac{3}{7}$

빼어지는 수가 $\dfrac{1}{7}$씩 작아지면 계산 결과도 $\dfrac{1}{7}$씩 작아집니다.

26 $10\dfrac{6}{7}-3\dfrac{2}{7}=7\dfrac{4}{7}$, $10\dfrac{6}{7}-4\dfrac{1}{7}=6\dfrac{5}{7}$,

$10\dfrac{6}{7}-3\dfrac{5}{7}=7\dfrac{1}{7}$

27 수영이의 기록은 $11\dfrac{7}{10}-4\dfrac{5}{10}=7\dfrac{2}{10}\text{(cm)}$입니다.

따라서 수영이는 2등급입니다.

28 세 분수의 뺄셈은 앞에서부터 차례로 계산합니다.

(1) $6\dfrac{15}{16}-2\dfrac{3}{16}-1\dfrac{6}{16}=4\dfrac{12}{16}-1\dfrac{6}{16}=3\dfrac{6}{16}$

(2) $8\dfrac{17}{20}-1\dfrac{10}{20}-3\dfrac{5}{20}=7\dfrac{7}{20}-3\dfrac{5}{20}=4\dfrac{2}{20}$

29

```
        ┌─────┐
        │3 14 │
        │  15 │
        └─────┘
        ↙      ↘
   ┌──────┐   ┌──────┐
   │1  8  │   │  ㉠  │
   │  15  │   └──────┘
   └──────┘
   ↙    ↘     ↙     ↘
┌────┐ ┌──┐ ┌──┐ ┌────┐
│1 3 │ │㉡│ │㉢│ │1 5 │
│ 15 │ └──┘ └──┘ │ 15 │
└────┘           └────┘
```

㉠ $=3\dfrac{14}{15}-1\dfrac{8}{15}=2\dfrac{6}{15}$

㉡ $=1\dfrac{8}{15}-1\dfrac{3}{15}=\dfrac{5}{15}$

㉢ $=2\dfrac{6}{15}-1\dfrac{5}{15}=1\dfrac{1}{15}$

30 · $5-1\dfrac{4}{5}=4\dfrac{5}{5}-1\dfrac{4}{5}=3\dfrac{1}{5}$

· $6-1\dfrac{4}{5}=5\dfrac{5}{5}-1\dfrac{4}{5}=4\dfrac{1}{5}$

· $7-1\dfrac{4}{5}=6\dfrac{5}{5}-1\dfrac{4}{5}=5\dfrac{1}{5}$

빼어지는 수가 1씩 커지면 계산 결과도 1씩 커집니다.

31

평가 기준
$3-1\dfrac{1}{6}$을 바르게 계산했나요?

😊 내가 만드는 문제

㉜ 0과 1 L 사이가 4칸으로 나누어져 있으므로 1칸은 $\dfrac{1}{4}$ L

입니다. 마실 물의 양을 $1\dfrac{3}{4}$ L로 하면 남은 물의 양은

$3-1\dfrac{3}{4}=2\dfrac{4}{4}-1\dfrac{3}{4}=1\dfrac{1}{4}\text{(L)}$입니다.

참고 | 물을 3 L보다 많이 마실 수 없습니다.

33 $2-\dfrac{11}{16}=1\dfrac{16}{16}-\dfrac{11}{16}=1\dfrac{5}{16}\text{(kg)}$

34 $7-1\dfrac{5}{9}=6\dfrac{9}{9}-1\dfrac{5}{9}=5\dfrac{4}{9}$,

$8-3\dfrac{4}{9}=7\dfrac{9}{9}-3\dfrac{4}{9}=4\dfrac{5}{9}$,

$6-1\dfrac{7}{9}=5\dfrac{9}{9}-1\dfrac{7}{9}=4\dfrac{2}{9}$

35 (1) $4-3\dfrac{1}{2}=3\dfrac{2}{2}-3\dfrac{1}{2}=\dfrac{1}{2}\text{(m)}$

1 m$=100$ cm이므로 $\dfrac{1}{2}$ m$=50$ cm입니다.

(2) $5-4\dfrac{3}{4}=4\dfrac{4}{4}-4\dfrac{3}{4}=\dfrac{1}{4}\text{(km)}$

1 km$=1000$ m이므로 $\dfrac{1}{4}$ km$=250$ m입니다.

36 $13-11\dfrac{8}{12}=15\dfrac{㉠}{12}-㉡\dfrac{1}{12}$

$13-11\dfrac{8}{12}=12\dfrac{12}{12}-11\dfrac{8}{12}=1\dfrac{4}{12}$

㉠$-1=4$, ㉠$=5$이고 $15-㉡=1$, ㉡$=14$입니다.

37 $10-\dfrac{\bigcirc}{8}\dfrac{\bigcirc}{8}=\boxed{\dfrac{1}{8}}$

계산 결과 중 0이 아닌 가장 작은 값은 $\dfrac{1}{8}$입니다.

$10-\bigcirc\dfrac{\bigcirc}{8}=\dfrac{1}{8}$

➡ $\bigcirc\dfrac{\bigcirc}{8}=10-\dfrac{1}{8}=9\dfrac{8}{8}-\dfrac{1}{8}=9\dfrac{7}{8}$

따라서 $\bigcirc=9$, $\bigcirc=7$입니다.

38 · $5\dfrac{1}{12}-4\dfrac{6}{12}=4\dfrac{13}{12}-4\dfrac{6}{12}=\dfrac{7}{12}$

· $5\dfrac{1}{12}-4\dfrac{7}{12}=4\dfrac{13}{12}-4\dfrac{7}{12}=\dfrac{6}{12}$

· $5\dfrac{1}{12}-4\dfrac{8}{12}=4\dfrac{13}{12}-4\dfrac{8}{12}=\dfrac{5}{12}$

빼는 수가 $\dfrac{1}{12}$씩 커지면 계산 결과는 $\dfrac{1}{12}$씩 작아집니다.

39 $4\dfrac{5}{8}-1\dfrac{3}{8}=3\dfrac{2}{8}$, $3\dfrac{2}{8}-1\dfrac{3}{8}=2\dfrac{10}{8}-1\dfrac{3}{8}=1\dfrac{7}{8}$

$1\dfrac{7}{8}+\square=4\dfrac{5}{8}$

➡ $\square=4\dfrac{5}{8}-1\dfrac{7}{8}=3\dfrac{13}{8}-1\dfrac{7}{8}=2\dfrac{6}{8}$

40 0이 아닌 두 수를 더하면 계산 결과는 두 수보다 커지므로 계산 결과가 $5\dfrac{2}{18}$인 덧셈식을 만들고 덧셈식을 이용하여 뺄셈식을 만듭니다.

$3\dfrac{7}{18}+1\dfrac{13}{18}=5\dfrac{2}{18}$ $\qquad$ $1\dfrac{13}{18}+3\dfrac{7}{18}=5\dfrac{2}{18}$

$5\dfrac{2}{18}-1\dfrac{13}{18}=3\dfrac{7}{18}$ $\qquad$ $5\dfrac{2}{18}-3\dfrac{7}{18}=1\dfrac{13}{18}$

41 $4\dfrac{8}{50}-1\dfrac{11}{50}=3\dfrac{58}{50}-1\dfrac{11}{50}=2\dfrac{47}{50}$(g)

준비 (1) $125-15=110$

(2) $272-42=230$

42 (1) $6\dfrac{1}{9}-1\dfrac{3}{9}=5\dfrac{10}{9}-1\dfrac{3}{9}=4\dfrac{7}{9}$

(2) $8\dfrac{3}{10}-\dfrac{8}{10}=7\dfrac{13}{10}-\dfrac{8}{10}=7\dfrac{5}{10}$

😊 내가 만드는 문제
㊸ 계산 결과가 $1\dfrac{8}{17}$이 되는 뺄셈을 만들어 봅니다.

STEP 2 자주 틀리는 유형 16~18쪽

44 8 $\qquad\qquad$ **45** 7

46 3 $\qquad\qquad$ **47** (1) $2\dfrac{7}{9}$ (2) $3\dfrac{3}{6}$

48 $8-7\dfrac{5}{7}=7\dfrac{7}{7}-7\dfrac{5}{7}=(7-7)+\left(\dfrac{7}{7}-\dfrac{5}{7}\right)=\dfrac{2}{7}$

49 $5-2\dfrac{10}{11}=4\dfrac{11}{11}-2\dfrac{10}{11}$

$\qquad\qquad =(4-2)+\left(\dfrac{11}{11}-\dfrac{10}{11}\right)=2\dfrac{1}{11}$

50 $1\dfrac{6}{10}$ $\qquad\qquad$ **51** $7\dfrac{1}{3}+\dfrac{20}{3}=14$

52 $\dfrac{43}{5}-4\dfrac{2}{5}=4\dfrac{1}{5}$

53 ──────│───○───│──────

54 ──────│───────│───○──

55 ㉣

56 ⑩ $\dfrac{4}{5}$씩 커지는 규칙입니다.

57 $3\dfrac{1}{4}$, $5\dfrac{2}{4}$ $\qquad$ **58** $5\dfrac{6}{7}$, $3\dfrac{2}{7}$

59 2, 2 $\qquad\qquad$ **60** 7, $\dfrac{5}{13}$

61 (1) 3, $\dfrac{12}{15}$ (2) 13, $\dfrac{3}{10}$

---

44 $6\dfrac{4}{7}+1\dfrac{4}{7}=(6+1)+\left(\dfrac{4}{7}+\dfrac{4}{7}\right)$

$\qquad\qquad =7+\dfrac{8}{7}=7+1\dfrac{1}{7}=8\dfrac{1}{7}$

45 $9\dfrac{5}{8}-\square\dfrac{7}{8}=1\dfrac{6}{8}$,

$\square\dfrac{7}{8}=9\dfrac{5}{8}-1\dfrac{6}{8}=8\dfrac{13}{8}-1\dfrac{6}{8}=7\dfrac{7}{8}$

➡ $\square=7$

46 · $5\dfrac{2}{4}+1\dfrac{\square}{4}=7\dfrac{1}{4}$,

$1\dfrac{\square}{4}=7\dfrac{1}{4}-5\dfrac{2}{4}=6\dfrac{5}{4}-5\dfrac{2}{4}=1\dfrac{3}{4}$

· $8\dfrac{\square}{9}-2\dfrac{5}{9}=5\dfrac{7}{9}$, $8\dfrac{\square}{9}=5\dfrac{7}{9}+2\dfrac{5}{9}=7\dfrac{12}{9}=8\dfrac{3}{9}$

➡ $\square=3$

47 (1) $4-1\dfrac{2}{9}=3\dfrac{9}{9}-1\dfrac{2}{9}=2\dfrac{7}{9}$

(2) $6-2\dfrac{3}{6}=5\dfrac{6}{6}-2\dfrac{3}{6}=3\dfrac{3}{6}$

50 $7\dfrac{1}{10}-5\dfrac{5}{10}=6\dfrac{11}{10}-5\dfrac{5}{10}=1\dfrac{6}{10}$

51 계산 결과가 가장 큰 덧셈식은 가장 큰 수와 두 번째로 큰 수를 더해야 합니다.

$\dfrac{17}{3}=5\dfrac{2}{3}$, $\dfrac{20}{3}=6\dfrac{2}{3}$이므로

$7\dfrac{1}{3}+\dfrac{20}{3}=7\dfrac{1}{3}+6\dfrac{2}{3}=14$입니다.

52 계산 결과가 가장 큰 뺄셈식은 가장 큰 수에서 가장 작은 수를 빼야 합니다. $\dfrac{43}{5}=8\dfrac{3}{5}$, $\dfrac{31}{5}=6\dfrac{1}{5}$이므로

$\dfrac{43}{5}-4\dfrac{2}{5}=8\dfrac{3}{5}-4\dfrac{2}{5}=4\dfrac{1}{5}$입니다.

53 $5\dfrac{1}{7}+3\dfrac{3}{7}$에서 자연수끼리 더하면 8, 분수끼리 더하면 1이 넘지 않으므로 계산 결과는 8과 9 사이의 수입니다.

54 $8\dfrac{2}{5}-2\dfrac{4}{5}$에서 분수끼리 뺄 수 없으므로 자연수 1을 분수로 받아내림하면 자연수는 $7-2=5$이므로 계산 결과는 5와 6 사이의 수입니다.

55 ㉣ $14\dfrac{1}{5}+2\dfrac{1}{5}$에서 자연수끼리 더하면 $14+2=16$, 분수끼리 더하면 1이 넘지 않으므로 계산 결과는 16과 17 사이의 수입니다.

57 수가 $\dfrac{3}{4}$씩 커지므로 $2\dfrac{2}{4}+\dfrac{3}{4}=3\dfrac{1}{4}$, $4\dfrac{3}{4}+\dfrac{3}{4}=5\dfrac{2}{4}$입니다.

58 수가 $1\dfrac{2}{7}$씩 작아지므로 $7\dfrac{1}{7}-1\dfrac{2}{7}=5\dfrac{6}{7}$, $4\dfrac{4}{7}-1\dfrac{2}{7}=3\dfrac{2}{7}$입니다.

59 $5\dfrac{\boxed{㉠}}{3}+\boxed{㉡}\dfrac{2}{3}=8\dfrac{1}{3}$

$8\dfrac{1}{3}=7\dfrac{4}{3}$이면 $5+㉡=7$, $㉡=2$,
$㉠+2=4$, $㉠=2$입니다.

60 $\boxed{㉠}\dfrac{2}{13}-1\dfrac{\boxed{㉡}}{13}=5\dfrac{10}{13}$

분모는 모두 13으로 같습니다.
$13+2-㉡=10$, $15-㉡=10$, $㉡=5$,
$㉠-1-1=5$, $㉠=7$

61 (1) $\boxed{㉠}\dfrac{5}{15}-1\dfrac{\boxed{㉡}}{15}=5\dfrac{2}{15}$

분모는 모두 15로 같습니다.
$5\dfrac{2}{15}=4\dfrac{17}{15}$이므로 $5+㉡=17$, $㉡=12$,
$㉠+1=4$, $㉠=3$입니다.

(2) $\boxed{㉠}\dfrac{1}{10}-7\dfrac{\boxed{㉡}}{10}=5\dfrac{8}{10}$

분모는 모두 10으로 같습니다.
$10+1-㉡=8$, $11-㉡=8$, $㉡=3$,
$㉠-1-7=5$, $㉠=13$입니다.

STEP 3 응용 유형 19~22쪽

62 2	**63** $2\dfrac{2}{8}$	**64** $1\dfrac{6}{15}$
65 $\dfrac{3}{12}$, $\dfrac{6}{12}$	**66** $\dfrac{1}{4}$	**67** $\dfrac{2}{10}$
68 $\dfrac{6}{16}$	**69** $11\dfrac{2}{8}$	**70** $49\dfrac{4}{9}$
71 $29\dfrac{10}{13}$	**72** 4, 5, 6, 7, 8, 9	
73 5개	**74** 3개	**75** $\dfrac{8}{25}$
76 $\dfrac{16}{17}$	**77** $2\dfrac{4}{12}$	**78** $6\dfrac{5}{7}$ m
79 $1\dfrac{2}{5}$ kg	**80** 3 / $\dfrac{5}{9}$	**81** 1시간 5분
82 55분	**83** 오후 2시 5분	**84** $\dfrac{3}{7}$
85 $\dfrac{10}{11}$	**86** $5\dfrac{2}{8}$	

62 분모가 5인 진분수는 $\frac{1}{5}$, $\frac{2}{5}$, $\frac{3}{5}$, $\frac{4}{5}$입니다.

➡ $\frac{1}{5}+\frac{2}{5}+\frac{3}{5}+\frac{4}{5}=\frac{1+2+3+4}{5}=\frac{10}{5}=2$

참고 | 진분수는 분자가 분모보다 작은 분수입니다.

63 $\frac{4}{8}$보다 큰 진분수는 $\frac{5}{8}$, $\frac{6}{8}$, $\frac{7}{8}$입니다.

➡ $\frac{5}{8}+\frac{6}{8}+\frac{7}{8}=\frac{5+6+7}{8}=\frac{18}{8}=2\frac{2}{8}$

64 $\frac{7}{15}$보다 작은 진분수는 $\frac{1}{15}$, $\frac{2}{15}$, $\frac{3}{15}$, $\frac{4}{15}$, $\frac{5}{15}$, $\frac{6}{15}$입니다.

➡ $\frac{1}{15}+\frac{2}{15}+\frac{3}{15}+\frac{4}{15}+\frac{5}{15}+\frac{6}{15}$

$=\frac{1+2+3+4+5+6}{15}=\frac{21}{15}=1\frac{6}{15}$

65 분모가 12인 진분수는 $\frac{1}{12}$, $\frac{2}{12}$, $\frac{3}{12}$, $\frac{4}{12}$, $\frac{5}{12}$, $\frac{6}{12}$, $\frac{7}{12}$, $\frac{8}{12}$, $\frac{9}{12}$, $\frac{10}{12}$, $\frac{11}{12}$입니다.

➡ 1부터 11까지의 숫자 중 합이 9, 차가 3인 두 숫자는 3과 6이므로 $\frac{3}{12}$, $\frac{6}{12}$입니다.

66 주황색이 차지하는 양은 $\frac{1}{4}$, 초록색이 차지하는 양은 $\frac{2}{4}$이므로 주황색과 초록색이 차지하는 양의 차는 $\frac{1}{4}$입니다.

67 파란색이 차지하는 양은 $\frac{4}{10}$, 초록색이 차지하는 양은 $\frac{2}{10}$이므로 파란색과 초록색이 차지하는 양의 차는 $\frac{2}{10}$입니다.

68 노란색 조각은 초록색 조각이 2개 붙어 있는 모양이므로 $\frac{2}{16}+\frac{2}{16}=\frac{4}{16}$이고, 주황색 조각은 파란색 조각이 2개 붙어 있는 모양이므로 $\frac{1}{16}+\frac{1}{16}=\frac{2}{16}$입니다. 따라서 두 조각이 차지하는 양의 합은 $\frac{4}{16}+\frac{2}{16}=\frac{6}{16}$입니다.

69 만들 수 있는 가장 큰 대분수는 $7\frac{3}{8}$이고 가장 작은 대분수는 $3\frac{7}{8}$입니다.

따라서 두 대분수의 합은 $7\frac{3}{8}+3\frac{7}{8}=10\frac{10}{8}=11\frac{2}{8}$입니다.

70 만들 수 있는 가장 큰 대분수는 $64\frac{1}{9}$이고, 가장 작은 대분수는 $14\frac{6}{9}$입니다.

따라서 두 대분수의 차는

$64\frac{1}{9}-14\frac{6}{9}=63\frac{10}{9}-14\frac{6}{9}=49\frac{4}{9}$입니다.

71 만들 수 있는 가장 큰 대분수는 $87\frac{5}{13}$이고, 가장 작은 대분수는 $57\frac{8}{13}$입니다.

따라서 두 대분수의 차는

$87\frac{5}{13}-57\frac{8}{13}=86\frac{18}{13}-57\frac{8}{13}=29\frac{10}{13}$입니다.

72 $7\frac{9}{10}+5\frac{4}{10}=12+\frac{13}{10}=12+1\frac{3}{10}=13\frac{3}{10}$이므로 $13\frac{3}{10}<13\frac{\square}{10}$입니다. 따라서 $\square$ 안에 들어갈 수 있는 자연수는 4, 5, 6, 7, 8, 9입니다.

73 $5\frac{4}{9}-3\frac{7}{9}=4\frac{13}{9}-3\frac{7}{9}=1\frac{6}{9}$이므로 $1\frac{6}{9}>1\frac{\square}{9}$입니다. 따라서 $\square$ 안에 들어갈 수 있는 자연수는 1, 2, 3, 4, 5로 모두 5개입니다.

74 · $1\frac{6}{13}+1\frac{10}{13}=2\frac{16}{13}=3\frac{3}{13}$이므로 $3\frac{3}{13}<3\frac{\square}{13}$입니다. 따라서 $\square$ 안에 들어갈 수 있는 자연수는 4, 5, 6, 7, 8, 9, 10, 11, 12입니다.

· $7\frac{5}{13}-3\frac{11}{13}=6\frac{18}{13}-3\frac{11}{13}=3\frac{7}{13}$이므로 $3\frac{\square}{13}<3\frac{7}{13}$입니다. 따라서 $\square$ 안에 들어갈 수 있는 자연수는 1, 2, 3, 4, 5, 6입니다.

➡ $\square$ 안에 공통으로 들어갈 수 있는 자연수는 4, 5, 6으로 모두 3개입니다.

75 $\bullet=\frac{\square}{25}$라 할 때 분자끼리 더하면 $\square+\square+\square=24$, $\square=24\div3$, $\square=8$입니다. 따라서 $\bullet=\frac{8}{25}$입니다.

76 $1\frac{4}{17}+1\frac{4}{17}$이므로 $\bullet=1\frac{4}{17}$입니다.

$\blacklozenge+\blacklozenge=3\frac{2}{17}-1\frac{4}{17}=2\frac{19}{17}-1\frac{4}{17}=1\frac{15}{17}$

➡ $1\frac{15}{17}=\frac{32}{17}=\frac{16}{17}+\frac{16}{17}$이므로 $\blacklozenge=\frac{16}{17}$입니다.

77 $2\frac{2}{12}+2\frac{2}{12}=4\frac{4}{12}$이므로 ■$=2\frac{2}{12}$입니다.

▲$+$▲$=2\frac{6}{12}+2\frac{2}{12}=4\frac{8}{12}$

➡ $2\frac{4}{12}+2\frac{4}{12}=4\frac{8}{12}$이므로 ▲$=2\frac{4}{12}$입니다.

78 (필요한 색 테이프의 길이)$=2\times5=10$(m)

➡ (더 사야 하는 색 테이프의 길이)

$=10-3\frac{2}{7}=9\frac{7}{7}-3\frac{2}{7}=6\frac{5}{7}$(m)

79 (필요한 설탕의 양)

$=\frac{3}{5}+\frac{3}{5}+\frac{3}{5}+\frac{3}{5}+\frac{3}{5}+\frac{3}{5}=\frac{18}{5}=3\frac{3}{5}$(kg)

(더 준비해야 할 설탕의 양)$=3\frac{3}{5}-2\frac{1}{5}=1\frac{2}{5}$(kg)

80 (가래떡 3개를 만들고 남는 쌀의 양)

$=4\frac{5}{9}-1\frac{3}{9}-1\frac{3}{9}-1\frac{3}{9}=\frac{5}{9}$(kg)

$\frac{5}{9}$kg으로는 가래떡 1개를 만들 수 없으므로 가래떡은

3개를 만들 수 있고 쌀은 $\frac{5}{9}$kg이 남습니다.

81 $\frac{8}{12}+\frac{5}{12}=\frac{13}{12}=1\frac{1}{12}$(시간) ➡ 1시간 5분

82 $3-2\frac{1}{12}=2\frac{12}{12}-2\frac{1}{12}=\frac{11}{12}$(시간) ➡ 55분

83 $4-1\frac{11}{12}=3\frac{12}{12}-1\frac{11}{12}=2\frac{1}{12}$(시)

➡ 오후 2시 5분

84 $\frac{4}{7}$▲$\frac{5}{7}=\frac{4}{7}+\frac{4}{7}-\frac{5}{7}=\frac{8}{7}-\frac{5}{7}=\frac{3}{7}$

85 $3\frac{8}{11}\star1\frac{4}{11}=6-3\frac{8}{11}-1\frac{4}{11}$

$=5\frac{11}{11}-3\frac{8}{11}-1\frac{4}{11}$

$=2\frac{3}{11}-1\frac{4}{11}$

$=1\frac{14}{11}-1\frac{4}{11}=\frac{10}{11}$

86 $6\frac{3}{8}$■$2\frac{6}{8}=6\frac{3}{8}+1\frac{5}{8}-2\frac{6}{8}=7\frac{8}{8}-2\frac{6}{8}=5\frac{2}{8}$

---

1. 분수의 덧셈과 뺄셈 기출 단원 평가

기출 단원 평가

1 예 / 4

2 $2\frac{3}{4}$

3 1, 3 / 3, 1 / 3, 1

4 (1) $10\frac{2}{7}$ (2) $4\frac{6}{12}$

5 $\frac{7}{10}+\frac{8}{10}=\frac{7+8}{10}=\frac{15}{10}=1\frac{5}{10}$

6 $\frac{3}{16}$

7 $>$

8 $5\frac{4}{5}$ cm

9 ─────○───┬───┬─────

10 (위에서부터) $7\frac{2}{14}$ / $\frac{11}{14}$, $6\frac{3}{14}$

11 $3\frac{1}{4}$ / $1\frac{3}{4}$

12 $6\frac{1}{11}$

13 6

14 $7\frac{5}{7}-3\frac{6}{7}=3\frac{6}{7}$

15 $176\frac{4}{10}$ km

16 $\frac{3}{9}$, $\frac{5}{9}$

17 $39\frac{4}{8}$

18 $8\frac{9}{10}$

19 $3\frac{2}{5}$ km

20 3시간 55분

2 $1\frac{2}{4}+1\frac{1}{4}=2\frac{3}{4}$

4 (1) $5\frac{4}{7}+4\frac{5}{7}=(5+4)+\left(\frac{4}{7}+\frac{5}{7}\right)$

$=9\frac{9}{7}=10\frac{2}{7}$

(2) $6\frac{1}{12}-1\frac{7}{12}=5\frac{13}{12}-1\frac{7}{12}$

$=(5-1)+\left(\frac{13}{12}-\frac{7}{12}\right)$

$=4\frac{6}{12}$

6 $1-\frac{13}{16}=\frac{16}{16}-\frac{13}{16}=\frac{3}{16}$

7
$$2\frac{2}{9}+4\frac{8}{9}=(2+4)+\left(\frac{2}{9}+\frac{8}{9}\right)$$
$$=6+\frac{10}{9}=6+1\frac{1}{9}=7\frac{1}{9},$$
$$3\frac{7}{9}+\frac{20}{9}=\frac{34}{9}+\frac{20}{9}=\frac{54}{9}=6$$
➡ $7\frac{1}{9} \;\bigcirc\!\!\!> \; 6$

8
$$9\frac{2}{5}-3\frac{3}{5}=8\frac{7}{5}-3\frac{3}{5}$$
$$=(8-3)+\left(\frac{7}{5}-\frac{3}{5}\right)=5\frac{4}{5}(\text{cm})$$

9 $3\frac{7}{11}+1\frac{10}{11}$에서 자연수끼리 더하면 4, 분수끼리 더하면 1이 넘으므로 계산 결과는 5와 6 사이의 수입니다.

10

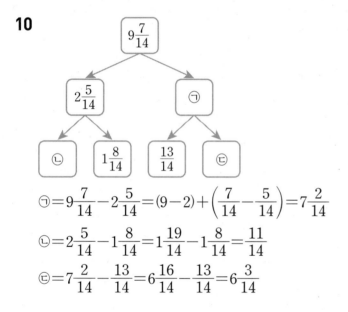

$$\bigcirc=9\frac{7}{14}-2\frac{5}{14}=(9-2)+\left(\frac{7}{14}-\frac{5}{14}\right)=7\frac{2}{14}$$
$$\bigcirc=2\frac{5}{14}-1\frac{8}{14}=1\frac{19}{14}-1\frac{8}{14}=\frac{11}{14}$$
$$\bigcirc=7\frac{2}{14}-\frac{13}{14}=6\frac{16}{14}-\frac{13}{14}=6\frac{3}{14}$$

11 $\bigcirc=\frac{3}{4}$, $\bigcirc=2\frac{2}{4}$이므로
$$\bigcirc+\bigcirc=\frac{3}{4}+2\frac{2}{4}=2\frac{5}{4}=3\frac{1}{4},$$
$$\bigcirc-\bigcirc=2\frac{2}{4}-\frac{3}{4}=1\frac{6}{4}-\frac{3}{4}=1\frac{3}{4}$$입니다.

12 $\square=2\frac{6}{11}+3\frac{6}{11}=5+\frac{12}{11}=5+1\frac{1}{11}=6\frac{1}{11}$

13 $\frac{5}{13}+\frac{\square}{13}=\frac{12}{13}$라 하면 $\frac{\square}{13}=\frac{12}{13}-\frac{5}{13}=\frac{7}{13}$이므로 □ 안에 들어갈 수 있는 자연수 중에서 가장 큰 수는 6입니다.

14
$$7\frac{5}{7}-3\frac{6}{7}=6\frac{12}{7}-3\frac{6}{7}$$
$$=(6-3)+\left(\frac{12}{7}-\frac{6}{7}\right)=3\frac{6}{7}$$

15
$$180\frac{2}{10}-3\frac{8}{10}=179\frac{12}{10}-3\frac{8}{10}$$
$$=(179-3)+\left(\frac{12}{10}-\frac{8}{10}\right)$$
$$=176\frac{4}{10}(\text{km})$$

16 분모가 9인 진분수는 $\frac{1}{9}, \frac{2}{9}, \frac{3}{9}, \frac{4}{9}, \frac{5}{9}, \frac{6}{9}, \frac{7}{9}, \frac{8}{9}$입니다.
➡ 1부터 8까지의 수 중 합이 8, 차가 2인 두 수는 3과 5이므로 $\frac{3}{9}, \frac{5}{9}$입니다.

17 만들 수 있는 가장 큰 대분수는 $63\frac{2}{8}$이고, 가장 작은 대분수는 $23\frac{6}{8}$입니다. 따라서 두 대분수의 차는
$$63\frac{2}{8}-23\frac{6}{8}=62\frac{10}{8}-23\frac{6}{8}$$
$$=(62-23)+\left(\frac{10}{8}-\frac{6}{8}\right)=39\frac{4}{8}$$입니다.

18
$$3\frac{9}{10} ♥ 6\frac{8}{10}=6-3\frac{9}{10}+6\frac{8}{10}$$
$$=5\frac{10}{10}-3\frac{9}{10}+6\frac{8}{10}$$
$$=2\frac{1}{10}+6\frac{8}{10}=8\frac{9}{10}$$

19 ⑩ (학교에서 소방서까지의 거리)=(집에서 소방서까지의 거리)−(집에서 학교까지의 거리)이므로
$$5-1\frac{3}{5}=4\frac{5}{5}-1\frac{3}{5}=3\frac{2}{5}(\text{km})$$입니다.

평가 기준	배점
학교에서 소방서까지의 거리를 구하는 식을 썼나요?	2점
학교에서 소방서까지의 거리를 구했나요?	3점

20 ⑩ 하은이가 오늘 공부한 시간은
$$2\frac{5}{12}+1\frac{6}{12}=3\frac{11}{12}(\text{시간})$$입니다.
따라서 하은이가 오늘 공부한 시간은 3시간 55분입니다.

평가 기준	배점
오늘 공부한 시간이 몇 시간인지 구했나요?	3점
분수를 몇 시간 몇 분으로 나타냈나요?	2점

2 삼각형

개념을 짚어 보는 문제   28~29쪽

1 나, 라, 마, 바 / 나, 바

2 예

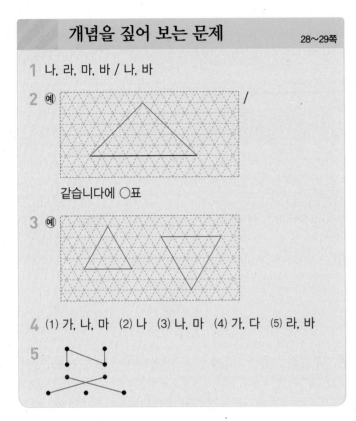

같습니다에 ○표

3 예

4 (1) 가, 나, 마 (2) 나 (3) 나, 마 (4) 가, 다 (5) 라, 바

5

---

1 이등변삼각형은 두 변의 길이가 같은 삼각형을, 정삼각형은 세 변의 길이가 같은 삼각형을 찾습니다.

3 정삼각형끼리 변의 길이는 달라도 세 각의 크기는 모두 같습니다.

4 (1) 두 변의 길이가 같은 삼각형을 찾습니다.
(2) 세 변의 길이가 같은 삼각형을 찾습니다.
(3) 세 각이 모두 예각인 삼각형을 찾습니다.
(4) 한 각이 직각인 삼각형을 찾습니다.
(5) 한 각이 둔각인 삼각형을 찾습니다.

1

	두 변의 길이가 같은 삼각형	세 변의 길이가 같은 삼각형
기호	가, 나, 라, 바	나, 바
이름	이등변삼각형	정삼각형

2 7   **3** 22 cm

4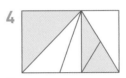

5 예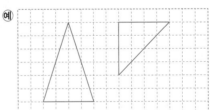

6 (   ) (○) (   )

7 예 정삼각형은 세 변의 길이가 모두 같으므로 두 변의 길이가 같은 이등변삼각형이라고 할 수 있습니다.

준비 ㉡   **8** ㉠, ㉣

9 80° / 50°   **10** 33 cm

11 예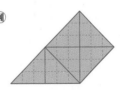

12 예

13 50°와 50°, 20°와 80°에 ○표

14 ③   **15** (1) 4 (2) 60

16 같은 점 예 각 삼각형의 세 변의 길이가 같습니다.
또는 세 각의 크기가 모두 60°로 같습니다.

다른 점 예 두 삼각형의 한 변의 길이가 서로 다릅니다.

17 39 cm

18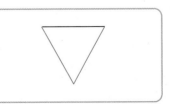

19 예

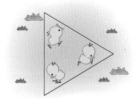

20

㉑ 예

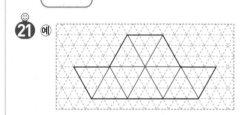

준비 (○)(×)(△)

22

예각삼각형	직각삼각형	둔각삼각형
다, 바	가, 마	나, 라

23 세에 ○표 / 예각삼각형에 ○표

24

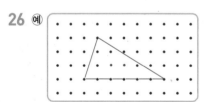

25 나, 다, 마, 아

26 예

27 예

28

	예각 삼각형	직각 삼각형	둔각 삼각형
이등변 삼각형	나, 마	가	다
세 변의 길이가 모두 다른 삼각형		바	라

29 (1) × (2) ○ (3) ○ (4) ×

30 ㉡   **31** 이등변삼각형, 예각삼각형

32 예각삼각형, 이등변삼각형, 정삼각형

33 예

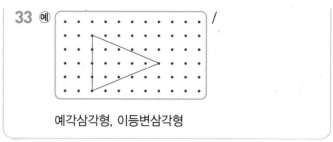

예각삼각형, 이등변삼각형

1

> 삼각형
> 이등변삼각형
> 정삼각형

2 정삼각형은 세 변의 길이가 모두 같은 삼각형입니다.

3 나머지 한 변의 길이는 8 cm입니다.
(세 변의 길이의 합)$=6+8+8=22$(cm)

4 두 변의 길이가 같은 삼각형을 모두 색칠합니다.

6 왼쪽과 오른쪽 삼각형은 두 변의 길이가 같은 이등변삼각형입니다.

7

평가 기준
이등변삼각형과 정삼각형의 관계를 설명했나요?

준비 ㉠ 삼각형은 3개의 선분으로 둘러싸여 있습니다.
㉢ 모든 변의 길이가 항상 같지는 않습니다.

8 ㉡ 꼭짓점은 3개가 있습니다.
㉢ 세 변의 길이가 항상 같지는 않습니다.

9 이등변삼각형이므로 ㉡$=50°$이고
㉠$=180°-50°-50°=80°$입니다.

10 두 각의 크기가 같으면 이등변삼각형이므로 두 변의 길이가 같습니다.
따라서 세 변의 길이의 합은 $15+9+9=33$(cm)입니다.

11 두 변이 2 cm인 이등변삼각형과 한 변이 2 cm이고 나머지 두 변의 길이가 같은 이등변삼각형으로 그릴 수 있습니다.

12 오른쪽 도형은 왼쪽 이등변삼각형 6개로 나누어 집니다.

13 이등변삼각형이므로 크기가 같은 두 각이 있어야 합니다. 크기가 같은 두 각의 크기가 각각 $80°$인 경우 나머지 한 각의 크기는 $180°-80°-80°=20°$가 될 수 있습니다. 나머지 두 각의 크기가 같은 경우 나머지 두 각의 크기의 합은 $180°-80°=100°$이므로 (나머지 두 각 중 한 각의 크기)$=100°÷2=50°$입니다. 따라서 나머지 두 각의 크기가 될 수 있는 각도는 $80°$와 $20°$, $50°$와 $50°$입니다.

14 선분의 양 끝점을 ③과 이으면 세 변의 길이가 같은 정삼각형이 만들어집니다.

15 (1) 세 각의 크기가 모두 $60°$인 삼각형이므로 정삼각형입니다. 한 변의 길이가 $4\,cm$이므로 다른 한 변의 길이도 모두 $4\,cm$입니다.
(2) 세 변의 길이가 같은 삼각형이므로 정삼각형입니다. 정삼각형의 한 각의 크기는 $60°$입니다.

16

평가 기준
두 삼각형의 같은 점과 다른 점을 한 가지씩 바르게 썼나요?

17 삼각형의 세 각의 크기의 합은 $180°$이므로 (나머지 한 각의 크기)$=180°-60°-60°=60°$입니다. 따라서 주어진 삼각형은 정삼각형이므로 삼각형의 세 변의 길이의 합은 $13+13+13=39(cm)$입니다.

18 자와 각도기를 이용하여 세 각의 크기가 모두 $60°$인 삼각형을 그립니다.

19 병아리 3마리가 모두 정삼각형 안에 들어갈 수 있게 그립니다.

20 파란색 큰 정삼각형과 주황색 작은 정삼각형이 반복되는 규칙입니다.

☺ 내가 만드는 문제
㉑ 세 변의 길이가 같은 삼각형으로 나누어 봅니다.

준비 $0°$보다 크고 직각보다 작은 각은 예각, 직각보다 크고 $180°$보다 작은 각은 둔각입니다.

24 한 각이 둔각인 삼각형이 2개 만들어 지도록 선분을 긋습니다.

25 세 각이 모두 예각인 삼각형은 나, 다, 마, 아입니다.

26 세 각이 모두 예각인 삼각형을 그립니다.

29 (1) 정삼각형은 사각형 안에 있습니다.
(4) 둔각삼각형이 사각형과 원 안에 모두 있습니다.

30 ㉠, ㉡, ㉢은 모두 이등변삼각형이고, ㉠은 둔각삼각형, ㉡은 예각삼각형, ㉢은 직각삼각형이므로 이등변삼각형이면서 예각삼각형인 삼각형은 ㉡입니다.

31 지워진 각의 크기는 $180°-50°-80°=50°$입니다. 두 각의 크기가 같으므로 이등변삼각형이고, 세 각이 모두 예각이므로 예각삼각형입니다.

32 세 변의 길이가 모두 같은 삼각형이므로 정삼각형입니다. 정삼각형은 예각삼각형도 되고 이등변삼각형도 됩니다.

34 ㉢	**35** ㉣	**36** ㉡, ㉢
37 ㉠, ㉣		

38 이등변삼각형, 정삼각형, 예각삼각형에 ○표

39 이등변삼각형, 직각삼각형

40 $7\,cm$, $9\,cm$		**41** 8, 11
42 $(14\,cm, 8\,cm)$, $(11\,cm, 11\,cm)$		
43 $6\,cm$	**44** $7\,cm$	**45** $8\,cm$
46 $50°$	**47** 140	**48** $115°$
49 9	**50** 4	**51** 12

34 삼각형의 세 각의 크기의 합은 $180°$이므로 나머지 한 각의 크기를 구해 보면 ㉠ $110°$, ㉡ $100°$, ㉢ $85°$, ㉣ $90°$입니다. 예각삼각형은 세 각이 모두 예각이므로 세 각이 모두 예각인 것은 ㉢입니다.

35 삼각형의 세 각의 크기의 합은 180°이므로 나머지 한 각의 크기를 구해 보면 ㉠ 70°, ㉡ 60°, ㉢ 90°, ㉣ 105°입니다.
둔각삼각형은 한 각이 둔각이므로 한 각이 둔각인 것은 ㉣입니다.

36 삼각형의 세 각의 크기의 합은 180°이므로 나머지 한 각의 크기를 구해 보면 ㉠ 45°, ㉡ 70°, ㉢ 40°, ㉣ 30°입니다.
이등변삼각형은 두 각이 같아야 하므로 두 각이 같은 것은 ㉡, ㉢입니다.

37 (나머지 한 각의 크기)=180°−35°−35°=110°
두 각의 크기가 같으므로 이등변삼각형이고,
한 각이 둔각이므로 둔각삼각형입니다.

38 (나머지 한 각의 크기)=180°−60°−60°=60°
세 각의 크기가 같으므로 정삼각형이고, 정삼각형은 이등변삼각형입니다. 세 각이 모두 예각이므로 예각삼각형입니다.

39 (나머지 한 각의 크기)=180°−45°−45°=90°
두 각의 크기가 같으므로 이등변삼각형이고, 한 각이 직각이므로 직각삼각형입니다.

40 이등변삼각형은 두 변의 길이가 같아야 하므로 나머지 한 변의 길이는 7 cm 또는 9 cm이어야 합니다.

41 이등변삼각형은 두 변의 길이가 같아야 하므로 나머지 한 변의 길이는 8 cm 또는 11 cm이어야 합니다.

42 14 cm인 변이 2개일 때 나머지 한 변은
36−14−14=8(cm)입니다.
다른 두 변의 길이가 같을 때 36−14=22이므로 두 변의 길이는 각각 22÷2=11(cm)이어야 합니다.

43 굵은 선의 길이는 정삼각형의 한 변의 길이의 4배이므로
(정삼각형의 한 변의 길이)=24÷4=6(cm)입니다.

44 굵은 선의 길이는 정삼각형의 한 변의 길이의 5배이므로
(정삼각형의 한 변의 길이)=35÷5=7(cm)입니다.

45 굵은 선의 길이는 정삼각형의 한 변의 길이의 6배이므로
(정삼각형의 한 변의 길이)=48÷6=8(cm)입니다.

46

㉡=25°, ㉢=180°−25°−25°=130°
➡ ㉠=180°−㉢=180°−130°=50°

47
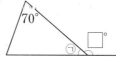
이등변삼각형은 두 각의 크기가 같으므로
㉠=180°−70°−70°=40°,
□°=180°−40°=140°입니다.

48 (각 ㄱㄷㄴ)+(각 ㄱㄷㄴ)=180°−50°=130°
(각 ㄱㄷㄴ)=(각 ㄱㄷㄴ)=130°÷2=65°
(각 ㄱㄴㄹ)=180°−65°=115°

49 왼쪽 이등변삼각형의 세 변의 길이의 합은
8+8+10=26(cm)입니다.
오른쪽 이등변삼각형의 세 변의 길이의 합도 26 cm이고 나머지 한 변의 길이는 □ cm입니다.
□+□+8=26, □+□=18, □=9

50 왼쪽 이등변삼각형의 세 변의 길이의 합은
5+5+7=17(cm)입니다.
오른쪽 이등변삼각형의 세 변의 길이의 합도 17 cm이고 나머지 한 변의 길이는 □ cm입니다.
□+□+9=17, □+□=8, □=4

51 정삼각형의 세 변의 길이의 합은 9+9+9=27(cm)입니다.
오른쪽 이등변삼각형의 세 변의 길이의 합도 27 cm이고 나머지 한 변의 길이는 □ cm입니다.
□+□+3=27, □+□=24, □=12

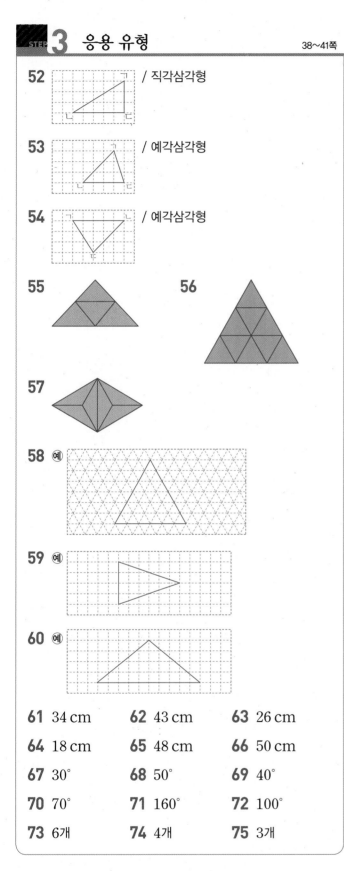

52 / 직각삼각형

53 / 예각삼각형

54 / 예각삼각형

55

56

57

58 예

59 예

60 예

61 34 cm	**62** 43 cm	**63** 26 cm
64 18 cm	**65** 48 cm	**66** 50 cm
67 30°	**68** 50°	**69** 40°
70 70°	**71** 160°	**72** 100°
73 6개	**74** 4개	**75** 3개

52 한 각이 직각이므로 직각삼각형입니다.

53 세 각이 모두 예각이므로 예각삼각형입니다.

54 세 각이 모두 예각이므로 예각삼각형입니다.

55 왼쪽 이등변삼각형 4개로 오른쪽 이등변삼각형을 덮을 수 있습니다.

56 왼쪽 정삼각형 9개로 오른쪽 정삼각형을 덮을 수 있습니다.

57 왼쪽 둔각삼각형 6개로 오른쪽 도형을 덮을 수 있습니다.

58 세 변의 길이가 같은 삼각형은 정삼각형입니다.

59 두 변의 길이가 같은 삼각형은 이등변삼각형입니다.
세 각이 모두 예각인 삼각형은 예각삼각형입니다.

60 두 변의 길이가 같은 삼각형은 이등변삼각형입니다.
한 각이 둔각인 삼각형은 둔각삼각형입니다.

61 삼각형 ㄱㄴㄷ은 이등변삼각형이므로
(변 ㄱㄴ)=(변 ㄱㄷ)입니다.
세 변의 길이의 합이 24 cm이고
(변 ㄱㄴ)+(변 ㄱㄷ)=24−10=14(cm)이므로
(변 ㄱㄴ)=(변 ㄱㄷ)=7 cm입니다.
따라서 (사각형 ㄱㄴㄷㄹ의 네 변의 길이의 합)
=7+7+10+10=34(cm)입니다.

62 삼각형 ㄱㄴㄷ은 이등변삼각형이므로
(변 ㄱㄴ)=(변 ㄱㄷ)입니다.
세 변의 길이의 합이 37 cm이므로
(변 ㄴㄷ)=37−14−14=9(cm)입니다.
(변 ㄷㄹ)=(변 ㄱㄹ)=10 cm이므로
(사각형 ㄱㄴㄷㄹ의 네 변의 길이의 합)
=14+9+10+10=43(cm)입니다.

63 삼각형 ㄱㄴㄷ은 이등변삼각형이므로
(변 ㄱㄴ)=(변 ㄴㄷ)입니다.
세 변의 길이의 합이 18 cm이므로
(변 ㄱㄷ)=18−5−5=8(cm)입니다.
정삼각형은 세 변의 길이가 모두 같으므로
(사각형 ㄱㄴㄷㄹ의 네 변의 길이의 합)
=5+5+8+8=26(cm)입니다.

64
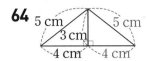
(둔각삼각형의 세 변의 길이의 합)
＝5＋5＋4＋4＝18(cm)

65
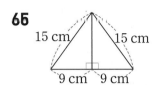
(예각삼각형의 세 변의 길이의 합)
＝15＋15＋9＋9＝48(cm)

참고 | 9 cm인 변을 이어 붙이면 둔각삼각형이 만들어집니다.

66
13 cm   13 cm
12 cm   12 cm

(둔각삼각형의 세 변의 길이의 합)
＝13＋13＋12＋12＝50(cm)

참고 | 12 cm인 변을 이어 붙이면 예각삼각형이 만들어집니다.

67 삼각형 ㄱㄴㄷ은 이등변삼각형이므로
(각 ㄴㄱㄷ)＝(각 ㄴㄷㄱ)＝75°입니다.
(각 ㄱㄴㄷ)＝180°－75°－75°＝30°
따라서 삼각형 ㄱㄴㄷ에서 접혀진 각의 크기는 같으므로
(각 ㄹㅂㅁ)＝(각 ㄱㄴㄷ)＝30°입니다.

68 (변 ㄱㄹ)＝(변 ㄱㅂ)이므로 삼각형 ㄱㄹㅂ은 이등변삼각형입니다.
(각 ㄱㅂㄹ)＝(각 ㄱㄹㅂ)＝65°,
(각 ㄹㄱㅂ)＝180°－65°－65°＝50°
따라서 삼각형 ㄱㄴㄷ에서 접혀진 각의 크기는 같으므로
(각 ㄹㄱㅂ)＝(각 ㄹㄱㅂ)＝50°입니다.

69 정삼각형 ㄱㄴㄷ에서 접혀진 각의 크기는 같으므로
(각 ㄹㅂㅁ)＝(각 ㄷㅂㅁ)＝80°,
(각 ㅁㄹㅂ)＝(각 ㅁㄷㅂ)＝60°입니다.
따라서 (각 ㄹㅁㅂ)＝180°－80°－60°＝40°입니다.

70 삼각형 ㄱㄴㄷ에서
(각 ㄱㄴㄷ)＋(각 ㄱㄷㄴ)＝180°－100°＝80°이므로
(각 ㄱㄴㄷ)＝80°÷2＝40°
삼각형 ㄷㄴㄹ에서
(각 ㄷㄴㄹ)＋(각 ㄷㄹㄴ)＝180°－120°＝60°이므로
(각 ㄷㄴㄹ)＝60°÷2＝30°
따라서 (각 ㄱㄴㄹ)＝(각 ㄱㄴㄷ)＋(각 ㄷㄴㄹ)
＝40°＋30°＝70°입니다.

71 삼각형 ㄱㄴㄷ에서 (각 ㄱㄷㄴ)＝(각 ㄱㄴㄷ)＝65°
(각 ㄴㄱㄷ)＝180°－65°－65°＝50°
삼각형 ㄱㄹㅁ에서 (각 ㄱㅁㄹ)＝(각 ㄱㄹㅁ)＝35°
(각 ㄹㄱㅁ)＝180°－35°－35°＝110°
따라서 (각 ㄴㄱㅁ)＝(각 ㄴㄱㄷ)＋(각 ㄹㄱㅁ)
＝50°＋110°＝160°입니다.

72 삼각형 ㄱㄴㄷ은 정삼각형이므로 (각 ㄴㄷㄱ)＝60°입니다.
삼각형 ㅁㄷㄹ에서 (각 ㄷㅁㄹ)＝(각 ㄷㄹㅁ)＝70°
(각 ㅁㄷㄹ)＝180°－70°－70°＝40°
따라서 (각 ㄴㄷㄹ)＝(각 ㄴㄷㄱ)＋(각 ㅁㄷㄹ)
＝60°＋40°＝100°입니다.

73

삼각형 1개짜리: ②, ④, ⑥, ⑧ → 4개
삼각형 4개짜리: ②＋③＋⑤＋⑥, ③＋④＋⑤＋⑧
→ 2개
➡ 4＋2＝6(개)

74
삼각형 1개짜리: ②, ④, ⑥ → 3개
삼각형 4개짜리: ②＋③＋⑤＋⑥ → 1개
➡ 3＋1＝4(개)

75
예각삼각형: ③, ②＋③, ③＋④, ①＋②＋③,
②＋③＋④, ③＋④＋⑤, ①＋②＋③＋④,
②＋③＋④＋⑤, ①＋②＋③＋④＋⑤ → 9개
둔각삼각형: ①, ②, ④, ⑤, ①＋②, ④＋⑤ → 6개
예각삼각형과 둔각삼각형의 개수의 차는 9－6＝3(개)
입니다.

기출 단원 평가

42~44쪽

---

1 나, 다, 라, 바 / 나, 바

2 예
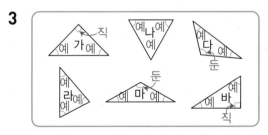

3 나, 라

4 ⑤

5 (1) 60 (2) 7

6 2개

7 ㉢

8 ㉠, ㉢

9 75

10 8 cm, 12 cm

11
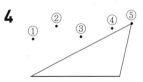

12 예각삼각형

13 19 cm

14 120°

15 12 cm

16 30 cm

17 9개

18 64 cm

19 이등변삼각형, 예각삼각형

20 130°

---

1 두 변의 길이가 같은 삼각형을 찾아보면 나, 다, 라, 바입니다.
세 변의 길이가 모두 같은 삼각형을 찾아보면 나, 바입니다.

2 나머지 두 변이 같은 삼각형을 그리거나, 주어진 선분과 같은 길이의 변을 그리고 나머지 한 변을 그립니다.

3
세 각이 모두 예각인 삼각형은 나, 라입니다.

4
한 각이 둔각이 되는 점을 찾으면 ⑤입니다.

5 (1) 세 변의 길이가 같은 삼각형이므로 정삼각형입니다. 정삼각형의 한 각의 크기는 60°입니다.
(2) 세 각의 크기가 모두 60°인 삼각형이므로 정삼각형입니다. 한 변의 길이가 7 cm이므로 다른 변의 길이도 모두 7 cm입니다.

6 둔각삼각형은 다, 라로 모두 2개입니다.

7 크기가 같은 두 각이 없는 것을 찾습니다.

8 이등변삼각형은 두 변의 길이가 같고, 두 각의 크기가 같습니다.

9 이등변삼각형은 두 각의 크기가 같으므로 크기가 같은 두 각의 크기의 합은 $180° - 30° = 150°$입니다.
따라서 $\square° = 150° \div 2 = 75°$입니다.

10 이등변삼각형은 두 변의 길이가 같습니다. 삼각형의 세 변 중 두 변이 각각 8 cm, 12 cm이므로 8 cm, 8 cm, 12 cm 또는 8 cm, 12 cm, 12 cm인 삼각형을 만들 수 있습니다.

11 한 각이 둔각인 삼각형과 세 각이 모두 예각인 삼각형이 만들어 지도록 선분을 긋습니다.

12 (나머지 한 각의 크기)$= 180° - 35° - 65° = 80°$
세 각이 모두 예각이므로 예각삼각형입니다.

13 이등변삼각형이므로 변 ㄱㄷ과 변 ㄴㄷ의 길이는 같습니다.
따라서 세 변의 길이의 합은 $7 + 7 + 5 = 19$(cm)입니다.

14 정삼각형은 세 각의 크기가 60°로 같습니다.
(각 ㄴㄷㄹ)$=$(각 ㄴㄷㄱ)$+$(각 ㄱㄷㄹ)
$\qquad\qquad = 60° + 60° = 120°$

15 이등변삼각형은 두 변의 길이가 같으므로 나머지 한 변은 14 cm입니다.
(세 변의 길이의 합)$= 8 + 14 + 14 = 36$(cm)
정삼각형은 세 변의 길이가 같으므로 한 변은 $36 \div 3 = 12$(cm)로 해야 합니다.

16 삼각형 ㄱㄷㄹ은 이등변삼각형이므로
(변 ㄱㄹ)=(변 ㄹㄷ)=6 cm입니다.
세 변의 길이의 합이 21 cm이므로
(변 ㄱㄷ)=21−6−6=9(cm)입니다.
정삼각형은 세 변의 길이가 모두 같으므로
(사각형 ㄱㄴㄷㄹ의 네 변의 길이의 합)
=9+9+6+6=30(cm)입니다.

17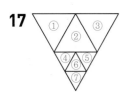

삼각형 1개짜리: ①, ②, ③, ④, ⑤, ⑥, ⑦ → 7개
삼각형 4개짜리: ④+⑤+⑥+⑦ → 1개
삼각형 7개짜리: ①+②+③+④+⑤+⑥+⑦ → 1개
➡ 7+1+1=9(개)

18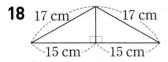

(둔각삼각형의 세 변의 길이의 합)
=17+15+15+17=64(cm)

19 예 삼각형의 두 각의 크기가 각각 55°, 70°이므로 나머지
한 각의 크기는 180°−55°−70°=55°입니다.
이 삼각형은 두 각의 크기가 같으므로 이등변삼각형이
고, 세 각이 모두 예각이므로 예각삼각형입니다.

평가 기준	배점
나머지 한 각의 크기를 구했나요?	2점
삼각형의 이름을 모두 썼나요?	3점

20 예 삼각형 ㄱㄴㄷ은 정삼각형이므로 (각 ㄱㄷㄴ)=60°입
니다. 삼각형 ㄱㄷㄹ에서
(각 ㄷㄱㄹ)=(각 ㄷㄹㄱ)=55°이므로
(각 ㄱㄷㄹ)=180°−55°−55°=70°입니다.
따라서 (각 ㄴㄷㄹ)=(각 ㄱㄷㄴ)+(각 ㄱㄷㄹ)
=60°+70°=130°입니다.

평가 기준	배점
각 ㄱㄷㄴ과 각 ㄱㄷㄹ의 크기를 구했나요?	3점
각 ㄴㄷㄹ의 크기를 구했나요?	2점

사고력이 반짝 　　　45쪽

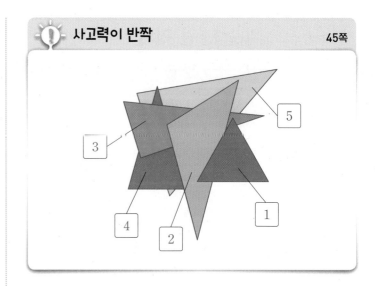

3 소수의 덧셈과 뺄셈

개념을 짚어 보는 문제
48~49쪽

1 $\frac{68}{100}$, 0.68

2 쓰기 4.014   읽기 사 점 영일사

3 (1) >   (2) <

4

5 (왼쪽에서부터) (1) 1, 9, 2 / 1, 9, 2
    (2) 6, 10, 2, 7 / 6, 10, 2, 7

6 (위에서부터) (1) 1 / 5.85   (2) 1 / 8.36
    (3) 5, 10 / 3.25   (4) 5, 10 / 2.76

1 1을 똑같이 100으로 나눈 작은 모눈 한 칸의 크기는 전체의 $\frac{1}{100}$=0.01입니다.

2 작은 눈금 한 칸의 크기는 0.001이므로 4.01에서 작은 눈금 4칸만큼 더 간 곳은 4.014입니다.

3 수직선에서 오른쪽으로 갈수록 더 큰 수입니다.
(1) 작은 눈금 한 칸의 크기는 0.01입니다.
(2) 작은 눈금 한 칸의 크기는 0.001입니다.

4 $\frac{1}{10}$을 하면 소수점을 기준으로 수가 오른쪽으로 한 자리 이동합니다. 이동한 후 소수점 왼쪽의 빈자리에 0을 채웁니다.

5 자연수의 덧셈, 뺄셈과 같은 방법으로 계산한 후 소수점을 맞추어 찍습니다.

6 (1), (2) 같은 자리 수끼리의 합이 10이거나 10보다 크면 바로 윗자리로 받아올림합니다.
(3), (4) 같은 자리 수끼리 뺄 수 없으면 바로 윗자리에서 받아내림합니다.

---

1 (위에서부터) 3 / 7, 0.04

2 예
쓰기 1.64   읽기 일 점 육사

3 (1) 2.15   (2) $\frac{3\boxed{07}}{100}$=3.07   (3) $\frac{50\boxed{61}}{100}$=50.61
(4) $\frac{48\boxed{10}}{100}$=48.1

4 4.78, 4.86   준비 0.8, 3.8

5 (1) 0.7, 0.04, 6.74   (2) 26.58

6 5, 0.6, 0.04에 ○표

7 0.76, 0.01이 76개, $\frac{1}{100}$이 76개에 ○표

8 (위에서부터) 4 / 8, 0, 0.006

9

10 (1) 5.016   (2) 5.976

11 4.577, 4.578, 4.579

12 0.537 / 0.037 / 0.007

13 1.095 km   **14** 9.573

15 두 수 예 8.015, 0.015
공통점 예 소수 첫째 자리 숫자가 0, 소수 둘째 자리 숫자가 1, 소수 셋째 자리 숫자가 5로 같습니다.

준비 65, 62 / >   **16** 324, 327 / <

17 (1) <   (2) >   (3) <

18 2.530에 ○표   **19** 0.25

20 3.06, 4.931

21
0.062 kg   0.041 kg   0.058 kg

22 (1) 예 6.8 0 9 < 1 0.0 1
(2) 예 4 0.7 1 > 9.7 2 6

23

0.01	0.1	1	10	100
0.006	0.06	0.6	6	60
0.245	2.45	24.5	245	2450

24 문, 제, 유, 형

25 0.025, 0.25, 2.5

26 ㉢

27 54.1, 5.41, 0.541

28 (왼쪽에서부터) 327.4, 100, 10

29 (1) 1000 (2) $\frac{1}{100}$ (3) $\frac{1}{10}$

30 3, 5, 8 / 0.8

31 (그림)

32 (위에서부터) 15.3, 14.6

33 (1) 2 (2) 5

34 13.2

35 9.6

36 예 3 / 1.2 kg

37 8.4 g

38 8, 6, 2 / 0.2

39
$$
\begin{array}{r}
\overset{6}{\cancel{7}}\,\overset{10}{.5} \\
-\ 4.6 \\
\hline
2.9
\end{array}
$$

40 (1) 5.7 / 5.5 / 5.3 / 5.1 (2) 3.9 / 4.1 / 4.3 / 4.5

41 (위에서부터) 0.9 / 0.2 / 0.7 / 0.4

준비 19 / 19

42 2.9 / 2.9

43 16.6 m

44 예 5, 4, 2, 9 / 2.5

45 581, 5.81

46 0.6, 0.09 / 47.69

47
$$
\begin{array}{r}
\overset{1}{}\ \\
6.8\,2 \\
+\ 2.3\,2 \\
\hline
9.1\,4
\end{array}
$$

48 4.34

49 5.57

50 (위에서부터) 42.71, 53.05

51 2.99 L

52 7.26, 9.5

53 475 / 4.75

54 1.81

55 5.19 / 3.16

56 예 7.98, 4.46, 3.52

57 (1) ＋, － (2) －, ＋

58 (1) 4.72 m (2) 6.37 m

준비 3, 3

59 (위에서부터) 5, 3, 8

1 $7.34=7+0.3+0.04$

3 (4) 소수 끝자리의 0은 생략 가능합니다.

4 0.1을 똑같이 10으로 나누었으므로 작은 눈금 한 칸의 크기는 0.01입니다.

6 $5.64=5+0.6+0.04$

7 그림은 0.76을 나타냅니다.
일 점 칠육: 1.76, 0.1이 76개: 7.6,
0.01이 76개: 0.76, $\frac{1}{100}$이 76개: 0.76,
$\frac{1}{1000}$이 76개: 0.076

8 $8.406=8+0.4+0.006$

9 3보다 0.405만큼 더 큰 수: 3.405, $\frac{345}{1000}=0.345$

10

➡ 5와 가장 가까운 소수는 5.016이고 6과 가장 가까운 소수는 5.976입니다.

11 $4.58=4.580$으로 바꾸어 풉니다.
4.576과 4.580 사이의 수는 4.577, 4.578, 4.579입니다.

13 $1\ km\ 95\ m=1\ km+90\ m+5\ m$
$$=1\ km+0.09\ km+0.005\ km$$
$$=1.095\ km$$

14 1이 8개이면 8, 0.1이 15개이면 1.5, 0.01이 7개이면 0.07, 0.001이 3개이면 0.003입니다.
따라서 $8+1.5+0.07+0.003=9.573$입니다.

😊 내가 만드는 문제
15 5.128, 5.123을 고른 경우: 자연수 부분, 소수 첫째 자리 숫자, 소수 둘째 자리 숫자가 각각 같습니다.
0.008, 5.128을 고른 경우: 소수 셋째 자리 숫자가 8로 같습니다.
등 여러 가지 답이 나올 수 있습니다.

준비 65＞62이므로 6.5＞6.2입니다.

16 324＜327이므로 3.24＜3.27입니다.

17 (1) $0.632 \textcircled{<} 0.637$
$\qquad\overline{2<7}$

(2) $2.904 \textcircled{>} 2.094$
$\qquad\overline{9>0}$

(3) $31.562 \textcircled{<} 31.59$
$\qquad\overline{6<9}$

18 $2.50=2.5$, $2.530=2.53$, $2.060=2.06$이므로 2.5 와 2.6 사이의 소수는 2.53입니다.

19 예 $\frac{1}{10}$이 2개, $\frac{1}{100}$이 5개인 수는 0.25이고, 영 점 일 오칠은 0.157입니다.
0.25와 0.157의 자연수 부분이 0으로 같으므로 소수 첫째 자리 숫자를 비교하면 $2>1$입니다.
따라서 0.25가 더 큰 소수입니다.

평가 기준
설명하는 수를 소수로 나타냈나요?
더 큰 소수를 구했나요?

20 2.597은 3보다 작고, 5.84는 5보다 크므로 □ 안에 들어갈 수 없습니다.
$3.06<4.931$
$\quad\overline{3<4}$

21 공의 무게가 빨간색 공>노란색 공, 노란색 공>파란색 공이므로 공의 무게는 빨간색 공>노란색 공>파란색 공이어야 합니다.
$0.062>0.058>0.041$이므로 0.062는 빨간색, 0.058은 노란색, 0.041은 파란색으로 색칠해야 합니다.

22 (1) $68.09<100.1$, $6.809<100.1$도 답이 될 수 있습니다.
(2) $407.1>97.26$, $407.1>9.726$도 답이 될 수 있습니다.

24 제: 0.043의 100배 ➡ 4.3, 형: 0.43의 100배 ➡ 43, 문: 4.3의 $\frac{1}{100}$ ➡ 0.043, 유: 4.3의 $\frac{1}{10}$ ➡ 0.43

25 $1\,g=0.001\,kg$이므로 설탕 한 봉지는 $25\,g=0.025\,kg$입니다.
0.025의 10배는 0.25이므로 작은 상자는 $0.25\,kg$입니다.
0.25의 10배는 2.5이므로 큰 상자는 $2.5\,kg$입니다.

26 ㉠, ㉡, ㉣ ➡ 5.12, ㉢ ➡ 0.512

27 보기 의 규칙은 오른쪽 수가 왼쪽 수의 $\frac{1}{10}$이 되는 규칙입니다.
$541 \xrightarrow{\frac{1}{10}} 54.1 \xrightarrow{\frac{1}{10}} 5.41 \xrightarrow{\frac{1}{10}} 0.541$

28 32.74의 10배 ➡ 327.4, 327.4의 $\frac{1}{100}$ ➡ 3.274, 3.274의 10배 ➡ 32.74

29 (1) 175의 $\frac{1}{1000}$은 0.175이므로 175는 0.175의 1000배입니다.
(2) $\frac{9}{100}$의 100배는 9이므로 $\frac{9}{100}$는 9의 $\frac{1}{100}$입니다.
(3) 0.016의 10배는 $0.16=\frac{16}{100}$이므로 0.016은 $\frac{16}{100}$의 $\frac{1}{10}$입니다.

30 $0.3+0.5$는 0.1이 8개이므로 0.8입니다.

31 두 소수의 덧셈의 순서를 바꾸어 더해도 계산 결과는 같습니다.

32 $8.6+6.7=8.6+6+0.7$

33 (1) $0.1+0.2+0.3+0.4=1$입니다.
따라서 □+1=3, □=3-1=2입니다.
(2) $0.1+0.2+0.3+0.4=1$이므로 □$-0.1-0.2-0.3-0.4$는 □-1과 같습니다.
따라서 □$-1=4$, □$=4+1=5$입니다.

34
1이 8개	➡	8
$\frac{1}{10}(=0.1)$이 25개	➡	2.5
		10.5

10.5보다 2.7만큼 더 큰 수는 $10.5+2.7=13.2$입니다.

35 ㉠ 3.4 ㉡ 6.2
➡ $3.4+6.2=9.6$

😊 내가 만드는 문제
36 사과를 산 개수 만큼 더합니다. 3개를 샀다면 $0.4+0.4+0.4=1.2(kg)$입니다.

37 자연수로 생각하면 ●+●=168, 84+84=168입니다.
따라서 8.4+8.4=16.8이므로 빨간 공 하나의 무게는 8.4 g입니다.

38 0.8−0.6은 0.1이 2개이므로 0.2입니다.

39 소수점끼리 맞추어 쓴 다음, 소수끼리 뺄 수 없으면 자연수에서 10을 받아내림하여 계산합니다.

40 (1) 같은 수에서 큰 수를 뺄수록 계산 결과는 더 작아집니다. 빼는 수가 0.2씩 커지므로 계산 결과는 0.2씩 작아집니다.
(2) 빼어지는 수가 0.2씩 커지므로 계산 결과는 0.2씩 커집니다.

41 1−0.1=0.9, 1−0.8=0.2,
1−0.3=0.7, 1−0.6=0.4

43 ⑩ 사자는 얼룩말보다 1초에 달릴 수 있는 거리가 1.2 m 짧습니다.
(사자가 1초에 달릴 수 있는 거리)
=(얼룩말이 1초에 달릴 수 있는 거리)−1.2
=17.8−1.2=16.6(m)

평가 기준
사자가 1초에 몇 m까지 달릴 수 있는지 식을 세웠나요?
사자가 1초에 몇 m까지 달릴 수 있는지 구했나요?

😊 내가 만드는 문제
44 소수 한 자리 수를 2개 만들어 계산합니다. 빼어지는 수가 빼는 수보다 커야 합니다.
⑩ 5.4−2.9=2.5

45

$$
\begin{array}{r}
\overset{1}{}2\ 3\ 2 \\
+\ 3\ 4\ 9 \\
\hline
5\ 8\ 1
\end{array}
\Rightarrow
\begin{array}{r}
\overset{1}{}2.3\ 2 \\
+\ 3.4\ 9 \\
\hline
5.8\ 1
\end{array}
$$

자연수의 덧셈과 같은 방법으로 계산한 후 소수점을 맞추어 찍습니다.

47 소수 첫째 자리끼리의 덧셈에서 10이 넘어 받아올림하여 계산해야 하는데 받아올림을 하지 않고 계산하여 틀렸습니다.

48 빼는 만큼 더하면 계산 결과가 같아집니다.
$$
\begin{array}{ccccc}
3.67 & + & 3.67 & = & 7.34 \\
\downarrow -0.67 & & \downarrow +0.67 & & \\
3 & + & 4.34 & = & 7.34
\end{array}
$$

49 2.33+3.24=5.57

50 32.37+10.34=42.71, 42.71+10.34=53.05

51 ⑩ (빨간색 페인트의 양)+(파란색 페인트의 양)
=(보라색 페인트의 양)=1.04+1.95=2.99(L)

평가 기준
보라색 페인트의 양을 구하는 식을 세웠나요?
보라색 페인트의 양을 구했나요?

52 1.12씩 커지는 규칙입니다.

53

$$
\begin{array}{r}
\overset{6\ \ 10}{}\cancel{7}\ 2\ 8 \\
-\ 2\ 5\ 3 \\
\hline
4\ 7\ 5
\end{array}
\Rightarrow
\begin{array}{r}
\overset{6\ \ 10}{}\cancel{7}.2\ 8 \\
-\ 2.5\ 3 \\
\hline
4.7\ 5
\end{array}
$$

자연수의 뺄셈과 같은 방법으로 계산한 후 소수점을 맞추어 찍습니다.

54 1이 3개, 0.1이 7개, 0.01이 5개인 수는 3.75입니다.
➡ 3.75−1.94=1.81

55 덧셈은 두 수를 바꾸어 더해도 값이 같습니다.

😊 내가 만드는 문제
56 수직선에서는 오른쪽에 있는 수가 큰 수이므로 수를 하나 고른 다음 그 수의 왼쪽에 있는 수들 중 하나를 골라 뺍니다.

57 + 또는 −를 넣어 보며 계산해 결괏값에 맞는 기호를 써넣습니다.

58 (1) 5 m 97 cm−1 m 25 cm
=5.97 m−1.25 m=4.72 m
(2) 7 m 36 cm−99 cm
=7.36 m−0.99 m=6.37 m

준비

$$
\begin{array}{r}
\overset{7\ \ 10}{}\cancel{8}\ 3\ 9 \\
-\ \square\ 7\ \square \\
\hline
4\ 6\ 6
\end{array}
$$

일의 자리 계산: 9−□=6, □=3
백의 자리 계산: 8−1−□=4, □=3

59

$$
\begin{array}{r}
\overset{5\ \ 10}{}\square.\cancel{6}\ 5 \\
-\ 2.\square\ 7 \\
\hline
3.2\ \square
\end{array}
$$

소수 둘째 자리 계산: 15−7=□ ➡ □=8
소수 첫째 자리 계산: 6−1−□=2 ➡ □=3
일의 자리 계산: □−2=3 ➡ □=5

60 6.75에 ○표　　**61** 4.32에 ○표

62 8.541, 0.862, 17.081, 1.168

63 100배　　**64** $\dfrac{1}{1000}$

65 200배

66
$$\begin{array}{r} 6.8 \\ +\ 0.17 \\ \hline 6.97 \end{array}$$

67
$$\begin{array}{r} 7.95 \\ -\ 2.3\ \\ \hline 5.65 \end{array}$$

68
$$\begin{array}{r} \overset{2}{3}\overset{10}{2}.9 \\ -\quad 4.6 \\ \hline 28.3 \end{array}$$

69 하진　　**70** 수애

71 승희　　**72** ⑴ <　⑵ >

73 ⑴ >　⑵ <　　**74** (위에서부터) 3 / 1 / 2

75 1.91　　**76** 6.4

77 1.5

---

60 5.03 ➡ 5, 6.75 ➡ 0.05, 2.51 ➡ 0.5, 52.88 ➡ 50
따라서 숫자 5가 나타내는 값이 가장 작은 수는 6.75입니다.

61 3.14 ➡ 3, 9.103 ➡ 0.003, 4.32 ➡ 0.3, 12.23 ➡ 0.03
따라서 숫자 3이 나타내는 값이 가장 큰 수는 3.14이고 두 번째로 큰 수는 4.32입니다.

62 0.862 ➡ 0.8, 8.541 ➡ 8, 1.168 ➡ 0.008, 17.081 ➡ 0.08
따라서 숫자 8이 나타내는 값이 큰 순서대로 쓰면 8.541, 0.862, 17.081, 1.168입니다.

63 ㉠은 6, ㉡은 0.06을 나타냅니다. 0.06에서 소수점을 기준으로 수를 왼쪽으로 두 자리 옮기면 6이므로 6은 0.06의 100배입니다.

64 ㉠은 8, ㉡은 0.008을 나타냅니다. 8에서 소수점을 기준으로 수를 오른쪽으로 세 자리 옮기면 0.008이므로 0.008은 8의 $\dfrac{1}{1000}$입니다.

65 ㉠은 0.8, ㉡은 0.004를 나타냅니다. 8은 4의 2배이고 0.004에서 소수점을 기준으로 수를 왼쪽으로 두 자리 옮기면 0.4이므로 0.8은 0.004의 200배입니다.

66 소수점끼리 맞추어 써서 계산합니다.

67 소수점끼리 맞추어 써서 계산합니다.

68 같은 자리 수끼리 뺄 수 없으면 바로 윗자리에서 10을 받아내림하여 계산합니다.

69 더 무겁다는 것은 같은 단위일 때 수가 더 커야 합니다. 같은 단위로 바꾸어 수의 크기를 비교합니다.
730 g=0.73 kg, 0.51<0.73이므로 하진이가 키우는 거북이가 더 무겁습니다.

70 더 짧다는 것은 같은 단위일 때 수가 더 작아야 합니다. 같은 단위로 바꾸어 수의 크기를 비교합니다.
175 cm=1.75 m, 1.54<1.75이므로 수애의 줄넘기가 더 짧습니다.

71 더 높다는 것은 같은 단위일 때 수가 더 커야 합니다. 같은 단위로 바꾸어 수의 크기를 비교합니다.
1012 m=1.012 km, 1.12>1.012이므로 승희가 더 높은 산을 올랐습니다.

72 ⑴ 같은 수에 더하는 수가 클수록 계산 결과는 커집니다.
⑵ 더하는 수가 같으면 더해지는 수가 클수록 계산 결과는 커집니다.

73 ⑴ 같은 수에서 빼는 수가 클수록 계산 결과는 작아집니다.
⑵ 같은 수를 뺄 경우 빼어지는 수가 클수록 계산 결과는 커집니다.

74 빼어지는 수가 같으므로 빼는 수가 작을수록 계산 결과는 커집니다.

75 0.8과 0.9 사이를 10등분 했으므로 작은 눈금 한 칸의 크기는 0.01입니다.
➡ ㉠+㉡=0.88+1.03=1.91

76 3.1과 3.2 사이를 10등분 했으므로 작은 눈금 한 칸의 크기는 0.01입니다.
➡ ㉠+㉡=3.14+3.26=6.4

77 4.5와 4.6 사이를 10등분 했으므로 작은 눈금 한 칸의 크기는 0.01입니다. ➡ 가=4.56
6과 6.1 사이를 10등분 했으므로 작은 눈금 한 칸의 크기는 0.01입니다. ➡ 나=6.06
➡ 나-가=6.06-4.56=1.5

STEP 3 응용 유형

61~64쪽

78 4.92	**79** 7.035
80 6.549	**81** 0, 1, 2, 3, 4, 5
82 7, 8, 9	**83** 4, 5, 6
84 0.2 / 0.1, 0.1	**85** 0.04 / 0.02, 0.02
86 0.23 / 0.2, 0.03	**87** 2.84
88 6.21	**89** 4.558 / 4.454
90 0.78	**91** 254.6
92 3	**93** 78.87
94 69.3	**95** 11.11 / 6.354
96 2.35 cm	**97** 0.1 m
98 0.01 cm	**99** 4.64 km
100 4.11 km	**101** 8.15 km

78 소수 두 자리 수 중에서 4보다 크고 5보다 작은 수는 4.□□입니다. 소수 첫째 자리 숫자가 9이므로 4.9□이고, 소수 둘째 자리 숫자가 2이므로 4.92입니다.

79 소수 세 자리 수 중에서 7보다 크고 8보다 작은 수는 7.□□□입니다. 소수 첫째 자리 숫자가 0이므로 7.0□□이고, 소수 둘째 자리 숫자가 3이므로 7.03□이고, 소수 셋째 자리 숫자가 5이므로 7.035입니다.

80 6보다 크고 7보다 작은 소수 세 자리 수는 6.□□□입니다. 소수 첫째 자리 숫자가 5, 소수 둘째 자리 숫자가 $9-5=4$, 소수 셋째 자리 숫자가 9이므로 6.549입니다.

81 소수 둘째 자리 숫자를 비교하면 $4<8$이므로 □는 6보다 작아야 합니다.
따라서 □ 안에 들어갈 수 있는 수는 0, 1, 2, 3, 4, 5입니다.

82 소수 둘째 자리 숫자를 비교하면 $5<6$이므로 □는 6보다 커야 합니다.
따라서 □ 안에 들어갈 수 있는 수는 7, 8, 9입니다.

83 $4.436<4.□45$에서 소수 둘째 자리 숫자를 비교하면 $3<4$이므로 □는 4와 같거나 4보다 커야 합니다.
➡ 4, 5, 6, 7, 8, 9
$4.□45<4.729$에서 소수 둘째 자리 숫자를 비교하면 $4>2$이므로 □는 7보다 작아야 합니다.
➡ 0, 1, 2, 3, 4, 5, 6
따라서 □ 안에 들어갈 수 있는 수는 4, 5, 6입니다.

84 $0.9=1-0.1$이므로
$0.9+0.9=1-0.1+1-0.1=2-0.2$입니다.

85 $0.98=1-0.02$이므로
$0.98+0.98=1-0.02+1-0.02=2-0.04$입니다.

86 $2.8=3-0.2$, $1.97=2-0.03$이므로
$2.8+1.97=3-0.2+2-0.03=5-0.23$입니다.

87 ㉠ 0.1이 23개이면 2.3, 0.01이 7개이면 0.07 → 2.37
㉡ 4.7의 $\frac{1}{10}$은 0.47입니다.
➡ $2.37+0.47=2.84$

88 ㉠ 0.1이 5개이면 0.5, 0.01이 12개이면 0.12, 0.001이 10개이면 0.01 → 0.63
㉡ 0.684의 10배는 6.84입니다.
➡ $6.84-0.63=6.21$

89 ㉠ 0.1이 45개이면 4.5, 0.001이 6개이면 0.006 → 4.506
㉡ 5.2의 $\frac{1}{100}$은 0.052입니다.
➡ 합: $4.506+0.052=4.558$
차: $4.506-0.052=4.454$

90 어떤 수의 100배가 78이므로 어떤 수는 78의 $\frac{1}{100}$인 0.78입니다.

91 어떤 수의 $\frac{1}{100}$은 2.546이므로 어떤 수는 2.546의 100배인 254.6입니다.

92 어떤 수의 100배가 1.3이므로 어떤 수는 1.3의 $\frac{1}{100}$인 0.013입니다.
따라서 0.013의 소수 셋째 자리 숫자는 3입니다.

93 가장 큰 소수 한 자리 수: 75.3
가장 작은 소수 두 자리 수: 3.57
➡ $75.3+3.57=78.87$

94 가장 큰 소수 한 자리 수: 85.1
가장 작은 소수 한 자리 수: 15.8
➡ 85.1−15.8=69.3

95 가장 큰 소수 세 자리 수: 8.732
가장 작은 소수 세 자리 수: 2.378
➡ 합: 8.732+2.378=11.11
차: 8.732−2.378=6.354

96 블록 한 개의 높이는 블록 10개의 높이의 $\frac{1}{10}$과 같으므
로 23.5 cm의 $\frac{1}{10}$은 2.35 cm입니다.

97 상자 500개를 쌓은 높이가 50 m이면 100개일 때 10 m,
10개일 때 1 m, 1개일 때 0.1 m입니다.

98 종이 300장을 쌓은 높이가 3 cm이면 100장일 때 1 cm,
10장일 때 0.1 cm, 1장일 때 0.01 cm입니다.

99 (가~라)=(가~다)+(나~라)−(나~다)
=2.49+3.47−1.32
=5.96−1.32=4.64(km)

100 (ⓛ~ⓒ)=(ⓖ~ⓒ)+(ⓛ~ⓔ)−(ⓖ~ⓔ)
=7.51+5.94−9.34
=13.45−9.34=4.11(km)

101 (ⓖ~ⓗ)=(ⓖ~ⓒ)+(ⓛ~ⓜ)+(ⓔ~ⓗ)−(ⓛ~ⓒ)
−(ⓔ~ⓜ)
=2.43+4.85+2.07−0.6−0.6
=9.35−0.6−0.6=8.15(km)

---

1 $\frac{76}{100}$ / 0.76

2 (1) 영 점 오영육에 ○표 (2) 삼십오 점 이이에 ○표

3 (위에서부터) 2 / 9, 0.04

4 (1) < (2) >   **5** (1) 10 (2) 100

6 (1) 5.2 (2) 1.5 (3) 9.6 (4) 3.15

7
$$\begin{array}{r} 1\\ 0.5 \\ +\ 0.9 \\ \hline 1.4 \end{array}$$
8 (1) 0.06 (2) 0.005

9 ⓛ   **10** (1) < (2) >

11 3.13 / 3.13   **12** 41.585

13 4.92   **14** 예 7.1 5 8 < 4 9.2 3

15 4.81   **16** 0.03 / 0.01, 0.02

17 90.098   **18** 18.63 km

19 100배   **20** 6개

---

1 100으로 나눈 작은 모눈 한 칸은 전체의 $\frac{1}{100}$=0.01입
니다. 색칠한 부분은 작은 모눈이 76칸이므로
$\frac{76}{100}$=0.76입니다.

2 자연수 부분은 숫자와 자릿값을 읽고, 소수점 아래 부분
은 숫자만 차례로 읽습니다.

3 9.24=9+0.2+0.04

4 높은 자리 숫자부터 차례로 비교합니다.

5 소수점을 기준으로 수가 몇 자리 이동했는지 알아봅니다.

6 가로셈을 계산할 때에는 소수점의 자리를 맞추어 계산하
도록 주의해야 합니다.

7 소수 첫째 자리 숫자의 합이 14이므로 10을 일의 자리로
받아올림해야 합니다.

8 (1) 밑줄 친 숫자 6은 소수 둘째 자리 숫자이고 0.06을
나타냅니다.
(2) 밑줄 친 숫자 5는 소수 셋째 자리 숫자이고 0.005를
나타냅니다.

9 ㉠ 26.1의 $\frac{1}{10}$ ➡ 2.61 ㉡ 2.61의 100배 ➡ 261

㉢ 0.261의 10배 ➡ 2.61 ㉣ 261의 $\frac{1}{100}$ ➡ 2.61

10 (1) 같은 수에 큰 수를 더할수록 계산 결과는 더 커집니다.
(2) 같은 수에서 작은 수를 뺄수록 계산 결과는 더 커집니다.

12 10이 4개이면 40, 0.1이 15개이면 1.5, 0.01이 8개이면 0.08, 0.001이 5개이면 0.005이므로
$40+1.5+0.08+0.005=41.585$입니다.

13 가장 큰 수는 7.1, 가장 작은 수는 2.18입니다.
따라서 $7.1-2.18=4.92$입니다.

14 $7.158<492.3$, $71.58<492.3$도 답이 됩니다.

15 수직선에서 작은 눈금 한 칸은 0.01을 나타냅니다.
➡ ㉠+㉡$=2.34+2.47=4.81$

16 $3.99=4-0.01$, $1.98=2-0.02$이므로
$3.99+1.98=4-0.01+2-0.02=6-0.03$
입니다.

17 가장 큰 소수 두 자리 수: 86.53
가장 작은 소수 세 자리 수: 3.568
➡ $86.53+3.568=90.098$

18 (가~라)=(가~다)+(나~라)-(나~다)
$=9.87+12.3-3.54$
$=22.17-3.54=18.63$(km)

19 예 ㉠은 0.3, ㉡은 0.003을 나타냅니다.
0.003에서 소수점을 기준으로 수를 왼쪽으로 두 자리 이동하면 0.3이 되므로 0.3은 0.003의 100배입니다.

평가 기준	배점
㉠과 ㉡이 나타내는 값을 각각 구했나요?	3점
㉠이 나타내는 값은 ㉡이 나타내는 값의 몇 배인지 구했나요?	2점

20 예 $8.34-4.675=3.665$,
$3.665>3.\square8$이므로 $6>\square$입니다.
따라서 □ 안에 들어갈 수 있는 수는 0, 1, 2, 3, 4, 5로 모두 6개입니다.

평가 기준	배점
$8.34-4.675$를 계산했나요?	2점
□ 안에 들어갈 수 있는 수의 개수를 구했나요?	3점

4 사각형

※ 선분 ㄱㄴ과 같이 기호를 나타낼 때 선분 ㄴㄱ으로 읽어도 정답으로 인정합니다.

개념을 짚어 보는 문제
70~71쪽

1 (1) 수직 (2) 수선
2 (1) 나, 라 (2) 평행 (3) 평행선
3 (1) × (2) × (3) ○ **4** (1) ㄴㄷ (2) 3
5 (1) 예 평행사변형 (2) 사다리꼴
6 5, 5, 5
7 사다리꼴, 평행사변형에 ○표

1 (1) 직선 가와 직선 마는 서로 수직입니다.
(2) 직선 가와 직선 마는 서로 수직으로 만나므로 두 직선은 서로에 대한 수선입니다.

3 (1) 한 직선에 대한 수선은 셀 수 없이 많습니다.
(2) 평행한 두 직선을 길게 늘이면 서로 만나지 않습니다.

4 (1) 아무리 길게 늘여도 만나지 않는 변은
변 ㄱㄹ과 변 ㄴㄷ입니다.
(2) 점 ㄱ에서 변 ㄴㄷ에 내린 수직인 선분의 길이는 3 cm 입니다.

5 (1) 마주 보는 두 쌍의 변이 서로 평행한 사각형을 평행사변형이라고 합니다.
(2) 평행한 변이 한 쌍이라도 있는 사각형을 사다리꼴이라고 합니다.

6
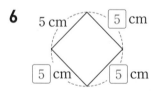

마름모는 네 변의 길이가 모두 같습니다.

7 직사각형은 마주 보는 두 쌍의 변이 서로 평행하므로 사다리꼴, 평행사변형이 될 수 있습니다.

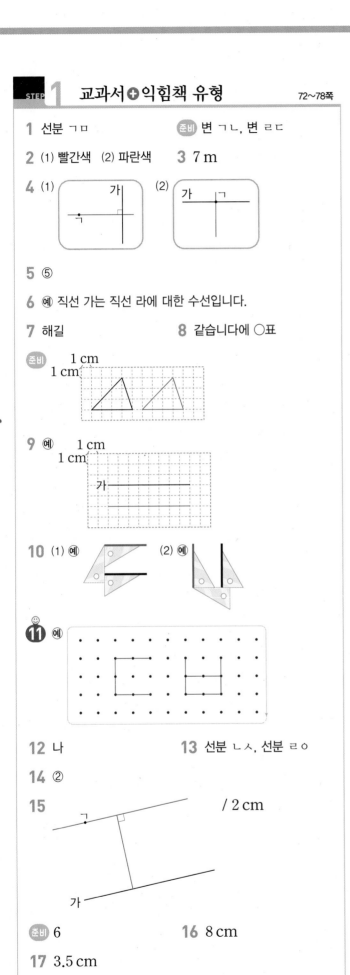

1 선분 ㄱㅁ   (준비) 변 ㄱㄴ, 변 ㄹㄷ

2 (1) 빨간색 (2) 파란색   3 7 m

4 (1)   (2)

5 ⑤

6 (예) 직선 가는 직선 라에 대한 수선입니다.

7 해길   8 같습니다에 ○표

(준비)

9 (예)

10 (1) (예)   (2) (예)

⑪ (예)

12 나   13 선분 ㄴㅅ, 선분 ㄹㅇ

14 ②

15   / 2 cm

(준비) 6   16 8 cm

17 3.5 cm

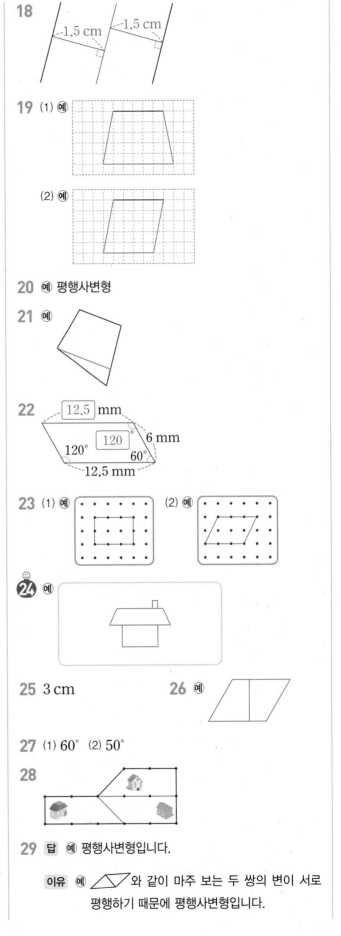

18

19 (1) (예)

   (2) (예)

20 (예) 평행사변형

21 (예)

22 [12.5] mm, [120], 6 mm, 120°, 60°, 12.5 mm

23 (1) (예)   (2) (예)

㉔ (예)

25 3 cm   26 (예)

27 (1) 60° (2) 50°

28

29 답 (예) 평행사변형입니다.

   이유 (예)   와 같이 마주 보는 두 쌍의 변이 서로 평행하기 때문에 평행사변형입니다.

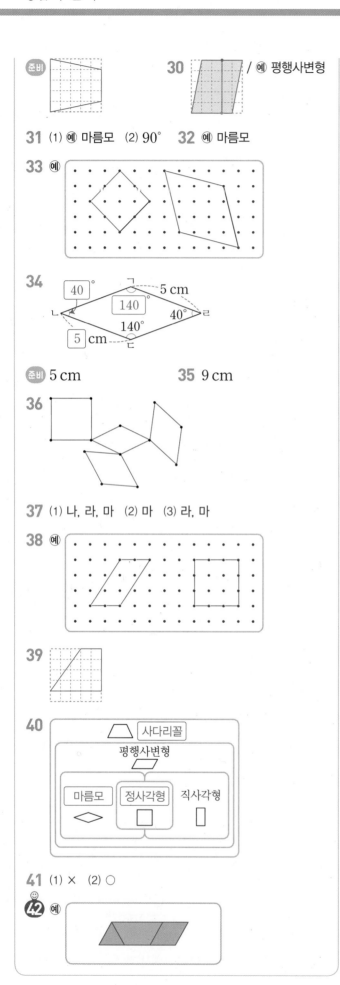

준비 [도형]

30 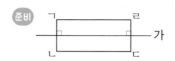 / 예 평행사변형

31 (1) 예 마름모 (2) 90° 32 예 마름모

33 예 [점판 그림]

34 [평행사변형 그림: 40°, 140°, 5 cm, 40°, 140°, 5 cm]

준비 5 cm 35 9 cm

36 [도형 그림]

37 (1) 나, 라, 마 (2) 마 (3) 라, 마

38 예 [점판 평행사변형과 직사각형]

39 [격자 사다리꼴]

40 [도형 분류도]
사다리꼴
평행사변형
마름모 정사각형 직사각형

41 (1) × (2) ○

42 예 [평행사변형 그림]

---

1 선분 ㄱㄴ과 수직인 선분은 선분 ㄱㅁ입니다.

준비 [직사각형 ㄱㄹ ㄴㄷ, 가]

2 [사각형 그림]

(1) 초록색 변과 만나서 직각을 이루는 변은 빨간색입니다.
(2) 보라색 변과 만나서 직각을 이루는 변은 파란색입니다.

3 직사각형에서 가로에 대한 수선은 세로이므로 가에 대한 수선의 길이는 7 m입니다.

4 한 점을 지나고 한 직선에 대한 수선은 1개뿐입니다.

5 한 직선에 대한 수선은 셀 수 없이 많이 그을 수 있습니다.

6 예 직선 나와 직선 라는 수직입니다.

평가 기준
알 수 있는 사실을 썼나요?

7 사랑길과 평행한 길은 길을 아무리 늘여도 만나지 않는 해길입니다.

8 선의 모양에 따라 실제와 다르게 보이는 것을 착시라고 합니다.

9 직선 가를 위쪽 또는 아래쪽으로 2 cm만큼 밀었을 때의 모양을 그립니다.

10 삼각자의 직각인 변을 이용하여 평행선을 긋습니다.

😊 내가 만드는 문제
11 수직도 있고 평행한 선분도 있는 한글 자음을 찾아봅니다.

12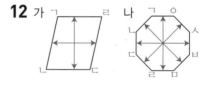

예 가: 변 ㄱㄹ과 변 ㄴㄷ, 변 ㄱㄴ과 변 ㄹㄷ ➡ 2쌍
나: 변 ㄱㄴ과 변 ㅂㅁ, 변 ㄴㄷ과 변 ㅅㅂ,
변 ㄷㄹ과 변 ㅇㅅ, 변 ㄱㅇ과 변 ㄹㅁ ➡ 4쌍
따라서 평행한 변이 더 많은 도형은 나입니다.

평가 기준
두 도형에서 평행한 변을 모두 찾았나요?
도형 가와 나 중 평행한 변이 더 많은 도형을 찾았나요?

13 평행선 사이의 거리를 나타내는 선분은 평행선 사이에 그은 수직인 선분이므로 선분 ㄴㅅ과 선분 ㄹㅇ입니다.

14

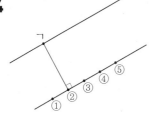

점 ㄱ과 ②를 이으면 평행선과 수직인 선분이 생깁니다.

15 점 ㄱ을 지나면서 직선 가와 만나지 않는 직선을 긋고 평행선 사이의 거리를 재어 봅니다.

준비 직사각형은 마주 보는 변의 길이가 서로 같습니다.

16 평행한 두 변은 변 ㄱㄹ과 변 ㄴㄷ이고, 두 변에 수직인 선분은 변 ㄱㄴ입니다. 따라서 평행선 사이의 거리는 8 cm입니다.

17

아무리 늘여도 만나지 않는 두 선을 찾아 두 선 사이에 수직인 선분의 길이를 재어 보면 3.5 cm입니다.

18 주어진 평행선 사이의 거리가 3 cm이므로 두 직선 사이 한가운데에 평행한 직선을 긋습니다.

19 (1) 주어진 선분을 이용하여 평행한 변이 한 쌍이라도 있는 사각형을 그립니다.
(2) 주어진 선분을 이용하여 마주 보는 두 쌍의 변이 서로 평행한 사각형을 그립니다.

20 마주 보는 두 쌍의 변이 서로 평행하므로 평행사변형입니다.

21 사각형의 네 변 중에서 한 변과 평행하도록 선을 그어 자릅니다.

22

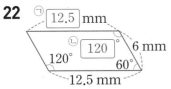

평행사변형에서 마주 보는 두 변의 길이는 같으므로
㉠=12.5 mm입니다.
마주 보는 두 각의 크기는 같으므로 ㉡=120°입니다.

23 사다리꼴의 한 꼭짓점을 옮겨 마주 보는 두 쌍의 변이 서로 평행하도록 그립니다.

😊 내가 만드는 문제
24 사다리꼴을 이용하여 자유롭게 그림을 그려 봅니다.

25

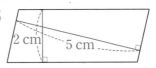

마주 보는 두 쌍의 평행선 사이의 거리를 재어 보면 5 cm와 2 cm입니다. 따라서 두 평행선 사이의 거리의 차는 5−2=3(cm)입니다.

26 도 답이 될 수 있습니다.

27 (1)

평행사변형은 이웃하는 두 각의 크기의 합이 180°이므로 ㉡=180°−60°=120°입니다.
따라서 ㉠=180°−120°=60°입니다.

(2)

사각형의 네 각의 크기의 합은 360°이므로
㉡=360°−90°−90°−50°=130°입니다.
따라서 ㉠=180°−130°=50°입니다.

28 각 집이 같은 모양과 같은 크기의 땅을 갖도록 선을 그으면 사다리꼴 3개가 생깁니다.

29

평가 기준
크기와 모양이 같은 삼각형을 이어 붙이면 어떤 도형이 되는지 썼나요?
평행사변형의 특징을 알고 있나요?

준비 도형을 시계 방향으로 90°만큼 돌리면 도형의 위쪽이 오른쪽으로 이동합니다.

30 오른쪽 도형을 돌리기하여 왼쪽 도형에 붙이면 평행사변형이 됩니다.

31 (1) 네 변의 길이가 모두 같은 마름모가 만들어집니다.
(2) 접힌 부분은 ◇ 이므로 90°입니다.

32 네 변의 길이가 모두 같은 마름모가 만들어집니다.

33 주어진 선분을 이용하여 네 변의 길이가 모두 같은 사각형을 그립니다.

34 마름모는 마주 보는 두 각의 크기가 같으므로 40°와 140°이고, 마주 보는 두 변의 길이가 같으므로 5 cm입니다.

준비 정사각형은 네 변의 길이가 모두 같으므로 정사각형의 한 변의 길이는 20÷4=5(cm)입니다.

35 마름모는 네 변의 길이가 모두 같으므로 마름모의 한 변의 길이는 36÷4=9(cm)입니다.

36 각 점들을 연결하여 네 변의 길이가 같은 사각형 3개를 더 그려 봅니다.

38 조건을 만족하는 도형은 평행사변형이므로 서로 다른 크기의 평행사변형을 그려 봅니다.

39 사다리꼴의 오른쪽에 거울을 놓고 비추면 오른쪽으로 뒤집기 한 모양의 사다리꼴이 나옵니다.

41 (1) 사다리꼴 안에 있는 도형은 ▲, ●, ■, ♥, ★입니다.

내가 만드는 문제
42 모양 조각 여러 개를 이용하여 자유롭게 평행사변형을 만들어 봅니다.

---

43 아무리 늘여도 만나지 않는 것을 찾으면 ㉢입니다.

44 아무리 늘여도 만나지 않는 것을 찾으면 ㉡과 ㉢입니다.

45 아무리 늘여도 만나지 않는 것을 찾으면 ㉠과 ㉣입니다.

46

㉠ 2쌍 ㉡ 없음 ㉢ 1쌍
따라서 평행선이 가장 많은 도형은 ㉠입니다.

47

㉠ 1쌍 ㉡ 2쌍 ㉢ 없음
따라서 평행선이 가장 많은 도형은 ㉡입니다.

48

㉠ 6쌍 ㉡ 1쌍 ㉢ 3쌍
따라서 평행선이 많은 순서대로 기호를 쓰면 ㉠, ㉢, ㉡입니다.

49 마름모는 네 변의 길이가 모두 같습니다. 따라서 굵은 선의 길이는 5 cm가 6개이므로 5×6=30(cm)입니다.

50 정사각형은 네 변의 길이가 모두 같습니다. 따라서 굵은 선의 길이는 4 cm가 8개이므로 4×8=32(cm)입니다.

51 (변 ㄱㄴ)=(변 ㅂㄷ)=(변 ㅁㄹ)=7 cm
➡ 7+11+7+7+7+11=50(cm)

52

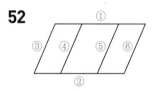

①과 ②, ③과 ④, ③과 ⑤, ③과 ⑥, ④와 ⑤, ④와 ⑥,
⑤와 ⑥ ➡ 7쌍

53

①과 ⑥, ②와 ④, ③과 ⑤ ➡ 3쌍

54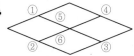

①과 ⑥, ①과 ③, ③과 ⑥, ②와 ⑤, ②와 ④, ④와 ⑤
➡ 6쌍

55 ㉡ 네 각의 크기가 모두 같은 사각형은 직사각형과 정사
각형입니다.

56 ㉢ 정사각형은 네 각이 직각이므로 직사각형이라고 할 수
있습니다.

57 ㉡ 마름모는 네 각이 직각이 아닌 경우도 있으므로 직사
각형이 아닙니다.

58

1개짜리: ①, ②, ③, ④ → 4개
2개짜리: ①+②, ②+③, ③+④, ①+④ → 4개
4개짜리: ①+②+③+④ → 1개
➡ 9개

59

1개짜리: ②, ⑤ → 2개
2개짜리: ②+⑤ → 1개
3개짜리: ①+②+③, ④+⑤+⑥ → 2개
6개짜리: ①+②+③+④+⑤+⑥ → 1개
➡ 6개

60

1개짜리: ①, ②, ③, ④ → 4개
2개짜리: ②+③, ③+④ → 2개
3개짜리: ②+③+④ → 1개
4개짜리: ①+②+③+④ → 1개
➡ 8개

61
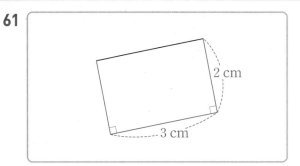

62 예
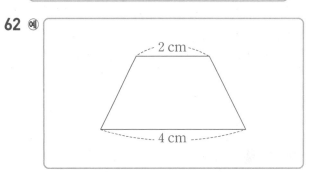

63 예
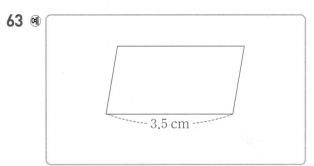

64 7 cm	**65** 22 cm
66 5 cm	**67** 13 cm
68 12 cm	**69** 21 cm
70 32°, 18°	**71** 24°, 40°
72 47°, 58°	**73** 85°
74 70°	**75** 25°

76 예

/ 2

77 예
/ 3

78 예

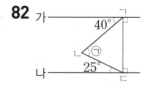

/ 5

79 120°

80 150°

81 105°

82 65°

83 100°

84 45°

61 주어진 선분의 양 끝점에서 수선을 각각 2 cm가 되도록 긋고 두 선의 끝점을 이어 직사각형을 완성합니다.

64 (직선 가와 직선 다 사이의 거리)
= (직선 가와 직선 나 사이의 거리) + (직선 나와 직선 다 사이의 거리) = 4 + 3 = 7(cm)

65 (직선 가와 직선 다 사이의 거리)
= (직선 가와 직선 나 사이의 거리) + (직선 나와 직선 다 사이의 거리) = 12 + 10 = 22(cm)

66 (직선 가와 직선 다 사이의 거리)
= (직선 가와 직선 나 사이의 거리) + (직선 나와 직선 다 사이의 거리) = 2.5 + 2.5 = 5(cm)

67 (변 ㄱㄴ과 변 ㅂㅁ 사이의 거리)
= (변 ㄴㄷ) + (변 ㄹㅁ) = 8 + 5 = 13(cm)

68 (변 ㄱㅂ과 변 ㄴㄷ 사이의 거리)
= (변 ㅂㅁ) + (변 ㄹㄷ) = 6 + 6 = 12(cm)

69 (변 ㄱㄴ과 변 ㄹㄷ 사이의 거리)
= (변 ㄱㅇ) + (변 ㅅㅂ) + (변 ㅁㄹ)
= 8 + 8 + 5 = 21(cm)

70 직선 가에 대한 수선이 직선 나이므로 직선 가와 직선 나가 이루는 각도는 90°입니다.
➡ ㉠ = 90° − 58° = 32°, ㉡ = 90° − 72° = 18°

71 직선 가에 대한 수선이 직선 나이므로 직선 가와 직선 나가 이루는 각도는 90°입니다.
➡ ㉠ = 90° − 66° = 24°, ㉡ = 90° − 50° = 40°

72 직선 가에 대한 수선이 직선 나이므로 직선 가와 직선 나가 이루는 각도는 90°입니다.
➡ ㉠ = 90° − 19° − 24° = 47°, ㉡ = 90° − 32° = 58°

73 평행사변형은 이웃하는 두 각의 크기의 합이 180°이므로 각 ㄱㄴㄷ의 크기는 180° − 50° = 130°입니다.
따라서 각 ㄱㄴㄹ의 크기는 130° − 45° = 85°입니다.

74 평행사변형은 이웃하는 두 각의 크기의 합이 180°이므로 각 ㄴㄷㄹ의 크기는 180° − 60° = 120°입니다.
따라서 각 ㄱㄷㄹ의 크기는 120° − 50° = 70°입니다.

75 마름모는 이웃하는 두 각의 크기의 합이 180°이므로 각 ㄱㄴㄷ의 크기는 180° − 145° = 35°입니다.
따라서 각 ㄱㄴㄹ의 크기는 35° − 10° = 25°입니다.

79 각 ㅂㅅㄷ의 크기는 180° − 60° = 120°입니다.
각 ㅇㅅㄷ과 각 ㅇㅅㅂ의 크기는 같으므로 각 ㅇㅅㄷ의 크기는 120° ÷ 2 = 60°입니다. 각 ㅇㄹㄷ과 각 ㄹㄷㅅ의 크기는 90°이므로 각 ㅅㅇㄹ의 크기는
360° − 90° − 90° − 60° = 120°입니다.

80 마름모는 이웃하는 두 각의 크기의 합이 180°이고, 각 ㄴㄱㅁ과 각 ㄴㅂㅁ의 크기는 같으므로 각 ㄴㅂㅁ의 크기는 180° − 30° = 150°입니다.

81 평행사변형은 이웃하는 두 각의 크기의 합이 180°이므로 각 ㅅㄱㄴ의 크기는 180° − 40° = 140°입니다.
각 ㄴㄱㄷ과 각 ㄷㄱㄹ의 크기는 같으므로 각 ㄴㄱㄷ의 크기는 140° − 70° = 70°, 70° ÷ 2 = 35°입니다.
따라서 삼각형의 세 각의 크기의 합은 180°이므로 각 ㄱㄷㄴ의 크기는 180° − 35° − 40° = 105°입니다.

82

가 ──────────╮
          40°│
       ㄴ ╱╲㉠│
      25°╲╱ │
 나 ──────────┘
            ㄷ

평행선에 점 ㄱ을 지나는 수직인 선분을 그으면 삼각형 ㄱㄴㄷ이 생깁니다.
(각 ㄴㄱㄷ) = 90° − 40° = 50°,
(각 ㄱㄷㄴ) = 90° − 25° = 65°
삼각형의 세 각의 크기의 합은 180°이므로
㉠ = 180° − 50° − 65° = 65°입니다.

83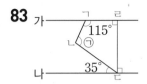

평행선에 점 ㄷ을 지나는 수직인 선분을 그으면
사각형 ㄱㄴㄷㄹ이 생깁니다.
(각 ㄹㄷㄴ)=90°−35°=55°
사각형의 네 각의 크기의 합은 360°이므로
㉠=360°−115°−90°−55°=100°입니다.

84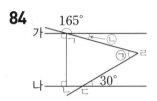

평행선에 점 ㄱ을 지나는 수직인 선분을 그으면
사각형 ㄱㄴㄷㄹ이 생깁니다.
㉡=180°−165°=15°이므로
(각 ㄴㄱㄹ)=90°−15°=75°입니다.
(각 ㄴㄷㄹ)=180°−30°=150°이고,
사각형의 네 각의 크기의 합은 360°이므로
㉠=360°−75°−90°−150°=45°입니다.

---

4. 사각형 **기출 단원 평가** 86~88쪽

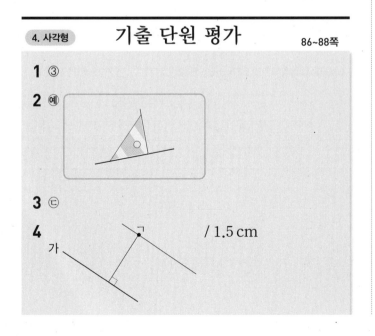

1 ③

2 예

3 ㉢

4 가 / 1.5 cm

---

5 변 ㄹㄷ **6** 가, 나, 다, 라, 마

7 나, 라, 마 **8**

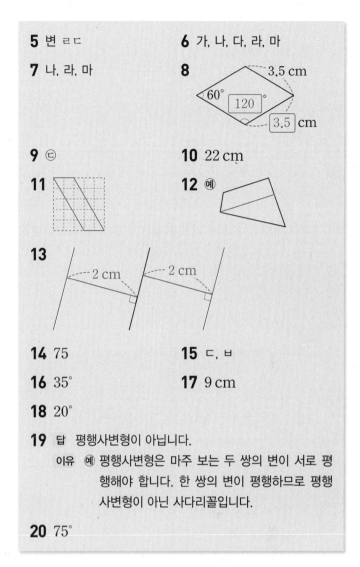

9 ㉢ **10** 22 cm

11 **12** 예

13

14 75 **15** ㄷ, ㅂ

16 35° **17** 9 cm

18 20°

19 답 평행사변형이 아닙니다.
이유 예 평행사변형은 마주 보는 두 쌍의 변이 서로 평
행해야 합니다. 한 쌍의 변이 평행하므로 평행
사변형이 아닌 사다리꼴입니다.

20 75°

1 아무리 늘여도 만나지 않는 것을 찾으면 ③입니다.

2 삼각자의 직각 부분을 이용하여 수선을 긋습니다.

3 평행선 사이의 거리를 나타내는 선분은 평행선 사이에 그
은 수직인 선분이므로 직선 가와 직선 나에 대한 수직인
선분을 찾으면 ㉢입니다.

4 점 ㄱ을 지나고 직선 가와 평행한 직선을 긋고 두 직선 사
이에 수직인 선분을 그어 수직인 선분의 길이를 재어 봅
니다.

5 변 ㄱㄴ과 평행한 변은 변 ㄹㄷ입니다.

6 직사각형은 마주 보는 두 변이 평행하므로 직사각형의 위
와 아래의 두 변을 포함한 사각형으로 자르면 항상 사다
리꼴입니다.

7 마주 보는 두 쌍의 변이 서로 평행한 사각형을 찾으면 나,
라, 마입니다.

8 마름모는 네 변의 길이가 모두 같고 이웃하는 두 각의 크기의 합이 180°입니다.
따라서 180°−60°=120°와 3.5 cm입니다.

9 ⓒ 평행사변형은 이웃하는 두 각의 크기의 합이 180°입니다.

10 마름모는 네 변의 길이가 같으므로 마름모의 네 변의 길이의 합은 5.5+5.5+5.5+5.5=22(cm)입니다.

11 평행사변형의 왼쪽에 거울을 놓고 비추면 왼쪽으로 뒤집기 한 모양의 평행사변형이 나옵니다.

12 사각형의 네 변 중에서 한 변과 평행하도록 선을 그어 자릅니다.

다른 풀이

마주 보는 한 쌍의 변이 평행하도록 선을 긋습니다.

13 평행선 사이의 거리가 2 cm가 되도록 평행선을 주어진 직선의 왼쪽과 오른쪽에 각각 그어 봅니다.

14

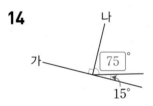

직선 나는 직선 가에 대한 수선이므로 직선 가와 직선 나가 이루는 각의 크기는 90°입니다.
따라서 ☐=90°−15°=75°입니다.

15

ㄱ ㄷ ㅂ ㅊ

수선이 있는 글자를 찾으면 ㄱ, ㄷ, ㅂ입니다.
평행선이 있는 글자를 찾으면 ㄷ, ㅂ, ㅊ입니다.
따라서 수선도 있고 평행선도 있는 글자는 ㄷ, ㅂ입니다.

16 삼각형의 세 각의 크기의 합은 180°이므로
각 ㄹㄴㄷ의 크기는 180°−115°−35°=30°이고
평행사변형은 이웃하는 두 각의 크기의 합이 180°이므로
각 ㄱㄴㄷ의 크기는 180°−115°=65°입니다.
따라서 각 ㄱㄴㄹ의 크기는 65°−30°=35°입니다.

17 (변 ㄱㅂ과 변 ㄴㄷ 사이의 거리)
=(변 ㅂㅁ)+(변 ㄹㄷ)=3+6=9(cm)

18 마름모는 이웃하는 두 각의 크기의 합이 180°입니다.
따라서 각 ㄱㄴㄷ의 크기는 180°−130°=50°입니다.
접은 부분과 접힌 부분의 각의 크기는 서로 같으므로
각 ㅂㄴㄹ의 크기는 15°입니다. 따라서 각 ㄱㄴㅂ의 크기는 50°−15°−15°=20°입니다.

19

평가 기준	배점
평행사변형인지 아닌지 구했나요?	2점
그 이유를 알맞게 썼나요?	3점

20

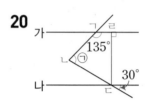

㉠ 평행선 사이에 점 ㄷ을 지나는 수직인 선분을 그으면 사각형 ㄱㄴㄷㄹ이 생깁니다.
(각 ㄹㄷㄴ)=180°−30°−90°=60°
사각형의 네 각의 크기의 합은 360°이므로
㉠=360°−90°−135°−60°=75°입니다.

평가 기준	배점
각 ㄹㄷㄴ의 크기를 구했나요?	2점
㉠의 각도를 구했나요?	3점

사고력이 반짝 89쪽

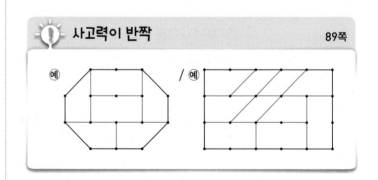

5 꺾은선그래프

개념을 짚어 보는 문제
92~93쪽

1 월, 무게, 1 / 막대, 선분

2 (1) 꺾은선그래프   (2) 오전 11시와 낮 12시 사이

3
준영이의 턱걸이 기록

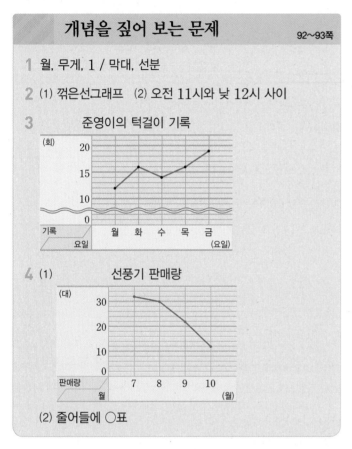

4 (1)
선풍기 판매량

(2) 줄어들에 ○표

2 (1) 연속적으로 변화하는 양을 점으로 표시하고 그 점들을 선분으로 이어 그린 그래프를 꺾은선그래프라고 합니다.
(2) 선분이 가장 많이 기울어진 시각을 찾으면 오전 11시와 낮 12시 사이입니다.

3 0회부터 10회까지 필요 없으므로 0회부터 10회 사이에 물결선을 넣는 것이 좋겠습니다.

4 (1) 가로 눈금과 세로 눈금이 만나는 자리에 점을 찍고 그 점들을 선분으로 이어 꺾은선그래프로 나타냅니다.
(2) 7월부터 선풍기 판매량은 줄어들었으므로 11월 선풍기 판매량은 줄어들 것입니다.

---

1 월에 ○표, 물고기 수에 ○표

2 1마리   3 9마리

4 나   5 적설량의 변화

6 52.2, 53.6, 52.1, 52.8

7 (1) 막대   (2) 꺾은선   (3) 꺾은선

준비 가 마을   8 나 식물

9 가 식물 / 예 선분이 6일과 8일 사이에 오른쪽 아래로 내려가기 때문입니다.

10 (1) ㄹ   (2) ㄴ   (3) ㄷ   (4) ㄱ

11 (1) ○   (2) ○   (3) ×

12 9 ℃   13 예 21 ℃

14 예 11 ℃   15 14 ℃

16 (1) 3월, 4월   (2) 3월

17 약간 나쁨   18 2, 1

19 34 kg

20 0 kg과 30 kg 사이

21 나   22 5일

23 100대   24 89대

25 예 생산량이 가장 적은 때는 4일입니다.
6일의 생산량은 26대입니다.

26 0명과 120명 사이   27 예 100명

28
연도별 감기 환자 수

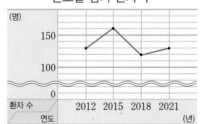

29 ㉢   30 1.6 cm

31 예 82.6 cm   32 예 늘어날 것입니다.

33 815 mm   34 강수량

35 예 2 mm   36 30 mm

37
월별 강수량
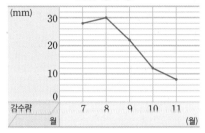

38 20.1 ℃부터 20.6 ℃까지

39
예 바닷물 온도
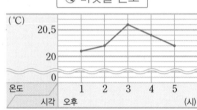

40 예 줄넘기 횟수의 가장 작은 값이 60회이므로 60회 밑 부분을 물결선으로 줄여서 나타내야 하는데 꺾은선을 지나가도록 잘못 그렸습니다.

41
수애의 몸무게
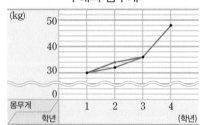

42
인형 판매량
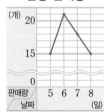

43 예 필요 없는 부분을 생략하였으므로 인형 판매량의 변화를 뚜렷하게 알 수 있습니다.

준비 7, 5 /
혈액형별 학생 수
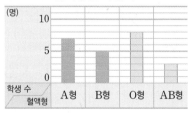

44 238, 235, 231 /
박물관의 입장객 수
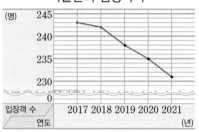

준비 예 막대의 길이가 늘어나고 있으므로 2024년의 방문자 수는 늘어날 것입니다.

45 (1) × (2) ○   **46** 예 70개

47 예 늘어날 것입니다.   **48** 예 화요일

2 세로 눈금 5칸은 5마리를 나타내므로 세로 눈금 한 칸은 5÷5=1(마리)를 나타냅니다.

3 8월에 물고기 수는 9칸이므로 9마리입니다.

4 막대그래프는 수량의 비교가 쉬우므로 각 자료의 크기를 비교할 때 쓰이고 꺾은선그래프는 시간에 따른 변화를 알아보기 쉬우므로 변화하는 양을 나타낼 때 쓰입니다.

6 세로 눈금 한 칸은 0.1 cm를 나타냅니다.

7 시간에 따른 변화를 알아보기 위해서는 꺾은선그래프로 나타내는 것이 좋습니다.

9

평가 기준
시들기 시작한 식물을 찾았나요?
그 이유를 바르게 썼나요?

11 (3) 11월부터 감 생산량은 줄어들었습니다.

12 세로 눈금 한 칸의 크기는 1 ℃입니다.
오전 11시에 교실의 온도는 세로 눈금이 9칸이므로 9 ℃입니다.

13 오후 1시는 20 ℃이고 오후 2시는 22 ℃이므로 오후 1시 30분에 교실의 온도는 그 중간인 21 ℃였을 것 같습니다.

☺ 내가 만드는 문제
14 낮 12시와 오후 1시 사이의 선분이 가장 많이 기울어지도록 온도를 정합니다.

15 오전 10시에 교실의 온도는 8 ℃이고 오후 2시에 교실의 온도는 22 ℃이므로 22−8=14(℃)만큼 낮습니다.

16 (1) 선분이 오른쪽 위로 기울어진 구간을 찾으면 2월과 3월 사이, 3월과 4월 사이이므로 3월과 4월입니다.
(2) 2월과 3월 사이, 3월과 4월 사이 중 선분이 더 기울어진 때는 2월과 3월 사이입니다.

17 수요일의 미세 먼지 농도는 $90\mu g/m^3$이므로 약간 나쁨입니다.

18 가 그래프의 세로 눈금 5칸은 10 kg을 나타내므로 세로 눈금 한 칸은 10÷5=2(kg)을 나타냅니다.
나 그래프의 세로 눈금 5칸은 5 kg을 나타내므로 세로 눈금 한 칸은 5÷5=1(kg)을 나타냅니다.

21 물결선을 사용한 꺾은선그래프로 나타내면 변화하는 양을 뚜렷하게 알아볼 수 있습니다.

22 선분이 가장 많이 기울어진 날짜를 찾으면 4일과 5일 사이이므로 전날에 비해 생산량의 변화가 가장 큰 때는 5일입니다.

23 3일에는 24대, 4일에는 22대, 5일에는 28대, 6일에는 26대이므로 4일 동안 생산한 자동차는 모두 24+22+28+26=100(대)입니다.

24 판매할 수 있는 자동차 수는 4일 동안 생산한 자동차 수에서 불량품 수를 빼어 구합니다. 4일 동안 생산한 자동차는 100대이므로 판매할 수 있는 자동차는 100−11=89(대)입니다.

25

평가 기준
알 수 있는 내용을 1가지 썼나요?
알 수 있는 내용을 1가지 더 썼나요?

26 꺾은선그래프에서 필요 없는 부분은 0명과 120명 사이입니다.

27 물결선을 넣는다면 0명과 100명 사이에 물결선을 넣는 것이 좋겠습니다.

29 ⓒ 2012년과 2015년 사이에 환자 수는 30명 늘어났습니다.

30 월요일에는 81.6 cm, 금요일에는 83.2 cm이므로 5일 동안 무궁화는 83.2−81.6=1.6(cm) 자랐습니다.

31

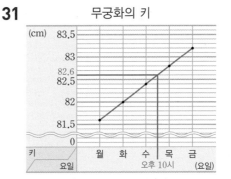
무궁화의 키

수요일 오후 10시는 수요일과 목요일 사이이므로 수요일의 키 82.4 cm와 목요일의 키 82.8 cm의 중간인 82.6 cm였을 것 같습니다.

32 매일 0.4 cm씩 자랐으므로 다음 주 무궁화의 키는 늘어날 것입니다.

33 1 cm=10 mm이므로 81.5 cm=815 mm입니다.

36 필요한 부분은 8 mm부터 30 mm이므로 세로 눈금 30 mm까지 나타낼 수 있어야 합니다.

38 바닷물 온도가 20.1 ℃부터 20.6 ℃까지이므로 그래프를 그리는 데 꼭 필요한 부분은 20.1 ℃부터 20.6 ℃까지입니다.

40

평가 기준
잘못 그린 이유를 설명했나요?

41 세로 눈금 5칸이 10 kg을 나타내므로 세로 눈금 한 칸은 10÷5=2(kg)을 나타냅니다.
따라서 2학년 때의 몸무게를 32 kg으로 잘못 나타내었습니다.

43

평가 기준
물결선을 사용하면 어떤 점이 좋은지 썼나요?

준비 세로 눈금 5칸은 5명을 나타내므로 세로 눈금 한 칸은 1명을 나타냅니다. 따라서 A형은 7명, B형은 5명이고 O형은 8명이므로 8칸, AB형은 3명이므로 3칸이 되도록 막대를 그립니다.

44 세로 눈금 5칸은 5명을 나타내므로 세로 눈금 한 칸은 1명을 나타냅니다. 따라서 2019년에는 238명, 2020년에는 235명, 2021년에는 231명이고 2017년은 243명 눈금에, 2018년은 242명 눈금에 점을 찍어 선분으로 잇습니다.

45 (1) 초등학생 수가 가장 많이 변한 때는 2018년과 2021년 사이입니다.

    (2) 2012년부터 초등학생 수는 줄어들었으므로 2030년의 초등학생 수는 줄어들 것입니다.

46 2019년에는 60개이고 2021년에는 80개이므로 2020년에는 60개와 80개의 중간인 70개였을 것 같습니다.

47 2015년부터 불량품 수는 늘어났으므로 2022년에 불량품 수는 늘어날 것입니다.

48 화요일에 우산 판매량이 가장 많으므로 화요일에 비가 가장 많이 왔을 것으로 예상할 수 있습니다.

54 선분이 오른쪽 아래로 가장 많이 기울어진 요일은 수요일과 목요일 사이이므로 전날에 비해 가장 많이 줄어든 요일은 목요일입니다. 수요일은 52 kg, 목요일은 38 kg으로 $52-38=14$(kg) 줄어들었습니다.

55 2018년에는 5 kg, 2021년에는 12 kg이므로 원숭이 무게는 조사한 기간 동안 $12-5=7$(kg) 늘었습니다.

56 2018년에는 32 cm, 2021년에는 50 cm이므로 나무의 키는 조사한 기간 동안 $50-32=18$(cm) 자랐습니다.

STEP 2 자주 틀리는 유형

102~103쪽

49 2 ℃ **50** 20대

51 ㉢

52 ⑩ 운동한 시간 중 가장 작은 값이 20분이므로 20분 밑부분을 줄여서 나타내야 하는데 물결선이 꺾은선을 지나가도록 잘못 그렸습니다.

53 2주, 1.4시간 **54** 목요일, 14 kg

55 7 kg **56** 18 cm

49 세로 눈금 5칸은 10 ℃를 나타내므로 세로 눈금 한 칸은 $10÷5=2$(℃)를 나타냅니다.

50 세로 눈금 5칸은 100대를 나타내므로 세로 눈금 한 칸은 $100÷5=20$(대)를 나타냅니다.

51 점들을 왼쪽에서부터 곡선이 아닌 선분으로 이어야 합니다.

53 선분이 오른쪽 위로 가장 많이 기울어진 주는 1주와 2주 사이이므로 지난 주에 비해 가장 많이 늘어난 주는 2주입니다. 1주는 0.6시간, 2주는 2시간으로 $2-0.6=1.4$(시간) 늘어났습니다.

STEP 3 응용 유형

104~106쪽

57 11월 **58** 5월

59

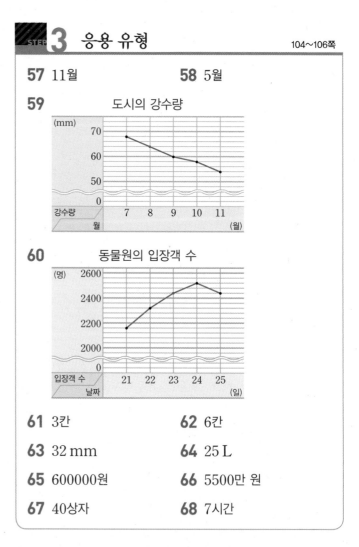

60

61 3칸 **62** 6칸

63 32 mm **64** 25 L

65 600000원 **66** 5500만 원

67 40상자 **68** 7시간

57 운동화와 부츠의 판매량의 차가 가장 큰 때는 두 점 사이의 간격이 가장 넓은 때로 11월입니다.

58 목표 점수와 받은 점수의 차가 가장 작은 때는 두 점 사이의 간격이 가장 좁은 때로 5월입니다.

59 세로 눈금 한 칸은 2 mm이므로 8월은 7월 눈금보다 2칸 더 아래로 그립니다.

60 세로 눈금 한 칸은 40명이므로 23일은 22일 눈금보다 3칸 더 위로 그립니다.

61 세로 눈금 한 칸은 10명을 나타내고 2018년과 2019년의 세로 눈금은 6칸 차이가 나므로 60명 차이입니다.
60명은 세로 눈금 한 칸을 20명으로 할 때
세로 눈금 3칸 차이입니다.

62 세로 눈금 한 칸은 1 cm를 나타내고 수요일과 목요일의 세로 눈금은 3칸 차이가 나므로 3 cm입니다.
3 cm는 세로 눈금 한 칸을 0.5 cm로 할 때
세로 눈금 6칸 차이입니다.

63 양초의 길이는 4분마다 4 mm씩 줄어들고 있으므로 20분이 되었을 때 양초의 길이는 36 mm보다 4 mm 줄어든 $36-4=32$(mm)입니다.

64 통에 담긴 물의 양은 2분마다 4 L씩 늘어나고 있으므로 14분이 되었을 때 통에 담긴 물의 양은 8분에서 $4 \times 3=12$(L) 늘어난 $13+12=25$(L)입니다.

65 (월요일부터 목요일까지 판매한 빵의 수)
$=150+120+60+170=500$(개)
➡ (판매 금액)$=1200 \times 500=600000$(원)

66 (4달 동안 판매한 의자 수)
$=60+55+51+54=220$(개)
➡ (판매 금액)$=25 \times 220=5500$(만 원)

67 6월은 38상자입니다. 8월의 고구마 생산량을 ☐상자라 하면 $35+38+42+☐=155$(상자)이므로
☐$=155-35-38-42=40$(상자)입니다.

68 월요일에 공부한 시간은 7시간, 화요일에 공부한 시간은 6시간입니다. 목요일에 공부한 시간을 ☐시간이라 하면
$7+6+4+☐+10=34$(시간)이므로
☐$=34-7-6-4-10=7$(시간)입니다.

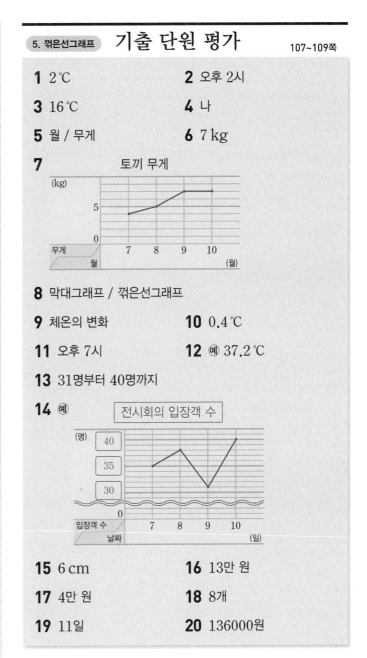

5. 꺾은선그래프　**기출 단원 평가**　107~109쪽

1 2℃　　　　　　　**2** 오후 2시
3 16℃　　　　　　　**4** 나
5 월 / 무게　　　　　**6** 7 kg
7

토끼 무게

8 막대그래프 / 꺾은선그래프
9 체온의 변화　　　　**10** 0.4℃
11 오후 7시　　　　　**12** 예 37.2℃
13 31명부터 40명까지
14 예

전시회의 입장객 수

15 6 cm　　　　　　　**16** 13만 원
17 4만 원　　　　　　**18** 8개
19 11일　　　　　　　**20** 136000원

1 세로 눈금 5칸은 10℃이므로 세로 눈금 한 칸의 크기는 $10 \div 5=2$(℃)입니다.

2 기온이 낮아지기 시작한 시각은 선분이 오른쪽이 아래로 기울어지기 시작한 오후 2시입니다.

4 물결선으로 필요 없는 부분을 생략하면 변화하는 모습이 더 잘 나타납니다.

5 무게의 변화를 확인하기 위해서는 가로에 월, 세로에 무게를 나타내야 합니다.

6 조사한 기간 중 가장 무거운 무게는 7 kg이므로 적어도 7 kg까지 나타내야 합니다.

정답과 풀이 **37**

7 무게를 점으로 표시하고 그 점들을 선분으로 이어 꺾은선 그래프로 나타냅니다.

8 시간에 따른 변화는 꺾은선그래프로 나타내는 것이 더 좋습니다.

10 오후 5시에 체온은 $36.6\,℃$이고 오후 8시에 체온은 $37\,℃$이므로 $37-36.6=0.4(℃)$입니다.

11 선분이 올라갔다 내려가기 시작한 때는 오후 7시입니다.

12 오후 7시에 체온은 $37.4\,℃$이고 오후 8시에 체온은 $37\,℃$이므로 오후 7시 30분에 체온은 그 중간인 $37.2\,℃$였을 것 같습니다.

13 전시회의 입장객 수는 31명부터 40명까지이므로 31명부터 40명까지 필요합니다.

14 0명과 30명 사이에 물결선을 넣어 꺾은선그래프를 그려 봅니다.

15 두 점 사이의 간격이 가장 넓은 때를 찾으면 2021년입니다. 2021년 지수는 $132\,cm$, 수애는 $126\,cm$이므로 지수가 수애보다 $132-126=6(cm)$ 더 큽니다.

16 통장에 있는 금액은 매달 2만 원씩 늘어나고 있으므로 9월에 서진이의 통장에 있는 금액은 $9+2+2=13$(만 원)입니다.

17 6월에 통장에 있는 금액은 7만 원이므로 3만 원짜리 장난감을 구매하면 $7-3=4$(만 원)이 남습니다.

18 모자 판매량은 화요일에는 4개, 목요일에는 6개입니다. 수요일에 판매한 모자를 □개라 하면 $7+4+□+6+11=36$(개)이므로 $□=36-7-4-6-11=8$(개)입니다.

19 예 선분이 가장 많이 기울어진 때는 10일과 11일 사이입니다. 따라서 전날에 비해 볼펜 판매량의 변화가 가장 큰 때는 11일입니다.

평가 기준	배점
선분이 가장 많이 기울어진 때를 찾았나요?	3점
전날에 비해 볼펜 판매량의 변화가 가장 큰 때를 구했나요?	2점

20 예 (4일 동안 판매한 볼펜 수)
 $=8+20+18+22=68$(자루)
 따라서 판매 금액은 $2000\times68=136000$(원)입니다.

평가 기준	배점
4일 동안 판매한 볼펜 수를 모두 구했나요?	3점
4일 동안 볼펜을 판매한 금액을 구했나요?	2점

6 다각형

※ 선분 ㄱㄴ과 같이 기호를 나타낼 때 선분 ㄴㄱ으로 읽어도 정답으로 인정합니다.

개념을 짚어 보는 문제 112~113쪽

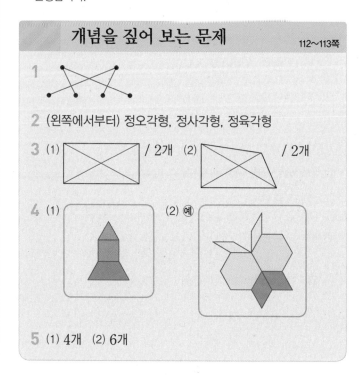

2 (왼쪽에서부터) 정오각형, 정사각형, 정육각형

3 (1) / 2개 (2) / 2개

4 (1) (2) 예

5 (1) 4개 (2) 6개

1 선분으로만 둘러싸인 도형을 다각형이라고 합니다.

2 변이 5개인 정다각형은 정오각형입니다.
변이 4개인 정다각형은 정사각형입니다.
변이 6개인 정다각형은 정육각형입니다.

3 (1) 이웃하지 않는 두 꼭짓점을 이은 선분은 2개입니다.
(2) 서로 모양이 달라도 사각형의 대각선의 수는 같습니다.

4 주의 | 같은 모양 조각을 여러 번 사용해도 됩니다.

5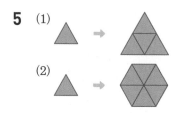

STEP 1 교과서 + 익힘책 유형 114~119쪽

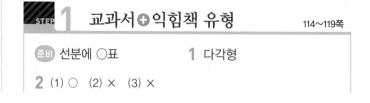

준비 선분에 ○표   **1** 다각형

2 (1) ○ (2) × (3) ×

3

가, 마, 아	나, 라, 사	다, 바
삼각형	오각형	칠각형

4 (1) 오각형 (2) 사각형

5 (1) 예 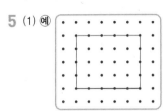 (2) 예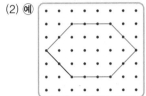

6 (1) > (2) <

7 이유 예 다각형은 선분으로만 둘러싸여야 하는데 주어진 도형은 곡선으로 둘러싸여 있습니다.

8 (1) 예 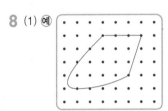 (2) 예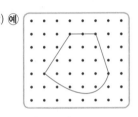

9 가, 다, 바, 아   **10** 정사각형

11 답 정다각형이 아닙니다.
이유 예 변의 길이가 모두 같지 않고 각의 크기가 모두 같지 않으므로 정다각형이 아닙니다.

12 정십각형   **13** 예

 20 cm

14 (위에서부터) 정오각형, 정육각형 / 20 cm, 42 cm

15 (위에서부터) 7, 108

16 예

17 1080°   **18** 140°

19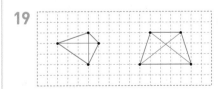

20

21 1개, 2개, 3개   **22** 2개, 5개, 9개

준비 사다리꼴, 마름모, 평행사변형

23 가, 나, 다, 라, 마   **24** 나, 라, 마

25 예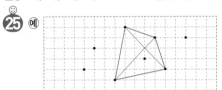

26 예 삼각형, 육각형   **27** $\frac{1}{4}$

28 3개   **29** ④

30 예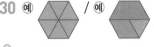

31 예 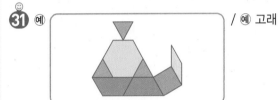 / 예 고래

32 예 삼각형, 사각형   준비 예

33

34 예 삼각형, 사각형   **35** 4개

36 6개, 3개, 2개

37 예   **38** 예

2 (2) 오각형의 오른쪽에 있는 도형은 육각형입니다.
(3) 가장 오른쪽에 있는 도형은 삼각형입니다.

4 (1) 변은 모두 5개이므로 오각형입니다.
(2) 변은 모두 4개이므로 사각형입니다.

5 (1) 변(꼭짓점)의 수가 4개가 되도록 그립니다.
(2) 변(꼭짓점)의 수가 6개가 되도록 그립니다.

6 (1) 오각형의 변의 수: 5, 사각형의 각의 수: 4
➡ 5 > 4

(2) 삼각형의 꼭짓점의 수: 3, 십각형의 변의 수: 10
➡ 3<10

7

평가 기준
다각형의 특징을 알고 있나요?
다각형과의 차이를 설명했나요?

8  ➡ 곡선과 직선이 만나는 모양은 각이 아닙니다.

9 변의 길이와 각의 크기가 모두 같은 다각형을 찾습니다.

10 사각형을 찾을 수 있습니다. 이 사각형은 변의 길이와 모든 각의 크기가 같으므로 정사각형입니다.

11

평가 기준
오른쪽 도형이 정다각형인지 아닌지 썼나요?
오른쪽 도형이 정다각형이 아닌 이유를 설명했나요?

12 10개의 선분으로 둘러싸여 있으므로 십각형입니다.
십각형 중에서 변의 길이가 모두 같고 각의 크기가 모두 같은 도형은 정십각형입니다.

13 변의 길이와 각의 크기가 모두 같은 다각형을 그립니다.

준비 정사각형은 4개의 변의 길이가 모두 같으므로 정사각형의 모든 변의 길이의 합은 5+5+5+5=20(cm)입니다.

14 • 변이 5개이므로 정오각형입니다.
➡ 4+4+4+4+4=4×5=20(cm)
• 변이 6개이므로 정육각형입니다.
➡ 7+7+7+7+7+7=7×6=42(cm)

15 정다각형은 변의 길이가 모두 같고 각의 크기가 모두 같습니다.

17 정팔각형은 각이 8개이고 모든 각의 크기가 같습니다.
➡ (모든 각의 크기의 합)=135°×8=1080°

18 정구각형은 각이 9개이고 모든 각의 크기가 같습니다.
➡ (한 각의 크기)=1260°÷9=140°

20 이웃하지 않는 두 꼭짓점을 잇습니다.
모든 다각형에 대각선이 있는 것은 아닙니다.

21 한 꼭짓점에서 이웃하지 않는 두 꼭짓점을 이어야 합니다.

22 이웃하지 않는 두 꼭짓점을 모두 이어 세어 봅니다.
 ➡ 2개, ➡ 5개, ➡ 9개

23 한 대각선이 다른 대각선을 반으로 나누는 사각형은 평행사변형, 마름모, 직사각형, 정사각형입니다.

24 두 대각선이 수직으로 만나는 사각형은 마름모와 정사각형입니다.

😊 내가 만드는 문제
25 점과 점을 연결하여 두 선분을 한 점을 겹치게 그린 다음 선분의 끝끼리 연결하여 사각형을 그립니다.

27 오른쪽 모양을 만들려면 왼쪽 모양 조각 4개가 필요합니다. 따라서 왼쪽 모양 조각은 4개 중에 1개이므로 $\frac{1}{4}$입니다.

28 예 사각형 모양은 빨간색 모양 조각 4개, 파란색 모양 조각 2개로 모두 6개 사용했습니다. 삼각형 모양은 초록색 모양 조각 3개를 사용했습니다. 따라서 사각형 모양 조각은 삼각형 모양 조각보다 6-3=3(개) 더 많습니다.

평가 기준
사용된 사각형, 삼각형 모양 조각의 수를 각각 구했나요?
사각형, 삼각형 모양 조각의 수의 차를 구했나요?

29 정삼각형의 한 각의 크기가 60°이므로 한 각의 크기가 90°인 직사각형은 만들 수 없습니다.

30 , 등 여러 가지 방법으로 만들 수 있습니다.

😊 내가 만드는 문제
31 모든 모양 조각을 사용하지 않아도 됩니다.
같은 모양 조각을 여러 번 사용해도 됩니다.

32 삼각형과 사각형을 사용하여 꾸민 모양입니다.

34 삼각형과 사각형을 빈틈 없이 이어 붙인 모양입니다.

35  ➡ 4개

36  ➡ 6개 ➡ 3개 ➡ 2개

39 선분 ㄱㄷ, 선분 ㄴㄹ

40 선분 ㄱㄷ, 선분 ㄴㅁ, 선분 ㄷㅁ

41 선분 ㄱㄷ, 선분 ㄴㅁ, 선분 ㅂㄷ

42 나, 다   **43**

44 정사각형   **45** 나, 라

46 ㉢, ㉣   **47** ⑩

48 ⑩

49 ⑩

50 ⑩

| **51** 90 | **52** 90° | **53** 45° |
| **54** 5 cm | **55** 12 cm | **56** 18 cm |

39 이웃하지 않는 두 꼭짓점을 이은 선분을 찾습니다.

40 선분 ㄱㅂ은 한 꼭짓점에서 변에 그은 선분이므로 대각선이 아닙니다.

41 선분 ㄱㅅ과 선분 ㅂㅅ은 한 꼭짓점에서 변에 그은 선분이므로 대각선이 아닙니다.

42 나와 다는 두 대각선의 길이가 같습니다.

43 직사각형과 정사각형은 두 대각선의 길이가 같습니다.
마름모와 정사각형은 두 대각선이 서로 수직으로 만납니다.

44 두 대각선의 길이가 같은 사각형 ➡ 직사각형, 정사각형
두 대각선이 서로 수직으로 만나는 사각형
➡ 마름모, 정사각형
한 대각선이 다른 대각선을 반으로 나누는 사각형
➡ 평행사변형, 직사각형, 마름모, 정사각형
따라서 모든 조건을 만족하는 사각형은 정사각형입니다.

45 가: 정삼각형, 나: 직사각형, 다: 정사각형, 라: 평행사변형
정다각형이 아닌 도형은 나, 라입니다.

46 ㉢ 마름모는 각의 크기가 모두 같지 않습니다.
㉣ 직사각형은 변의 길이가 모두 같지 않습니다.

47 변의 길이와 각의 크기가 모두 같은 오각형을 그립니다.
➡ 정오각형

48 모양 조각이 서로 겹치지 않게 길이가 같은 변끼리 이어 붙입니다.

49 삼각형, 사다리꼴, 평행사변형 모양 조각을 1번씩 사용하여 정육각형을 만듭니다.

50 모양 조각이 서로 겹치지 않게 길이가 같은 변끼리 이어 붙입니다.

51 마름모는 두 대각선이 서로 수직(90°)으로 만납니다.

52 정사각형은 두 대각선이 서로 수직으로 만나므로
각 ㄹㅁㄷ의 크기는 90°입니다.

53 정사각형의 대각선은 서로 수직으로 만나고 똑같이 둘로 나눕니다. 또 대각선의 길이가 서로 같습니다.
따라서 각 ㄹㅁㄷ의 크기는 90°이고 삼각형 ㄹㅁㄷ에서 각 ㅁㄹㄷ의 크기와 각 ㅁㄷㄹ의 크기가 같습니다.
각 ㅁㄹㄷ의 크기를 □라 하면 □+□+90°=180°,
□+□=90°, □=45°입니다.

54 정사각형은 두 대각선의 길이가 같으므로 선분 ㄴㄹ의 길이는 5 cm입니다.

55 마름모는 한 대각선이 다른 대각선을 반으로 나눕니다.
➡ (선분 ㄱㄷ)=6×2=12(cm)

56 평행사변형은 한 대각선이 다른 대각선을 반으로 나눕니다.
➡ (선분 ㄴㄹ)=9×2=18(cm)

STEP 3 응용 유형 123~125쪽

57 12 cm	**58** 8 cm	**59** 6 cm
60 30 cm	**61** 24 cm	**62** 16 cm
63 14개	**64** 20개	**65** 27개
66 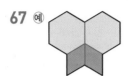	**67** ⑩	
68 6	**69** 60°	**70** 70°
71 30°	**72** 135°	**73** 60°
74 60°		

57 (정사각형의 모든 변의 길이의 합)=15×4=60(cm)
정오각형의 모든 변의 길이의 합은 60 cm이므로
(정오각형의 한 변의 길이)=60÷5=12(cm)입니다.

58 (정사각형의 모든 변의 길이의 합)=12×4=48(cm)
정육각형의 모든 변의 길이의 합은 48 cm이므로
(정육각형의 한 변의 길이)=48÷6=8(cm)입니다.

59 (정삼각형의 모든 변의 길이의 합)=16×3=48(cm)
정팔각형의 모든 변의 길이의 합은 48 cm이므로
(정팔각형의 한 변의 길이)=48÷8=6(cm)입니다.

60 직사각형은 두 대각선의 길이가 서로 같으므로
(선분 ㄹㄴ)=(선분 ㄱㄷ)=13 cm이고
마주 보는 변의 길이가 서로 같으므로
(변 ㄴㄷ)=(변 ㄱㄹ)=12 cm입니다.
➡ (삼각형 ㄹㄴㄷ의 세 변의 길이의 합)
=13+12+5=30(cm)

61 (변 ㄱㄴ)+(변 ㄱㄹ)+9=21(cm)
➡ (변 ㄱㄴ)+(변 ㄱㄹ)=12 cm
(변 ㄱㄴ)=(변 ㄱㄹ)이므로
(변 ㄱㄴ)=(변 ㄱㄹ)=6 cm입니다.
따라서 마름모는 네 변의 길이가 모두 같으므로 네 변의
길이의 합은 6×4=24(cm)입니다.

62 (선분 ㄱㄷ)=20-12=8(cm)
평행사변형은 한 대각선이 다른 대각선을 반으로 나누므
로 (선분 ㅁㄴ)=12÷2=6(cm),
(선분 ㅁㄷ)=8÷2=4(cm)입니다.
➡ (삼각형 ㅁㄴㄷ의 세 변의 길이의 합)
=6+6+4=16(cm)

63
한 꼭짓점에서 그을 수 있는 대각선은 4개이므로
4×7=28이고, 겹치는 대각선의 수를 제외하면 칠각형
에 그을 수 있는 대각선의 수는 모두 28÷2=14(개)입
니다.

64
한 꼭짓점에서 그을 수 있는 대각선은 5개이므로
5×8=40이고, 겹치는 대각선의 수를 제외하면 팔각형
에 그을 수 있는 대각선의 수는 모두 40÷2=20(개)입
니다.

65 구각형의 한 꼭짓점에서 그을 수 있는 대각선은 6개이므
로 6×9=54이고, 겹치는 대각선의 수를 제외하면 구각
형에 그을 수 있는 대각선의 수는 모두 54÷2=27(개)
입니다.

66 가장 작은 삼각형 모양이 많이 들어가도록 채웁니다.

67 가장 큰 육각형 모양 조각부터 채워 봅니다.

68 사용한 모양 조각의 수가 많으려면 가장 작은 삼각형 모양 조각이 많이 들어가야 하므로 삼각형 12개로 채워집니다.

사용한 모양 조각의 수가 적으려면 큰 조각부터 차례로
채워 봅니다. 육각형을 넣으면 나머지 칸에 삼각형 6개가
들어가므로 모두 7개가 필요합니다.

 사다리꼴 모양을 최대한 넣고 나머지 칸을 삼각형으로 채우면 모두 6개로 채워집니다.

다음과 같은 6개의 모양 조각으로도 모양을 채울 수 있습
니다.

따라서 가장 많을 때와 가장 적을 때의 모양 조각의 수의
차는 12-6=6입니다.

69 (각 ㄱㅁㄴ)=180°−120°=60°
(선분 ㄱㅁ)=(선분 ㄴㅁ)이므로
삼각형 ㄱㅁㄴ은 이등변삼각형입니다.
따라서 (각 ㄱㄴㅁ)+(각 ㄴㄱㅁ)+60°=180°,
(각 ㄱㄴㅁ)+(각 ㄴㄱㅁ)=120°,
(각 ㄱㄴㅁ)=120°÷2=60°입니다.

70 (각 ㄱㅁㄴ)=180°−140°=40°
직사각형은 두 대각선의 길이가 같고 한 대각선이 다른
대각선을 반으로 나누므로 삼각형 ㄱㅁㄴ은 이등변삼각
형입니다.
따라서 (각 ㄴㄱㅁ)+(각 ㄱㄴㅁ)+40°=180°,
(각 ㄴㄱㅁ)+(각 ㄱㄴㅁ)=140°,
(각 ㄴㄱㅁ)=140°÷2=70°입니다.

71 마름모의 두 대각선은 서로 수직으로 만나므로 각 ㄱㅁㄴ
은 90°입니다.
따라서 (각 ㄱㄴㅁ)+(각 ㄴㄱㅁ)+(각 ㄱㅁㄴ)=180°,
(각 ㄱㄴㅁ)+60°+90°=180°
(각 ㄱㄴㅁ)=180°−60°−90°=30°입니다.

72

(정팔각형의 모든 각의 크기의 합)=180°×6=1080°
(정팔각형의 한 각의 크기)=1080°÷8=135°

다른 풀이

(정팔각형의 모든 각의 크기의 합)
=360°×3=1080°
(정팔각형의 한 각의 크기)
=1080°÷8=135°

73

(정육각형의 모든 각의 크기의 합)=180°×4=720°
(정육각형의 한 각의 크기)=720°÷6=120°
➡ ㉠=180°−120°=60°

다른 풀이

정육각형은 사각형 2개로 나누어지므로
(정육각형의 모든 각의 크기의 합)=360°×2=720°
(정육각형의 한 각의 크기)=720°÷6=120°
➡ ㉠=180°−120°=60°

74 (정육각형의 모든 각의 크기의 합)=180°×4=720°
(정육각형의 한 각의 크기)=720°÷6=120°
삼각형 ㅂㄱㅁ과 삼각형 ㅁㄷㄹ은 이등변삼각형이므로
(각 ㅂㅁㄱ)+(각 ㅂㄱㅁ)=180°−120°=60°,
(각 ㅂㅁㄱ)=(각 ㅂㄱㅁ)=60°÷2=30°이고
(각 ㄹㅁㄷ)+(각 ㄹㄷㅁ)=180°−120°=60°,
(각 ㄹㅁㄷ)=(각 ㄹㄷㅁ)=60°÷2=30°입니다.
➡ (각 ㄱㅁㄷ)=120°−30°−30°=60°

6. 다각형 | **기출 단원 평가** | 126~128쪽

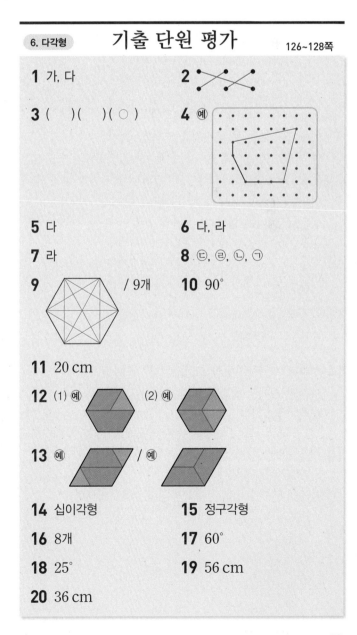

1 가, 다

2 (선을 이은 그림)

3 ( )( )(○)

4 예 (점판 위 도형)

5 다

6 다, 라

7 라

8 ㉢, ㉣, ㉡, ㉠

9 (육각형 대각선 그림) / 9개

10 90°

11 20 cm

12 (1) 예 (육각형 그림) (2) 예 (육각형 그림)

13 예 (평행사변형 그림) / 예 (평행사변형 그림)

14 십이각형

15 정구각형

16 8개

17 60°

18 25°

19 56 cm

20 36 cm

1 다각형은 선분으로만 둘러싸인 도형인데 가는 곡선으로만, 다는 선분과 곡선으로 둘러싸여 있으므로 다각형이 아닙니다.

2 다각형의 이름은 변의 수에 따라 정해집니다.
변이 4개: 사각형, 변이 5개: 오각형, 변이 6개: 육각형

3 대각선은 이웃하지 않는 두 꼭짓점을 이은 선분입니다.

4 변이 5개인 다각형을 그립니다.

5 6개의 변의 길이가 모두 같고 6개의 각의 크기가 모두 같은 육각형을 찾습니다.

6 두 대각선의 길이가 같은 사각형은 직사각형과 정사각형입니다.

7 두 대각선의 길이가 같고 서로 수직으로 만나는 사각형은 정사각형입니다.

8 각의 수가 많을수록 대각선의 수가 많아지므로 대각선을 그어 보지 않아도 알 수 있습니다.

9 이웃하지 않는 두 꼭짓점을 모두 잇습니다.
한 꼭짓점에서 그을 수 있는 대각선은 3개이고, 꼭짓점이 6개이므로 $3 \times 6 = 18$이고, 겹치는 대각선의 수를 제외하면 육각형에 그을 수 있는 대각선의 수는 모두 $18 \div 2 = 9$(개)입니다.

10 네 변의 길이가 같으므로 마름모입니다.
마름모의 두 대각선은 수직으로 만납니다.

11 직사각형은 한 대각선이 다른 대각선을 반으로 나눕니다.
(선분 ㅁㄴ)$= 40 \div 2 = 20$(cm)

14 선분으로만 둘러싸인 도형입니다. ➡ 다각형
다각형 중에서 변과 꼭짓점이 각각 12개인 도형은 십이각형입니다.

15 정다각형은 변의 길이가 모두 같으므로 변은 $54 \div 6 = 9$(개)입니다.
따라서 변이 9개인 정다각형은 정구각형입니다.

16
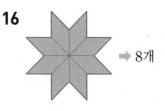 ➡ 8개

17

(정육각형의 모든 각의 크기의 합)$= 360° \times 2 = 720°$
(정육각형의 한 각의 크기)$= 720° \div 6 = 120°$이므로
㉠$= 120°$, ㉡$= 180° - 120° = 60°$입니다.
➡ ㉠$-$㉡$= 120° - 60° = 60°$

18 직사각형에서 두 대각선의 길이는 같고 한 대각선이 다른 대각선을 반으로 나누므로 (선분 ㅁㄷ)$=$(선분 ㅁㄴ)입니다.
따라서 삼각형 ㅁㄴㄷ은 이등변삼각형입니다.
(각 ㄴㅁㄷ)$= 180° - 50° = 130°$이므로
(각 ㅁㄴㄷ)$+$(각 ㅁㄷㄴ)$= 180° - 130° = 50°$입니다.
따라서 (각 ㅁㄴㄷ)$= 50° \div 2 = 25°$입니다.

19 ⓔ 정팔각형은 8개의 변의 길이가 모두 같으므로 모든 변의 길이의 합은 $7 \times 8 = 56$(cm)입니다.

평가 기준	배점
정팔각형의 8개의 변의 길이가 같음을 썼나요?	2점
정팔각형의 모든 변의 길이의 합을 구했나요?	3점

20 ⓔ 직사각형은 두 대각선의 길이가 같으므로
(선분 ㄹㄴ)$=$(선분 ㄱㄷ)$= 20$ cm이고
한 대각선이 다른 대각선을 반으로 나누므로
(선분 ㅁㄹ)$=$(선분 ㅁㄷ)$= 20 \div 2 = 10$(cm)입니다.
따라서 삼각형 ㄹㅁㄷ의 세 변의 길이의 합은
$10 + 10 + 16 = 36$(cm)입니다.

평가 기준	배점
선분 ㅁㄹ과 선분 ㅁㄷ의 길이를 구했나요?	3점
삼각형 ㄹㅁㄷ의 세 변의 길이의 합을 구했나요?	2점

부록책 정답과 풀이

1 분수의 덧셈과 뺄셈

2~4쪽

+ 꼭 나오는 유형

1 $\dfrac{4}{9}$, $\dfrac{8}{9}$, $1\dfrac{1}{9}$

2 (1) $\boxed{\dfrac{2}{5}+\dfrac{3}{5}}$, $\dfrac{4}{5}$, $1\dfrac{4}{5}$ (2) $\boxed{\dfrac{1}{7}+\dfrac{3}{7}+\dfrac{6}{7}}$, $\dfrac{3}{7}$, $1\dfrac{3}{7}$

3 6   **4** $\dfrac{3}{5}$, $\dfrac{2}{5}$, $\dfrac{1}{5}$ **5** $\dfrac{3}{8}$

점프 $\dfrac{4}{6}$ **6** $4\dfrac{6}{7}$, 5, $5\dfrac{1}{7}$ **7** 3, 6

8 $2\dfrac{3}{4}$, $3\dfrac{1}{4}$ **9** $4\dfrac{3}{5}$, $4\dfrac{3}{5}$

10

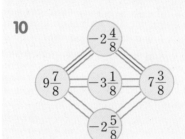

점프 $1\dfrac{3}{6}$, $2\dfrac{1}{6}$

11 $\dfrac{1}{3}$, $1\dfrac{1}{3}$, $2\dfrac{1}{3}$ **12** $2\dfrac{2}{9}$ / $2\dfrac{2}{9}$, 4

13 7, 6 / $\dfrac{1}{7}$ **14** $3\dfrac{6}{9}$, $3\dfrac{5}{9}$, $3\dfrac{4}{9}$

15 (1) $2\dfrac{2}{5}$ (2) $3\dfrac{7}{8}$ 점프 $4\dfrac{9}{11}$

---

1 분자가 2씩 커집니다.
$$\dfrac{2}{9}+\dfrac{2}{9}=\dfrac{4}{9}, \ \dfrac{6}{9}+\dfrac{2}{9}=\dfrac{8}{9}, \ \dfrac{8}{9}+\dfrac{2}{9}=\dfrac{10}{9}=1\dfrac{1}{9}$$

2 (1) 분자끼리의 합이 5가 되는 분수끼리 묶습니다.
(2) 분자끼리의 합이 7이 되는 분수끼리 묶습니다.

3 ★＋★＝12, 6＋6＝12이므로 ★＝6입니다.

4 노란색이 차지하는 부분은 $\dfrac{3}{5}$이고, 초록색이 차지하는 부분은 $\dfrac{2}{5}$입니다. ➡ $\dfrac{3}{5}-\dfrac{2}{5}=\dfrac{1}{5}$

5 $\dfrac{1}{8}$이 4개인 수는 $\dfrac{4}{8}$이고, $\dfrac{1}{8}$이 7개인 수는 $\dfrac{7}{8}$이므로 차는 $\dfrac{7}{8}-\dfrac{4}{8}=\dfrac{3}{8}$입니다.

점프 가장 큰 수는 1이고 가장 작은 수는 $\dfrac{1}{6}$이 2개인 수인 $\dfrac{2}{6}$이므로 차는 $1-\dfrac{2}{6}=\dfrac{6}{6}-\dfrac{2}{6}=\dfrac{4}{6}$입니다.

6 $\dfrac{1}{7}$씩 커지는 수를 더하면 계산 결과도 $\dfrac{1}{7}$씩 커집니다.

7 $3\dfrac{2}{9}+2\dfrac{2}{9}=5\dfrac{4}{9}$ ➡ $ⓛ\dfrac{7}{9}+1\dfrac{⦿}{9}=5\dfrac{4}{9}$
• 7＋㉠＝9＋4, 7＋㉠＝13, ㉠＝6
• ㉡＋1＋1＝5, ㉡＝3

8 $2\dfrac{3}{4}+3\dfrac{1}{4}=(2+3)+\left(\dfrac{3}{4}+\dfrac{1}{4}\right)=5+1=6$

10 $9\dfrac{7}{8}-2\dfrac{4}{8}=7\dfrac{3}{8}$, $9\dfrac{7}{8}-3\dfrac{1}{8}=6\dfrac{6}{8}$,
$9\dfrac{7}{8}-2\dfrac{5}{8}=7\dfrac{2}{8}$

점프 • $5\dfrac{5}{6}-\boxed{1\dfrac{3}{6}}=4\dfrac{2}{6}$ • $5\dfrac{5}{6}-\boxed{2\dfrac{1}{6}}=3\dfrac{4}{6}$

11 빼지는 수가 1씩 커지면 계산 결과도 1씩 커집니다.
$$3-2\dfrac{2}{3}=2\dfrac{3}{3}-2\dfrac{2}{3}=\dfrac{1}{3}$$

12 $4-1\dfrac{7}{9}=3\dfrac{9}{9}-1\dfrac{7}{9}=2\dfrac{2}{9}$, $1\dfrac{7}{9}+2\dfrac{2}{9}=3\dfrac{9}{9}=4$

13 계산 결과 중 0이 아닌 가장 작은 값은 $\dfrac{1}{7}$입니다.
$$8-㉠\dfrac{㉡}{7}=\dfrac{1}{7} ➡ ㉠\dfrac{㉡}{7}=8-\dfrac{1}{7}=7\dfrac{7}{7}-\dfrac{1}{7}=7\dfrac{6}{7}$$

14 빼는 수가 $\dfrac{1}{9}$씩 커지면 계산 결과는 $\dfrac{1}{9}$씩 작아집니다.
$$7\dfrac{2}{9}-3\dfrac{5}{9}=6\dfrac{11}{9}-3\dfrac{5}{9}=3\dfrac{6}{9}$$

15 (1) □＝$4\dfrac{1}{5}-1\dfrac{4}{5}=3\dfrac{6}{5}-1\dfrac{4}{5}=2\dfrac{2}{5}$
(2) □＝$9\dfrac{4}{8}-5\dfrac{5}{8}=8\dfrac{12}{8}-5\dfrac{5}{8}=3\dfrac{7}{8}$

점프 어떤 수를 □라 하면 $□+3\dfrac{7}{11}=8\dfrac{5}{11}$입니다.

$□=8\dfrac{5}{11}-3\dfrac{7}{11}=7\dfrac{16}{11}-3\dfrac{7}{11}=4\dfrac{9}{11}$

따라서 어떤 수는 $4\dfrac{9}{11}$입니다.

➕ 자주 틀리는 유형　　　　5~6쪽

1 $3\dfrac{8}{8}-2\dfrac{3}{8}=(3-2)+\left(\dfrac{8}{8}-\dfrac{3}{8}\right)=1\dfrac{5}{8}$

2 $3\dfrac{5}{7}+\dfrac{19}{7}=6\dfrac{3}{7}$

3 ㉡, ㉢

4 (1) $3\dfrac{4}{7}$, $4\dfrac{5}{7}$, $5\dfrac{2}{7}$　(2) 7, $4\dfrac{6}{9}$, $3\dfrac{8}{9}$

2 계산 결과가 가장 큰 덧셈식은 가장 큰 수와 두 번째로 큰 수의 합입니다.

$\dfrac{10}{7}=1\dfrac{3}{7}$, $\dfrac{19}{7}=2\dfrac{5}{7}$이므로

$3\dfrac{5}{7}>\dfrac{19}{7}>2\dfrac{3}{7}>\dfrac{10}{7}$입니다.

따라서 계산 결과가 가장 큰 덧셈식은

$3\dfrac{5}{7}+\dfrac{19}{7}=3\dfrac{5}{7}+2\dfrac{5}{7}=5\dfrac{10}{7}=6\dfrac{3}{7}$입니다.

3 ㉠ $2\dfrac{5}{6}+4\dfrac{5}{6}$: 자연수끼리 더하면 $2+4=6$이고, 진분 수끼리의 합이 1보다 크므로 7과 8 사이 입니다.

㉡ $6\dfrac{3}{6}-\dfrac{5}{6}$: 자연수에서 1을 분수로 받아내림하면 자연 수는 5이므로 5와 6 사이입니다.

㉢ $1\dfrac{4}{6}+3\dfrac{3}{6}$: 자연수끼리 더하면 $1+3=4$이고, 진분 수끼리의 합이 1보다 크므로 5와 6 사이 입니다.

㉣ $8\dfrac{1}{6}-3\dfrac{3}{6}$: 자연수에서 1을 분수로 받아내림하면 자 연수는 $7-3=4$이므로 4와 5 사이입 니다.

4 (1) $\dfrac{4}{7}$씩 커지는 규칙입니다.

$3+\dfrac{4}{7}=3\dfrac{4}{7}$, $4\dfrac{1}{7}+\dfrac{4}{7}=4\dfrac{5}{7}$,

$4\dfrac{5}{7}+\dfrac{4}{7}=4\dfrac{9}{7}=5\dfrac{2}{7}$

(2) $\dfrac{7}{9}$씩 작아지는 규칙입니다.

$7\dfrac{7}{9}-\dfrac{7}{9}=7$, $5\dfrac{4}{9}-\dfrac{7}{9}=4\dfrac{13}{9}-\dfrac{7}{9}=4\dfrac{6}{9}$,

$4\dfrac{6}{9}-\dfrac{7}{9}=3\dfrac{15}{9}-\dfrac{7}{9}=3\dfrac{8}{9}$

---

1. 분수의 덧셈과 뺄셈　수시 평가 대비　　7~9쪽

1 $1\dfrac{1}{4}$　　　　**2** $\dfrac{4}{7}$, $\dfrac{3}{7}$, $\dfrac{2}{7}$

3 $4\dfrac{5}{5}-\dfrac{2}{5}=4\dfrac{3}{5}$　　**4** 1

5 $6\dfrac{7}{8}$, 7, $7\dfrac{1}{8}$　　**6** $\dfrac{5}{9}$

7 $\dfrac{9}{10}$　　　**8** 예 $\dfrac{10}{13}-\dfrac{6}{13}=\dfrac{4}{13}$

9 $3\dfrac{5}{7}$, $1\dfrac{1}{7}$　　**10** $1\dfrac{5}{6}$, $1\dfrac{5}{6}$

11 5

12

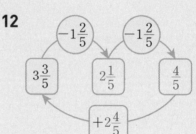

13 $\dfrac{2}{8}$　　　　**14** $<$

15 $1\dfrac{1}{9}$　　　**16** $\dfrac{4}{7}$, $\dfrac{6}{7}$

17 $12\dfrac{2}{8}$　　　**18** $6\dfrac{11}{12}$

19 소방서, $1\dfrac{3}{5}$ km　　**20** 28

1 $\dfrac{3}{4}$만큼 색칠하고 이어서 $\dfrac{2}{4}$만큼 색칠하면 전체 색칠한 부분은 $\dfrac{5}{4}=1\dfrac{1}{4}$입니다.

2 빼지는 수가 $\dfrac{1}{7}$씩 작아지면 계산 결과도 $\dfrac{1}{7}$씩 작아집니다.

4 단위분수 $\dfrac{1}{6}$을 6번 더하면 1이 됩니다.

5 더해지는 수가 $\dfrac{1}{8}$씩 커지면 계산 결과도 $\dfrac{1}{8}$씩 커집니다.

6 빨간색이 차지하는 부분은 $\dfrac{7}{9}$이고, 파란색이 차지하는 부분은 $\dfrac{2}{9}$입니다.
➡ $\dfrac{7}{9}-\dfrac{2}{9}=\dfrac{5}{9}$

7 $\dfrac{1}{10}$이 3개인 수는 $\dfrac{3}{10}$이고, $\dfrac{1}{10}$이 6개인 수는 $\dfrac{6}{10}$입니다. ➡ $\dfrac{3}{10}+\dfrac{6}{10}=\dfrac{9}{10}$

8 분모는 13이고 분자끼리의 차가 4인 분수를 찾습니다.

9 합: $2\dfrac{3}{7}+1\dfrac{2}{7}=3\dfrac{5}{7}$
차: $2\dfrac{3}{7}-1\dfrac{2}{7}=1\dfrac{1}{7}$

10 $7\dfrac{1}{6}-5\dfrac{2}{6}=6\dfrac{7}{6}-5\dfrac{2}{6}=1\dfrac{5}{6}$

11 $2\dfrac{1}{4}+2\dfrac{3}{4}=4\dfrac{4}{4}=5$

12 $3\dfrac{3}{5}-1\dfrac{2}{5}=2\dfrac{1}{5}$, $2\dfrac{1}{5}-1\dfrac{2}{5}=1\dfrac{6}{5}-1\dfrac{2}{5}=\dfrac{4}{5}$
$\dfrac{4}{5}+\square=3\dfrac{3}{5}$, $\square=3\dfrac{3}{5}-\dfrac{4}{5}=2\dfrac{8}{5}-\dfrac{4}{5}=2\dfrac{4}{5}$

13 $\bigcirc=\dfrac{\square}{8}$라 하면 $1+\square+5=8$, $\square=2$입니다.
따라서 $\bigcirc$에 알맞은 분수는 $\dfrac{2}{8}$입니다.

14 $1\dfrac{7}{11}+1\dfrac{6}{11}=2\dfrac{13}{11}=3\dfrac{2}{11}$
$5\dfrac{1}{11}-1\dfrac{8}{11}=4\dfrac{12}{11}-1\dfrac{8}{11}=3\dfrac{4}{11}$
➡ $3\dfrac{2}{11}<3\dfrac{4}{11}$

15 $\dfrac{26}{9}=2\dfrac{8}{9}$
가장 큰 수는 4이고 가장 작은 수는 $\dfrac{26}{9}$입니다.
➡ $4-\dfrac{26}{9}=\dfrac{36}{9}-\dfrac{26}{9}=\dfrac{10}{9}=1\dfrac{1}{9}$

16 $1\dfrac{3}{7}=\dfrac{10}{7}$
합이 10이고 차가 2인 두 수는 4와 6이므로 두 진분수의 분자는 4와 6입니다.
따라서 두 진분수는 $\dfrac{4}{7}$와 $\dfrac{6}{7}$입니다.

17 분모가 8인 대분수 중 가장 큰 수는 $9\dfrac{5}{8}$이고, 가장 작은 수는 $2\dfrac{5}{8}$입니다.
따라서 두 수의 합은 $9\dfrac{5}{8}+2\dfrac{5}{8}=11\dfrac{10}{8}=12\dfrac{2}{8}$입니다.

18 어떤 수를 $\square$라 하면 $\square-2\dfrac{7}{12}=1\dfrac{9}{12}$입니다.
$\square=1\dfrac{9}{12}+2\dfrac{7}{12}=3\dfrac{16}{12}=4\dfrac{4}{12}$
따라서 바르게 계산하면 $4\dfrac{4}{12}+2\dfrac{7}{12}=6\dfrac{11}{12}$입니다.

19 ⑩ $2\dfrac{4}{5}<4\dfrac{2}{5}$이므로 집에서 소방서가 더 멉니다.
따라서 집에서 소방서가
$4\dfrac{2}{5}-2\dfrac{4}{5}=3\dfrac{7}{5}-2\dfrac{4}{5}=1\dfrac{3}{5}$ (km) 더 멉니다.

평가 기준	배점
집에서 어느 곳이 더 먼지 구했나요?	2점
몇 km 더 먼지 구했나요?	3점

20 ⑩ $1\dfrac{4}{9}+1\dfrac{7}{9}=\dfrac{13}{9}+\dfrac{16}{9}=\dfrac{29}{9}$
$\dfrac{29}{9}>\dfrac{\square}{9}$에서 $29>\square$입니다.
따라서 $\square$ 안에 들어갈 수 있는 자연수 중에서 가장 큰 수는 28입니다.

평가 기준	배점
주어진 분수의 덧셈식을 계산했나요?	3점
$\square$ 안에 들어갈 수 있는 자연수 중에서 가장 큰 수를 구했나요?	2점

2 삼각형

10~12쪽

➕ 꼭 나오는 유형

1 ( )(○) **2** 18 cm **3** 없습니다에 ○표

4 (1) ○ (2) × **5** 6 점프 35, 35

6 ② **7** 12 cm 점프 9 cm

8 둔각에 ○표, 둔각삼각형에 ○표

9

10 (예)

11 (1) × (2) ○ (3) × **12** 가

13 이등변삼각형, 직각삼각형

14 예각삼각형, 이등변삼각형, 정삼각형

점프 30°, 30°, 120°

1 정삼각형은 세 변의 길이가 같아야 하므로 3개의 막대의 길이가 같은 것을 고릅니다.

2 나머지 한 변의 길이는 5 cm입니다.
(세 변의 길이의 합)=5+5+8=18(cm)

3 이등변삼각형은 두 변의 길이가 같으므로 세 변의 길이가 같은 정삼각형이라고 할 수 없습니다.

4 두 변의 길이가 같은 삼각형은 이등변삼각형이고, 이등변삼각형은 두 각의 크기가 같습니다.

5 두 각의 크기가 같은 이등변삼각형이므로 두 변의 길이가 같습니다.

점프 두 변의 길이가 같은 이등변삼각형이므로 두 각의 크기가 같습니다. 삼각형의 세 각의 크기의 합이 180°이므로 나머지 두 각의 크기의 합은 180°−110°=70°입니다.
70°÷2=35°이므로 크기가 같은 두 각의 크기는 각각 35°입니다.

6 점 ㄱ과 점 ㄴ을 ②와 이으면 세 변의 길이가 같은 정삼각형을 그릴 수 있습니다.

7 삼각형의 세 각의 크기의 합이 180°이므로 나머지 한 각의 크기는 180°−60°−60°=60°입니다.
세 각이 모두 60°이므로 정삼각형이고, 정삼각형의 세 변의 길이의 합은 4+4+4=12(cm)입니다.

점프 삼각형의 세 각의 크기의 합이 180°이므로 나머지 한 각의 크기는 180°−60°−60°=60°입니다.
세 각이 모두 60°이므로 정삼각형이고, 정삼각형의 한 변의 길이는 27÷3=9(cm)입니다.

8 한 각이 둔각인 삼각형을 둔각삼각형이라고 합니다.

9 세 각이 모두 예각이 되도록 선분을 긋습니다.

10 빨간 점 2개가 들어가는 한 각이 둔각인 삼각형을 그립니다.

11 (1) 원 안에는 둔각삼각형이 1개 있습니다.
(3) 직사각형 안에는 이등변삼각형이 2개 있습니다.

12 두 변의 길이가 같으면서 한 각이 둔각인 삼각형은 가입니다.

13 지워진 각의 크기는 180°−45°−90°=45°입니다.
두 각의 크기가 같으므로 이등변삼각형이고, 한 각이 직각이므로 직각삼각형입니다.

14 세 변의 길이가 모두 같은 삼각형이므로 정삼각형입니다.
정삼각형은 예각삼각형도 되고 이등변삼각형도 됩니다.

점프 정삼각형에서 한 각의 크기가 60°이고 60°=30°+30°이므로 이등변삼각형에서 크기가 같은 두 각의 크기는 각각 30°입니다.
따라서 이등변삼각형에서 나머지 한 각의 크기는 180°−30°−30°=120°입니다.

➕ 자주 틀리는 유형

13~14쪽

① ㉠

② 8 cm, 14 cm / 11 cm, 11 cm

③ 50 **④** 10

1 삼각형의 세 각의 크기의 합이 180°임을 이용하여 나머지 한 각의 크기를 구해 봅니다.
  ㉠ $180° - 30° - 55° = 95°$
  ㉡ $180° - 70° - 20° = 90°$
  ㉢ $180° - 65° - 35° = 80°$
  ㉣ $180° - 60° - 60° = 60°$
  둔각삼각형은 한 각이 둔각이어야 하므로 ㉠입니다.

2 • 길이가 같은 두 변의 길이가 8 cm인 경우:
    8 cm, 8 cm, $30 - 8 - 8 = 14$(cm)
  • 길이가 다른 한 변의 길이가 8 cm인 경우:
    $30 - 8 = 22$, $22 ÷ 2 = 11$이므로
    8 cm, 11 cm, 11 cm

3 이등변삼각형은 두 각의 크기가 같습니다.
  (각 ㄱㄴㄷ)=(각 ㄴㄱㄷ)=25°
  (각 ㄱㄷㄴ)=$180° - 25° - 25° = 130°$
  일직선은 180°이므로 □=$180° - 130° = 50$입니다.

4 왼쪽 이등변삼각형의 세 변의 길이의 합은
  $12 + 7 + 7 = 26$(cm)입니다.
  오른쪽 이등변삼각형의 세 변의 길이의 합도 26 cm이고 나머지 한 변의 길이는 □cm입니다.
  □+□+6=26, □+□=20, □=10

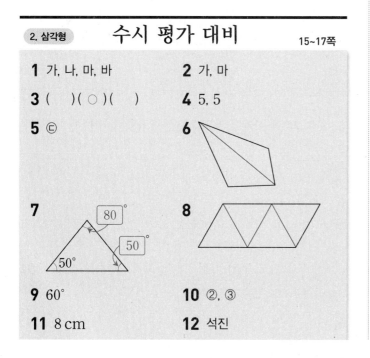

수시 평가 대비

15~17쪽

1 가, 나, 마, 바
2 가, 마
3 ( )(○)( )
4 5, 5
5 ㉢
6
7
8
9 60°
10 ②, ③
11 8 cm
12 석진

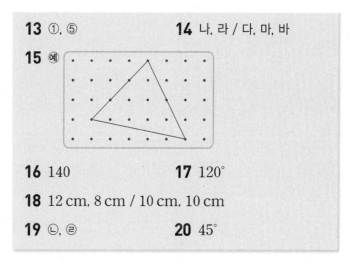

13 ①, ⑤
14 나, 라 / 다, 마, 바
15 예
16 140
17 120°
18 12 cm, 8 cm / 10 cm, 10 cm
19 ㉡, ㉣
20 45°

1 두 변의 길이가 같은 삼각형은 가, 나, 마, 바입니다.

2 세 변의 길이가 같은 삼각형은 가, 마입니다.

3 이등변삼각형은 두 변의 길이가 같아야 하므로 2개의 막대의 길이가 같은 것을 고릅니다.

4 정삼각형이므로 세 변의 길이가 모두 5 cm입니다.

5 예각삼각형은 세 각이 모두 예각인 삼각형입니다.

6 한 각이 둔각이 되도록 선분을 긋습니다.

7 크기가 같은 두 각의 크기는 각각 50°입니다.
  나머지 한 각의 크기는 $180° - 50° - 50° = 80°$입니다.

8 세 변의 길이가 같은 삼각형 4개로 나누어 봅니다.

9 세 변의 길이가 모두 7 cm로 같으므로 정삼각형입니다.
  정삼각형은 세 각의 크기가 모두 60°입니다.

10 점 ㄱ과 점 ㄴ을 ①, ⑤와 이으면 둔각삼각형, ②, ③과 이으면 예각삼각형, ④와 이으면 직각삼각형을 그릴 수 있습니다.

11 $24 ÷ 3 = 8$(cm)

12 • 모든 정삼각형의 크기가 같은 것은 아니므로 변의 길이가 같지는 않습니다.
  • 모든 정삼각형의 각의 크기는 60°로 같습니다.
  • 모든 정삼각형은 예각삼각형입니다.

13 두 각의 크기가 같으므로 이등변삼각형입니다.
  나머지 한 각의 크기가 $180° - 35° - 35° = 110°$로 둔각이므로 둔각삼각형입니다.

14 • 세 각이 모두 예각인 삼각형은 나, 라입니다.
  • 한 각이 둔각인 삼각형은 다, 마, 바입니다.

15 빨간 점 2개가 들어가는 세 각이 모두 예각인 삼각형을 그립니다.

16
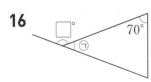

이등변삼각형은 두 각의 크기가 같습니다.
㉠=180°−70°−70°=40°
일직선은 180°이므로 □°=180°−40°=140°입니다.

17 정삼각형의 세 각의 크기는 모두 60°입니다.
(각 ㄱㄴㄹ)=(각 ㄹㄴㄷ)=60°
➡ (각 ㄱㄴㄷ)=60°+60°=120°

18 • 길이가 같은 두 변의 길이가 12 cm인 경우:
12 cm, 12 cm, 32−12−12=8(cm)
• 길이가 다른 한 변의 길이가 12 cm인 경우:
32−12=20, 20÷2=10이므로
12 cm, 10 cm, 10 cm

19 ⑩ 삼각형에서 나머지 한 각의 크기를 구합니다.
㉠ 180°−55°−15°=110°
㉡ 180°−60°−60°=60°
㉢ 180°−30°−50°=100°
㉣ 180°−75°−20°=85°
따라서 예각삼각형은 세 각이 모두 예각인 ㉡, ㉣입니다.

평가 기준	배점
나머지 한 각의 크기를 구했나요?	2점
예각삼각형을 모두 찾아 기호를 썼나요?	3점

20 ⑩ 두 변의 길이가 11 cm로 같으므로 이등변삼각형입니다. 이등변삼각형은 두 각의 크기가 같습니다.
(각 ㄱㄴㄷ)+(각 ㄱㄷㄴ)=180°−90°=90°,
90°÷2=45°이므로 각 ㄱㄷㄴ의 크기는 45°입니다.

평가 기준	배점
이등변삼각형은 두 각의 크기가 같음을 알고 있나요?	2점
각 ㄱㄷㄴ의 크기를 구했나요?	3점

3 소수의 덧셈과 뺄셈

➕ 꼭 나오는 유형
18~20쪽

1 (1) 1.36 (2) $\frac{72}{100}$, 0.72 (3) $\frac{418}{100}$, 4.18

(4) $\frac{590}{100}$, 5.9

2 0.5, 2, 0.09에 ○표 점프 0.16

3 (3.008) (3.025) (3.012), 3.025
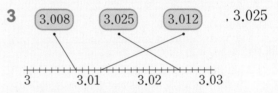

4 0.198, 0.098, 0.008

5 (위에서부터) 7.135, 7.137 / 7.126, 7.146 / 7.036, 7.236

6 3.211, 5.739 / 1.804, 5.723

7 0.703

8

0.142 kg 0.253 kg 0.186 kg

9 ㉡ **10** (위에서부터) 0.79, 10, 100

점프 10.8 **11** (위에서부터) 7.1, 6.5

12 (1) 3.7, 3.5, 3.3, 3.1 (2) 2.7, 3, 3.3, 3.6

13 1.8, 1.8 **14** 3.16

15 3.87 **16** 1.97, 4.15

1 (4) 소수점 아래 끝자리의 0은 생략할 수 있습니다.

2 2.59=2+0.5+0.09
점프 8.46=8+0.3+0.16

3 수직선의 작은 눈금 한 칸의 크기는 0.001입니다.

5 • 0.001 작은 수, 0.001 큰 수는 소수 셋째 자리 숫자가 1 작은 수, 1 큰 수입니다.
• 0.01 작은 수, 0.01 큰 수는 소수 둘째 자리 숫자가 1 작은 수, 1 큰 수입니다.
• 0.1 작은 수, 0.1 큰 수는 소수 첫째 자리 숫자가 1 작은 수, 1 큰 수입니다.

6 $1.804 < 3.211$, $5.739 > 5.723$
    $\underline{1<3}$ $\underline{3>2}$

7 ・$\dfrac{1}{10}$이 6개, $\dfrac{1}{100}$이 8개인 수: 0.68
    ・영 점 칠영삼: 0.703
    ➡ $0.68 < 0.703$

8 상자의 무게가 초록색 > 빨간색, 빨간색 > 파란색이므로
상자의 무게는 초록색 > 빨간색 > 파란색이어야 합니다.
$0.253 > 0.186 > 0.142$이므로 $0.253\,\text{kg}$은 초록색,
$0.186\,\text{kg}$은 빨간색, $0.142\,\text{kg}$은 파란색으로 색칠해야
합니다.

9 ㉠, ㉢, ㉣ 35.8 ㉡ 0.358

10 0.079의 10배 ➡ 0.79, 0.79의 10배 ➡ 7.9
7.9의 $\dfrac{1}{100}$ ➡ 0.079

점프 어떤 수의 $\dfrac{1}{100}$이 0.108이므로 어떤 수는 0.108의
100배인 10.8입니다.

11 $4.5+2.6=\underline{4.5+2}+0.6=7.1$
            6.5

12 (1) 빼는 수가 0.2씩 커지면 계산 결과는 0.2씩 작아집니다.
    (2) 빼지는 수가 0.3씩 커지면 계산 결과도 0.3씩 커집니다.

13 $5.5 - 3.7 = 1.8$
    $3.7 + 1.8 = 5.5$

14 한 수에서 빼지는 만큼 다른 한 수에 더하면 합이 같아집니다.
$2.58\ +\ 2.58\ =\ 5.16$
   -0.58 $+0.58$
$2\ +\ 3.16\ =\ 5.16$

15 같은 수에서 빼는 수가 작을수록 계산 결과는 커집니다.
$3.29 < 3.55$이므로 차가 더 크게 되는 식은
$7.16 - 3.29 = 3.87$입니다.

16 $\square + 4.15 = 6.12$ ➡ $\square = 6.12 - 4.15 = 1.97$
$1.97 + \square = 6.12$ ➡ $\square = 6.12 - 1.97 = 4.15$

➕ 자주 틀리는 유형   21~22쪽

1 100배   **2** 보라색, 노란색, 빨간색

3 (1) >   (2) <   (3) <   (4) >

4 3.42, 1.72

1 ㉠은 0.4를 나타내고, ㉡은 0.004를 나타냅니다.
0.4는 0.004의 100배입니다.

2 같은 단위로 바꾸어 수의 크기를 비교합니다.
$260\,\text{cm} = 2.6\,\text{m}$
$3.2 > 2.6 > 2.36$이므로 길이가 긴 테이프부터 색깔을
차례대로 쓰면 보라색, 노란색, 빨간색입니다.

3 (1) 같은 수에 더하는 수가 클수록 계산 결과는 커집니다.
    (2) 더하는 수가 같으면 더해지는 수가 클수록 계산 결과는 커집니다.
    (3) 같은 수에서 빼는 수가 클수록 계산 결과는 작아집니다.
    (4) 같은 수를 뺄 경우 빼지는 수가 클수록 계산 결과는 커집니다.

4 ・0.8과 0.9 사이를 10등분했으므로 작은 눈금 한 칸의 크기는 0.01입니다. → ㉠$=0.85$
    ・2.5와 2.6 사이를 10등분했으므로 작은 눈금 한 칸의 크기는 0.01입니다. → ㉡$=2.57$
    ➡ 합: ㉠$+$㉡$=0.85+2.57=3.42$
        차: ㉡$-$㉠$=2.57-0.85=1.72$

---

3. 소수의 덧셈과 뺄셈 ## 수시 평가 대비   23~25쪽

1 0.95, 0.05

2 0.008, 3, 0.4, 0.07에 ○표

3 5.3, 5.4, 5.5 **4** 7.8, 0.78, 0.078

5 (위에서부터) 4.5, 5.3 **6** 1, 8.04

7 (1) 10 (2) $\dfrac{1}{100}$ **8** 0.1, 0.01, 0.25

9 (위에서부터) 2.9, 2.74   **10** 3.06

11 ㄹ   **12** 5.418, 오 점 사일팔

13 7, 8, 9   **14** $\frac{1}{100}$

15 10, 4.4   **16** (위에서부터) 6, 8, 5

17 ㉡   **18** 10.11 L

19 0.04   **20** 0.84

---

1 $1.95 = 1 + \underline{0.95}$
$ = 1 + \underline{1 - 0.05} = 2 - 0.05$

2 $3.478 = 3 + 0.4 + 0.07 + 0.008$

3 더해지는 수가 같을 때 더하는 수가 0.1씩 커지면 계산 결과도 0.1씩 커집니다.

4 보기 의 규칙은 오른쪽으로 $\frac{1}{10}$이 되는 규칙입니다.

5 $6.3 - 1.8 = \underset{5.3}{\underline{6.3 - 1}} - 0.8 = 4.5$

6 0.99를 1보다 0.01만큼 더 작은 수로 생각합니다.
$9.03 - 0.99 = 9.03 - 1 + 0.01$
$ = 8.03 + 0.01 = 8.04$

7 (1) 0.3의 10배는 3입니다.
(2) 6.2의 $\frac{1}{100}$은 0.062입니다.

8 $0.9 + 0.1 = 1$, $0.99 + 0.01 = 1$, $0.75 + 0.25 = 1$

9 $3.06 - 0.16 = 2.9$,
$2.9 - 0.16 = 2.74$

10 $3.06 + 3.06 = 6.12$

11 ㉠ 6의 $\frac{1}{100}$: 0.06
ㄴ 0.06의 10배 : 0.6
ㄷ 0.6의 100배 : 60
ㄹ 0.06의 $\frac{1}{10}$: 0.006

12 1이 5개인 수는 5, 0.1이 4개인 수는 0.4, 0.001이 18개인 수는 0.018이므로 $5 + 0.4 + 0.018 = 5.418$입니다.

13 $3.8\square5 > 3.869$이므로 $\square$ 안에는 6보다 큰 수가 들어가야 합니다.
(5 < 9)
따라서 $\square$ 안에 들어갈 수 있는 수는 7, 8, 9입니다.

14 ㉠은 5를 나타내고, ㉡은 0.05를 나타냅니다.
0.05는 5의 $\frac{1}{100}$입니다.

15 $7.2 > 6.5 > 4.3 > 2.8$이므로 가장 큰 수는 7.2이고 가장 작은 수는 2.8입니다.
합: $7.2 + 2.8 = 10$, 차: $7.2 - 2.8 = 4.4$

16
$$\begin{array}{r} ㉢.1 \\ -\ 2.5\ ㉠ \\ \hline 3.㉡\ 2 \end{array}$$
· $10 - ㉠ = 2$, $㉠ = 8$
· $1 - 1 + 10 - 5 = ㉡$, $㉡ = 5$
· $㉢ - 1 - 2 = 3$, $㉢ = 6$

17 · $2.35 + ㉠ = 4.01$ ➡ $4.01 - 2.35 = ㉠$, $㉠ = 1.66$
· $㉡ - 0.68 = 1.24$ ➡ $1.24 + 0.68 = ㉡$, $㉡ = 1.92$
$1.66 < 1.92$이므로 더 큰 수는 ㉡입니다.

18 $1\,L = 1000\,mL$이므로 $3580\,mL = 3.58\,L$입니다.
➡ $6.53 + 3.58 = 10.11(L)$

19 예 0.01이 274개인 수는 2.74입니다.
2.74에서 숫자 4는 소수 둘째 자리 숫자이므로 0.04를 나타냅니다.

평가 기준	배점
0.01이 274개인 수를 구했나요?	2점
숫자 4가 나타내는 값을 구했나요?	3점

20 예 어떤 수를 $\square$라 하면 $\square + 0.88 = 2.6$입니다.
$2.6 - 0.88 = \square$, $\square = 1.72$
어떤 수가 1.72이므로 바르게 계산하면
$1.72 - 0.88 = 0.84$입니다.

평가 기준	배점
어떤 수를 구했나요?	3점
바르게 계산한 값을 구했나요?	2점

4 사각형

⊕ 꼭 나오는 유형
26~28쪽

1 변 ㄱㄹ, 변 ㄷㄹ   **2** 1개

3 65°

4 예
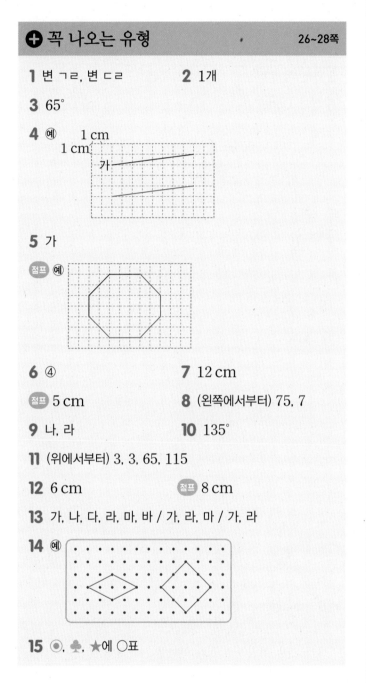

5 가

점프 예

6 ④   **7** 12 cm

점프 5 cm   **8** (왼쪽에서부터) 75, 7

9 나, 라   **10** 135°

11 (위에서부터) 3, 3, 65, 115

12 6 cm   점프 8 cm

13 가, 나, 다, 라, 마, 바 / 가, 라, 마 / 가, 라

14 예

15 ◉, ♣, ★에 ○표

---

1 만나서 이루는 각이 직각인 변을 찾습니다.

2 한 직선에 대한 수선을 셀 수 없이 많이 그을 수 있지만 한 점을 지나고 한 직선에 대한 수선은 1개만 그을 수 있습니다.

3 직선 가와 직선 나가 만나서 이루는 각의 크기가 90°이므로 ㉠+25°=90°, ㉠=90°-25°=65°입니다.

4 직선 가를 3 cm만큼 밀었을 때의 선을 긋습니다.

---

5 평행한 변이 가는 3쌍, 나는 2쌍입니다.

점프 먼저 주어진 3개의 변과 평행한 변을 그립니다.

6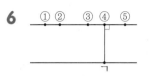

점 ㄱ과 ④를 이으면 평행선과 수직이 됩니다.

7 평행한 두 변은 변 ㄱㄴ과 변 ㄹㄷ이고 이 두 변에 수직인 변은 변 ㄴㄷ입니다.
따라서 평행선 사이의 거리는 12 cm입니다.

점프 정사각형은 마주 보는 변이 각각 평행합니다.
네 변의 길이의 합이 20 cm인 정사각형의 한 변의 길이가 20÷4=5(cm)이므로 평행선 사이의 거리는 5 cm입니다.

8 평행사변형은 마주 보는 두 변의 길이가 같고, 마주 보는 두 각의 크기가 같습니다.

9 평행한 변이 한 쌍이라도 있는 사각형은 나, 라입니다.

10 평행사변형은 이웃한 두 각의 크기의 합이 180°이므로 (각 ㄹㄷㄴ)=180°-135°=45°입니다.
따라서 ㉠=180°-45°=135°입니다.

11 마름모는 네 변의 길이가 모두 같고, 마주 보는 두 각의 크기가 같습니다.

12 마름모는 네 변의 길이가 모두 같습니다.
네 변의 길이의 합이 24 cm인 마름모의 한 변의 길이는 24÷4=6(cm)입니다.

점프 직사각형의 네 변의 길이의 합은 7+9+7+9=32(cm)입니다.
마름모의 네 변의 길이는 모두 같으므로 네 변의 길이의 합이 32 cm인 마름모의 한 변의 길이는 32÷4=8(cm)입니다.

13 • 평행한 변이 한 쌍이라도 있는 사각형: 가, 나, 다, 라, 마, 바
• 마주 보는 두 쌍의 변이 서로 평행한 사각형: 가, 라, 마
• 네 변의 길이가 모두 같은 사각형: 가, 라

14 조건을 만족하는 도형은 마름모이므로 서로 다른 마름모를 2개 그려 봅니다.

15  → 평행사변형

---

1 7쌍   **2** 평행사변형, 60 cm

3 ㉠, ㉣   **4** 9개

1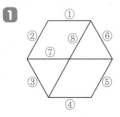

평행선을 모두 찾아봅니다.
①과 ⑦, ①과 ④, ⑦과 ④, ②와 ⑧, ②와 ⑤, ⑧과 ⑤,
③과 ⑥ ➡ 7쌍

2 • 마름모는 마주 보는 두 변이 서로 평행하므로 만든 도형은 평행사변형입니다.
  • 마름모는 네 변의 길이가 모두 같습니다.
   만든 도형은 6 cm인 변 10개로 둘러싸여 있으므로 네 변의 길이의 합은 6×10=60(cm)입니다.

3 ㉠ 평행한 변이 한 쌍이라도 있으면 사다리꼴이므로 사다리꼴의 마주 보는 두 각의 크기가 항상 같은 것은 아닙니다.
  ㉣ 정사각형은 네 변의 길이가 모두 같고, 네 각의 크기가 모두 같은 사각형이므로 정사각형은 마름모라고 할 수 있지만 마름모는 정사각형이라고 할 수 없습니다.

4

마주 보는 두 쌍의 변이 서로 평행한 사각형을 찾아봅니다.
⑤, ⑥, ①+③, ②+④, ⑤+⑥,
①+③+⑤, ②+④+⑥, ①+②+③+④,
①+②+③+④+⑤+⑥
➡ 9개

---

1 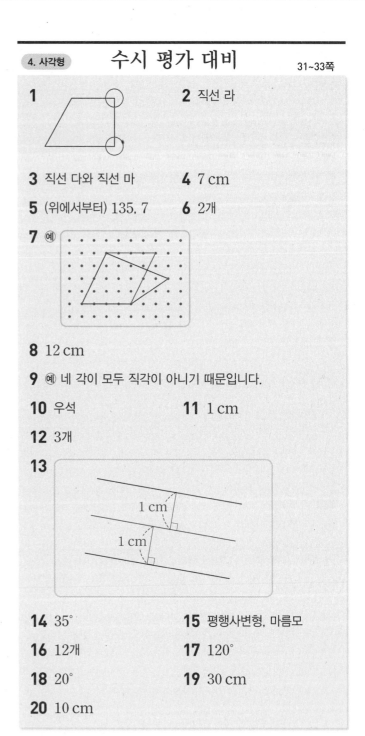   **2** 직선 라

3 직선 다와 직선 마   **4** 7 cm

5 (위에서부터) 135, 7   **6** 2개

7 예)

8 12 cm

9 예) 네 각이 모두 직각이 아니기 때문입니다.

10 우석   **11** 1 cm

12 3개

13

14 35°   **15** 평행사변형, 마름모

16 12개   **17** 120°

18 20°   **19** 30 cm

20 10 cm

1 각도기나 삼각자의 직각 부분을 사용하여 찾습니다.

2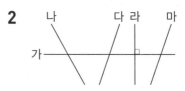

직선 가와 수직으로 만나는 직선은 직선 라입니다.

3 아무리 길게 늘여도 서로 만나지 않는 두 직선을 찾으면 직선 다와 직선 마입니다.

4

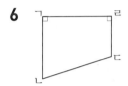

평행선 사이의 거리는 평행선 사이의 수직인 선분의 길이이므로 7 cm입니다.

5 평행사변형은 마주 보는 두 변의 길이가 같고, 마주 보는 두 각의 크기가 같습니다.

6

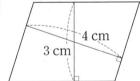

변 ㄱㄹ과 수직인 변은 변 ㄱㄴ, 변 ㄹㄷ으로 모두 2개입니다.

7 마주 보는 두 쌍의 변이 서로 평행하도록 한 꼭짓점을 옮깁니다.

8 마름모는 네 변의 길이가 모두 같습니다.
(네 변의 길이의 합)$=3 \times 4 = 12$(cm)

9 마름모는 네 변의 길이가 모두 같고 마주 보는 두 각의 크기가 같으므로 네 각의 크기가 모두 같지는 않습니다.

10 한 직선에 평행한 두 직선은 서로 평행합니다.

11

두 쌍의 마주 보는 두 평행선 사이의 거리를 자를 사용하여 재어 보면 3 cm와 4 cm입니다.
따라서 두 평행선 사이의 거리의 차는 $4 - 3 = 1$(cm)입니다.

12 • 수선을 가지고 있는 글자: ㄴ, ㄷ, ㅁ, ㅌ
• 평행선을 가지고 있는 글자: ㄷ, ㅁ, ㅌ, ㅎ
• 수선과 평행선을 모두 가지고 있는 글자: ㄷ, ㅁ, ㅌ
➡ 3개

13 주어진 평행선 사이의 거리가 2 cm이므로 두 직선 사이 한가운데에 평행한 직선을 긋습니다.

14 직선 가와 직선 나가 만나서 이루는 각의 크기가 90°이므로 ㉠$+55° = 90°$, ㉠$= 90° - 55° = 35°$입니다.

15 정삼각형은 세 변의 길이가 모두 같습니다.
크기가 같은 정삼각형 2개를 이어 붙여 만든 사각형은 마주 보는 두 쌍의 변이 서로 평행하므로 평행사변형이고, 네 변의 길이가 모두 같으므로 마름모입니다.

16 • 사각형 1개로 이루어진 사다리꼴: 2개
• 사각형 2개로 이루어진 사다리꼴: 5개
• 사각형 3개로 이루어진 사다리꼴: 2개
• 사각형 4개로 이루어진 사다리꼴: 2개
• 사각형 6개로 이루어진 사다리꼴: 1개
➡ $2+5+2+2+1 = 12$(개)

17 $90° \div 3 = 30°$이므로 각 ㄱㄹㄷ을 3등분한 한 각의 크기는 30°입니다.
따라서 ㉠$= 30° + 90° = 120°$입니다.

18 (변 ㅇㅁ)$=$(변 ㅇㅅ)이므로 삼각형 ㅇㅁㅅ은 이등변삼각형입니다.
$180° - 40° = 140°$, $140° \div 2 = 70°$이므로
(각 ㅇㅅㅁ)$= 70°$입니다.
따라서 (각 ㅇㅅㄷ)$= 90° - 70° = 20°$입니다.

19 ⑳ 평행사변형은 마주 보는 두 변의 길이가 서로 같습니다.
(변 ㄱㄹ)$=$(변 ㄴㄷ)$= 9$ cm,
(변 ㄹㄷ)$=$(변 ㄱㄴ)$= 6$ cm
따라서 평행사변형의 네 변의 길이의 합은
$9 + 6 + 9 + 6 = 30$(cm)입니다.

평가 기준	배점
평행사변형의 네 변의 길이를 각각 구했나요?	3점
평행사변형의 네 변의 길이의 합을 구했나요?	2점

20 ⑳ 직선 가와 직선 나 사이의 거리는 7 cm입니다.
직선 나와 직선 다 사이의 거리는 3 cm입니다.
따라서 직선 가와 직선 다 사이의 거리는
$7 + 3 = 10$(cm)입니다.

평가 기준	배점
직선 가와 직선 나 사이의 거리를 구했나요?	1점
직선 나와 직선 다 사이의 거리를 구했나요?	1점
직선 가와 직선 다 사이의 거리를 구했나요?	3점

5 꺾은선그래프

➕ 꼭 나오는 유형   34~36쪽

1 에어컨 판매량의 변화

2 5, 9, 8, 4, 7

3 (1) 꺾 (2) 막

4 예 10 m

5 11일과 13일 사이   점프 7일과 9일 사이, 4 m

6 76대

7 예 0대와 65대 사이

8 (나) 그래프

9 금요일

10 233분   점프 14분

11 예 종현이가 운동을 45분보다 적게 한 날은 화요일과 목요일입니다.
종현이가 전날과 비교하여 운동을 더 많이 한 날은 수요일과 금요일입니다.

12 예 0.1 ℃

13 11.7 ℃부터 13.0 ℃까지

14 예

마당의 온도

15 2월

16 예 더 늘어날 것입니다.

점프 예 960개

---

2 세로 눈금 5칸이 5대를 나타내므로 세로 눈금 한 칸은 1대를 나타냅니다.

3 시간에 따른 변화를 알아보기 위해서는 꺾은선그래프로 나타내는 것이 좋습니다.

4 수면의 높이가 9일에 9 m, 11일에 11 m이므로 10일에 수면의 높이는 그 중간인 10 m였을 것 같습니다.

5 저수지 수면의 높이의 변화가 가장 작은 때는 꺾은선이 가장 적게 기울어진 11일과 13일 사이입니다.

점프 저수지 수면의 높이의 변화가 가장 큰 때는 꺾은선이 가장 많이 기울어진 7일과 9일 사이입니다.
작은 눈금 4칸만큼 기울어졌으므로 4 m 변했습니다.

8 물결선을 사용한 꺾은선그래프로 나타내면 꺾은선이 더 많이 기울어져 변화가 더 크게 나타납니다

9 세로 눈금 한 칸은 1분을 나타냅니다.
점이 45보다 세로 눈금 3칸 위에 찍혀 있는 때는 금요일입니다.

10 월요일: 49분, 화요일: 44분, 수요일: 53분,
목요일: 39분, 금요일: 48분
➡ 49＋44＋53＋39＋48＝233(분)

점프 운동을 가장 많이 한 날은 수요일로 53분이고, 가장 적게 한 날은 목요일로 39분입니다.
➡ 53－39＝14(분)

12 온도가 소수 첫째 자리까지이므로 세로 눈금 한 칸을 0.1 ℃로 하면 좋습니다.

13 온도가 11.7 ℃부터 13.0 ℃까지이므로 꺾은선그래프를 그리는 데 꼭 필요한 부분은 11.7 ℃부터 13.0 ℃까지입니다.

14 가로 눈금과 세로 눈금이 만나는 곳에 점을 찍고, 점들을 차례로 선분으로 잇습니다.

15 꺾은선이 오른쪽 아래로 기울어진 때는 1월과 2월 사이입니다.

16 2월부터 5월까지 도넛 판매량이 늘어나고 있으므로 6월의 도넛 판매량은 5월과 비교하여 더 늘어날 것입니다.

점프 도넛 판매량은 3월부터 30개씩 늘어나고 있으므로 6월의 도넛 판매량은 930개, 7월의 도넛 판매량은 960개가 될 것이라고 예상할 수 있습니다.

➕ 자주 틀리는 유형   37쪽

1 50상자

2 1.5 kg

1 세로 눈금 5칸이 250상자를 나타내므로 세로 눈금 한 칸은 50상자를 나타냅니다.

2 세로 눈금 한 칸의 크기는 0.1 kg입니다.
4월에는 49.6 kg, 12월에는 48.1 kg이므로 석진이의 몸무게는 조사한 기간 동안 49.6－48.1＝1.5(kg) 줄었습니다.

---

5. 꺾은선그래프 **수시 평가 대비** 38~40쪽

1 꺾은선그래프　　　　　**2** 주, 판매량

3 10개　　　　　　　　**4** 130개

5 60권부터 81권까지　　**6** 예 0권과 60권 사이

7 예 1권

8
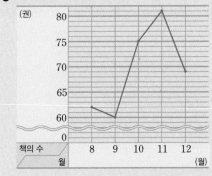
세영이네 모둠 학생들이 읽은 책의 수

9 13일　　　　　　　　**10** 5일

11 1.4, 2.2, 2.8, 4, 4.8　**12** 예 4.4 cm

13 220명　　　　　　　**14** 목요일

15 140명　　　　　　　**16** 꺾은선그래프

17 예
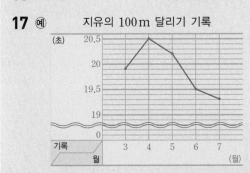
지유의 100 m 달리기 기록

18 13일, 6잔　　　　　　**19** 2018년, 2020년

20 34명

---

1 연속적으로 변화하는 양을 점으로 표시하고, 그 점들을 선분으로 이어 그린 그래프를 꺾은선그래프라고 합니다.

2 가로는 1주, 2주, 3주, 4주, 5주의 주를 나타내고, 세로는 0개에서 220개까지 판매량을 나타냅니다.

3 세로 눈금 5칸이 50개를 나타내므로 세로 눈금 한 칸은 10개를 나타냅니다.

4 100에서 세로 눈금 3칸 위이므로 130개입니다.

5 가장 적은 책의 수는 60권이고, 가장 많은 책의 수는 81권입니다.

6 책의 수가 60권부터 있으므로 0권과 60권 사이를 물결선으로 줄여서 나타낼 수 있습니다.

7 책의 수가 1권 단위입니다.

8 가로 눈금과 세로 눈금이 만나는 곳에 점을 찍고, 점들을 차례로 선분으로 잇습니다.

9 선분이 4 cm 위로 올라가기 시작하는 때는 13일 이후부터입니다.

10 세로 눈금 한 칸은 0.2 cm를 나타냅니다.
점이 2보다 세로 눈금 1칸 위에 찍혀 있는 때는 5일입니다.

11 세로 눈금 한 칸은 0.2 cm를 나타냅니다.

12 식물의 키가 13일에 4 cm, 17일에 4.8 cm이므로 15일에 식물의 키는 그 중간인 4.4 cm였을 것 같습니다.

13 세로 눈금 한 칸은 20명을 나타냅니다.
화요일은 200에서 세로 눈금 1칸 위이므로 220명입니다.

14 꺾은선이 가장 적게 기울어진 때는 수요일과 목요일 사이입니다.
따라서 전날과 비교하여 입장객 수의 변화가 가장 적은 때는 목요일입니다.

15 꺾은선이 가장 많이 기울어진 때는 금요일과 토요일 사이입니다.
토요일은 금요일보다 세로 눈금 7칸 위에 있으므로 입장객 수의 차는 140명입니다.

16 시간이 지남에 따라 변화를 한눈에 알아보기 쉬운 그래프는 꺾은선그래프입니다.

17 꺾은선그래프를 그리는 데 꼭 필요한 부분은 19.3부터 20.5까지이므로 필요 없는 부분인 0과 19 사이에 물결선을 넣어 꺾은선그래프로 나타냅니다.

18 두 점 사이가 가장 많이 벌어진 때는 13일입니다. 세로 눈금 6칸만큼 차이가 나므로 차는 6잔입니다.

19 예 꺾은선이 오른쪽 위로 기울어진 때를 알아봅니다. 꺾은선이 오른쪽 위로 기울어진 때는 2017년과 2018년 사이, 2019년과 2020년 사이이므로 전년과 비교하여 초등학생 수가 더 늘어난 때는 2018년, 2020년입니다.

평가 기준	배점
초등학생 수가 더 늘어난 때를 구하는 방법을 알고 있나요?	2점
초등학생 수가 더 늘어난 때를 모두 구했나요?	3점

20 예 초등학생 수가 가장 많은 때는 2018년이고, 가장 적은 때는 2021년입니다. 초등학생 수는 2018년에 102명, 2021년에 68명이므로 차는 102−68=34(명)입니다.

평가 기준	배점
초등학생 수가 가장 많은 때와 가장 적은 때를 각각 구했나요?	2점
초등학생 수가 가장 많은 때와 가장 적은 때의 차를 구했나요?	3점

6 다각형

➕ 꼭 나오는 유형 41~43쪽

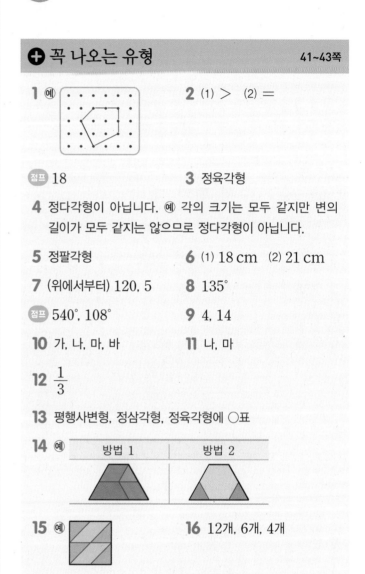

1 예

2 (1) > (2) =

점프 18

3 정육각형

4 정다각형이 아닙니다. 예 각의 크기는 모두 같지만 변의 길이가 모두 같지는 않으므로 정다각형이 아닙니다.

5 정팔각형

6 (1) 18 cm (2) 21 cm

7 (위에서부터) 120, 5

8 135°

점프 540°, 108°

9 4, 14

10 가, 나, 마, 바

11 나, 마

12 $\dfrac{1}{3}$

13 평행사변형, 정삼각형, 정육각형에 ○표

14 예

방법 1	방법 2

15 예

16 12개, 6개, 4개

점프 나 모양 조각 1개와 다 모양 조각 4개

1 변(꼭짓점)의 수가 5개가 되도록 그립니다.

2 (1) 칠각형의 변의 수: 7개, 육각형의 각의 수: 6개
 (2) 팔각형의 꼭짓점의 수: 8개, 팔각형의 변의 수: 8개

점프 ㉠ 6, ㉡ 3, ㉢ 9
 ➡ 6+3+9=18

3 육각형을 찾을 수 있습니다.
 이 육각형은 모든 변의 길이와 모든 각의 크기가 각각 같으므로 정육각형입니다.

5 8개의 선분으로 둘러싸여 있으므로 팔각형입니다.
팔각형 중에서 변의 길이가 모두 같고, 각의 크기가 모두 같은 도형은 정팔각형입니다.

6 (1) 변이 3개이므로 정삼각형입니다.
(모든 변의 길이의 합)$=6\times3=18$(cm)
(2) 변이 7개이므로 정칠각형입니다.
(모든 변의 길이의 합)$=3\times7=21$(cm)

7 정다각형은 변의 길이가 모두 같고, 각의 크기가 모두 같습니다.

8 정팔각형은 각이 8개이고 모든 각의 크기가 같습니다.
➡ (한 각의 크기)$=1080°\div8=135°$

점프 삼각형의 세 각의 크기의 합이 $180°$이므로 정오각형의 모든 각의 크기의 합은 $180°\times3=540°$입니다.
정오각형의 한 각의 크기는 $540°\div5=108°$입니다.

9 한 꼭짓점에서 이웃하지 않는 두 꼭짓점을 이으면 4개이고, 이웃하지 않는 두 꼭짓점을 모두 이으면 14개입니다.

10 한 대각선이 다른 대각선을 반으로 나누는 사각형은 평행사변형, 마름모, 직사각형, 정사각형입니다.

11 두 대각선이 서로 수직으로 만나는 사각형은 마름모, 정사각형입니다.

12

오른쪽 정육각형을 만들려면 왼쪽 모양 조각 3개가 필요합니다. 따라서 사용한 모양 조각은 3개 중 1개이므로 $\frac{1}{3}$입니다.

13

평행사변형　정삼각형　정육각형

16
 ➡ 12개,　➡ 6개,
 ➡ 4개

점프 될 수 있는 대로 큰 모양 조각을 많이 사용해야 합니다.

---

1 선분 ㄱㄹ, 선분 ㄴㅂ, 선분 ㄷㅁ

2 ㉠, ㉤ 변의 길이가 모두 같고 각의 크기가 모두 같은 다각형은 정다각형입니다.
㉣, ㉤ 한 각의 크기가 $120°$인 정육각형의 모든 각의 크기의 합은 $720°$입니다.

3 $65°$　　　**4** $6\,\text{cm}$

1 선분 ㄴㅇ과 선분 ㅂㅅ은 꼭짓점에서 변에 그은 선분이므로 대각선이 아닙니다.

2 ㉠ 변의 길이만 모두 같거나 각의 크기만 모두 같은 다각형은 정다각형이 아닙니다.
㉣ 정육각형의 각은 6개이므로 모든 각의 크기의 합은 $120°\times6=720°$입니다.

3 마름모는 두 대각선이 서로 수직으로 만나므로 각 ㄹㅁㄷ의 크기는 $90°$입니다.
삼각형의 세 각의 크기의 합이 $180°$이므로
(각 ㅁㄹㄷ)$=180°-90°-25°=65°$입니다.

4 정사각형은 두 대각선의 길이가 같으므로
(선분 ㄱㄷ)$=$(선분 ㄴㄹ)$=12\,\text{cm}$입니다.
정사각형의 한 대각선은 다른 대각선을 반으로 나누므로 선분 ㄱㅁ의 길이는 $12\div2=6$(cm)입니다.

---

6. 다각형 **수시 평가 대비**　46~48쪽

1 가, 나, 라, 바　　**2** 라, 정육각형

3

, 5개

4 예 선분으로 둘러싸여 있지 않고 열려 있으므로 다각형이 아닙니다.

5 가, 마　　　**6** 다, 마

7 예 사다리꼴　　**8** 정구각형

9 정육각형, 정삼각형, 정사각형

10 예

11 예

12 6개

13 90°

14 20 cm

15 32 cm

16 32 cm

17 540°

18 120°, 60°

19 9개

20 35°

1 선분으로만 둘러싸인 도형은 가, 나, 라, 바입니다.

2 다각형 중에서 변의 길이가 모두 같고 각의 크기가 모두 같은 도형은 라입니다.
라는 변이 6개인 정다각형이므로 정육각형입니다.

3 대각선은 이웃하지 않는 두 꼭짓점을 이은 선분입니다.

5 두 대각선의 길이가 같은 사각형은 직사각형, 정사각형이므로 가, 마입니다.

6 두 대각선이 서로 수직으로 만나는 사각형은 마름모, 정사각형이므로 다, 마입니다.

8 9개의 선분으로 둘러싸인 도형은 구각형입니다.
변의 길이가 모두 같고 각의 크기가 모두 같은 정다각형이므로 정구각형입니다.

9 가는 정육각형, 다는 정삼각형, 라는 정사각형입니다.

12 가   나

13 정사각형은 두 대각선이 서로 수직으로 만나므로 각 ㄱㅁㄴ의 크기는 90°입니다.

14 직사각형은 두 대각선의 길이가 같습니다.
(선분 ㄴㄹ)=(선분 ㄱㄷ)=20 cm

15 정다각형은 변의 길이가 모두 같고, 정팔각형의 변은 8개입니다.
따라서 필요한 철사의 길이는 4×8=32(cm)입니다.

16 평행사변형은 한 대각선이 다른 대각선을 반으로 나눕니다.
(선분 ㄱㄷ)=10×2=20(cm)
(선분 ㄴㄹ)=6×2=12(cm)
따라서 두 대각선의 길이의 합은 20+12=32(cm)입니다.

17 정오각형은 각이 5개 있고, 그 각의 크기는 모두 같습니다.
따라서 모든 각의 크기의 합은 108°×5=540°입니다.

18 정육각형은 삼각형 4개로 나눌 수 있으므로 모든 각의 크기의 합은 180°×4=720°입니다.
정육각형의 6개의 각의 크기가 모두 같으므로
㉠=720°÷6=120°입니다.
직선이 이루는 각도는 180°이므로
㉡=180°-120°=60°입니다.

19 예 삼각형과 육각형에 각각 대각선을 그어 봅니다.

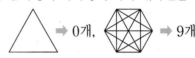 ➡ 0개, ➡ 9개

따라서 대각선의 수의 차는 9-0=9(개)입니다.

평가 기준	배점
삼각형의 대각선의 수를 구했나요?	2점
육각형의 대각선의 수를 구했나요?	2점
대각선의 수의 차를 구했나요?	1점

20 예 (각 ㄹㅁㄷ)=180°-70°=110°
직사각형의 두 대각선의 길이는 같고, 한 대각선은 다른 대각선을 반으로 나누므로 (선분 ㄹㅁ)=(선분 ㄷㅁ)입니다.
이등변삼각형 ㄹㅁㄷ에서
(각 ㅁㄹㄷ)+(각 ㅁㄷㄹ)=180°-110°=70°이므로
(각 ㅁㄹㄷ)=70°÷2=35°입니다.

평가 기준	배점
각 ㄹㅁㄷ의 크기를 구했나요?	1점
삼각형 ㄹㅁㄷ이 어떤 삼각형인지 알았나요?	2점
각 ㅁㄹㄷ의 크기를 구했나요?	2점

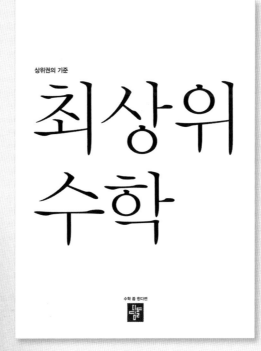

상위권의 기준

최상위
수학

수학 좀 한다면

디딤돌

상위권의 기준

최상위
수학
S

수학 좀 한다면

디딤돌

다음에는 뭐 풀지?

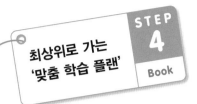

최상위로 가는
'맞춤 학습 플랜'

STEP
4
Book

다음에 공부할 책을 고르기 어려우시다면, 현재 성취도를 먼저 체크해 보세요.
최상위로 가는 맞춤 학습 플랜만 있다면 내 실력에 꼭 맞는 교재를 선택할 수 있어요!
단계에 따라 내 실력을 진단해 보고, 다음 학습도 야무지게 준비해 봐요!

첫 번째, 단원평가의 맞힌 문제 수 또는 점수를 모두 더해 보세요.

단원	맞힌 문제 수	OR	점수 (문항당 5점)
1단원			
2단원			
3단원			
4단원			
5단원			
6단원			
합계			

※ 단원평가는 각 단원의 마지막 코너에 있는 20문항 문제지입니다.